进出口商品归类系列丛书

CHEMICALS
CLASSIFICATION GUIDE

化学品
归类指南

《化学品归类指南》编委会 · 编著

中国海关出版社有限公司

中国·北京

图书在版编目（CIP）数据

化学品归类指南/《化学品归类指南》编委会编著．—北京：中国海关出版社有限公司，2021.5
ISBN 978-7-5175-0498-6

Ⅰ.①化…　Ⅱ.①化…　Ⅲ.①化工产品—分类—指南　Ⅳ.①TQ072-62

中国版本图书馆 CIP 数据核字（2021）第 091730 号

化学品归类指南

HUAXUEPIN GUILEI ZHINAN

编　　者：《化学品归类指南》编委会
策划编辑：史　娜
责任编辑：刘　婧
出版发行：中国海关出版社有限公司
社　　址：北京市朝阳区东四环南路甲 1 号　　　　　　邮政编码：100023
网　　址：www.hgcbs.com.cn
编 辑 部：01065194242-7544（电话）
发 行 部：01065194238/4246（电话）
社办书店：01065195616（电话）
　　　　　https://weidian.com/?userid=319526934（网址）
印　　刷：北京圣艺佳彩色印刷有限责任公司　　　　　经　　销：新华书店
开　　本：889mm×1194mm　1/16
印　　张：21.5　　　　　　　　　　　　　　　　　　字　　数：490 千字
版　　次：2021 年 5 月第 1 版
印　　次：2021 年 5 月第 1 次印刷
书　　号：ISBN 978-7-5175-0498-6
定　　价：180.00 元

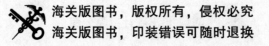

《化学品归类指南》
编委会

夏　阳　甘　露　郭正民　李　鹏

崔小雷　李士嘉　李旭辉　刘瑞芝

丁林伟　陈　超　黄蕙珍　陈绮虹

李　俏

前言

随着经济的不断发展，我国对化学品的需求持续增加，近年来化学品进口贸易量呈增长之势。但是，《中华人民共和国进出口税则》中化学品税号繁多、列目较为复杂，且部分化学品的名称和成分晦涩难懂，这在客观上为化学品的正确归类带来诸多困扰。

为解决进出口企业普遍反映的化学品列目复杂、归类困难等问题，《化学品归类指南》编委会组织编写了本书。本书结合化学品进出口中的实际例子，系统介绍化学品的海关归类思路，希望借此帮助进出口企业进一步了解化学品的归类思路，提高企业对进出口贸易的预期，从而促进贸易便利化。

本书以化学品的进口贸易量为依据，筛选出常见的约400项化学品，对其归类要素进行介绍，主要包括中英文名称、CAS号、化学结构式、理化特征、海关归类思路及具体的税则号列等。本书共四章：第一章为化学品归类思路及实例分析；第二章为符合化学定义的化学品归类详解；第三章为常见化学品归类；第四章为化学品归类决定选摘。

本书内容仅供实际工作参考，有关商品归类以相关法律法规及规定为准。由于编者水平有限，书中难免有不足和疏漏之处，欢迎广大读者批评指正。

本书编委会
2021 年 4 月

目 录

第一章
化学品归类思路及实例分析

第一节
化学品概述

一、《商品名称及编码协调制度》概述

1983 年 6 月，海关合作理事会第 61/62 届会议通过了《商品名称及编码协调制度的国际公约》及其附件《商品名称及编码协调制度》（以下简称《协调制度》），加入该公约的成员方必须采用《协调制度》作为其贸易和统计目录的基础。自 1992 年 6 月加入《商品名称及编码协调制度的国际公约》以来，我国的《进出口税则》和《海关统计商品目录》都是以《协调制度》为基础编制的。因此，了解《协调制度》的基本目录结构是做好海关商品归类的前提。

《协调制度》是一部结构性目录，它将国际贸易中的商品按类、章、品目、子目进行分类。《协调制度》每隔 4~6 年修订一次，目前使用的 2017 年版《协调制度》共有 21 类，基本上是按社会生产的分工（或称生产部类）区分的，它将属于同一生产部类的产品归在同一类里。例如，农业产品在第一、二类，化学工业产品在第六类，纺织工业产品在第十一类，冶金工业产品在第十五类，机电制造业产品在第十六类等。

二、化学品在《协调制度》中的分布

《协调制度》第六类共有 11 章（第二十八章至第三十八章），包括几乎所有的化学工业产品及以化学工业产品为原料的相关工业产品。从总体上讲，本类可分为两大部分。第一部分由第二十八章的无机化学品（包括部分有机化学品）及第二十九章的有机化学品构成，这些产品都是基础的化工原料，是单独的已有化学定义的化学品（少数产品除外），用于合成或制造其他相关工业的各种制成品。第二部分由第三十章至第三十八章构成，包括药品、化肥、染料、颜料、涂料、香料、表面活性剂及其制品、蛋白质、炸药、感光材料以及杂项化学产品等，属于成品范围，是非单独的已有化学定义的化学品（少数产品除外）。本类产品绝大多数是由人工合成的（尤其是基本化工原料部分），例如，无机化合物、有机化合物、化肥等。少数产品是以天然的动植物或矿物为原料，经过一系列复杂加工处理制得的，例如，精油、明胶等。

《协调制度》第六类的部分商品在各章的分布见图 1-1。

单独的已有化学定义的化学品（第 28~29 章）	无机化学品 ································· 第 28 章
	有机化学品 ································· 第 29 章
非单独的已有化学定义的化学品（第 30~38 章）	药品 ································· 第 30 章
	肥料（有机肥、化肥）················· 第 31 章
	鞣料、染料、颜料、油漆、油墨 ········· 第 32 章
	精油、化妆品、芳香制品 ··············· 第 33 章
	表面活性剂及制品、各种蜡制品 ········· 第 34 章
	蛋白类物质 ························· 第 35 章
	炸药、烟火及易燃制品 ··············· 第 36 章
	照相及电影用品 ····················· 第 37 章
	杂项化学产品 ······················· 第 38 章

图 1-1　《协调制度》第六类部分商品在各章的分布

第二节
化学品的基本归类思路

一、《协调制度》中优先归类的品目

第六类注释一（一）：凡符合品目 28.44 或 28.45 规定的货品（放射性矿砂除外），应分别归入这两个品目而不归入本协调制度的其他品目。

其中，品目 28.44 包括：放射性化学元素及放射性同位素（包括可裂变或可转换的化学元素及同位素）及其化合物；含上述产品的混合物及残渣。品目 28.45 包括：品目 28.44 以外的同位素；这些同位素的无机或有机化合物，不论是否已有化学定义。

按照第六类注释一（一）规定，所有的放射性化学元素、放射性同位素及这些元素与同位素的化合物（不论是无机或有机，也不论是否已有化学定义），即使本来可以归入《协调制度》的其他品目，也一律归入品目 28.44。因此，放射性氯化钠及放射性甘油应归入品目 28.44 而不分别归入品目 25.01 或 29.05。同样，放射性乙醇、放射性金及放射性钴也都一律归入品目 28.44。但应注意，放射性矿砂则归入《协调制度》第五类。

对于非放射性同位素及其化合物，本注释规定它们（不论是无机或有机，也不论是否已有化学定义）只归入品目 28.45 而不归入《协调制度》的其他品目。因此，碳的同位素应归入品目 28.45，而不归入品目 28.03。

二、《协调制度》第六类中优先归类的品目

第六类注释一（二）：除第六类注释一（一）款另有规定的以外，凡符合品目 28.43、28.46 或 28.52 规定的货品，应分别归入以上品目而不归入第六类的其他品目。

其中，品目 28.43 包括：胶态贵金属；贵金属的无机或有机化合物，不论是否已有化学定义；贵金属汞齐。品目 28.46 包括：稀土金属、钇、钪及其混合物的无机或有机化合物。品目 28.52 包括：汞的无机或有机化合物（不论是否已有化学定义，汞齐除外）。

按照第六类注释一（二）规定，品目 28.43、28.46 或 28.52 所述货品如果不是具有放射性的或不是同位素形式的（具有放射性的或同位素形式的则归入品目 28.44 或品目 28.45），应归入以上品目中最合适的一个，而不应归入第六类的其他品目。根据本注释该款的规定，酪朊酸银应归入品目 28.43 而不归入品目 35.01；硝酸银，即使已制成零售包装供摄影用，也应归入品目 28.43 而不归入品目 37.07。

应注意，品目 28.43、28.46 及 28.52 只在第六类中优先于其他品目。如果品目 28.43、28.46 或 28.52 所述货品也可归入《协调制度》的其他类时，其归类取决于有关类或章的注释以及《协调制度》的归类总规则。例如，硅铍钇矿是一种矿产品，也是一种稀土金属的无机化合物。作为矿产品可以考虑将其归入品目 25.30，而作为稀土金属的无机化合物则可以考虑将其归入品目 28.46。因为第二十八章注释三（一）规定该章不包括所有归入第五类的矿产品，所以硅铍钇矿归入了品目 25.30。

三、按一定剂量或作为零售包装产品的优先归类

第六类注释二：除第六类注释一另有规定的以外，凡由于按一定剂量或作为零售包装而可归入品目 30.04、30.05、30.06、32.12、33.03、33.04、33.05、33.06、33.07、35.06、37.07 或 38.08 的货品，应分别归入以上品目，而不归入本协调制度的其他品目（见表 1-1）。

该注释涉及的品目较多，按商品种类分主要涉及药品（品目 30.04、30.05、30.06）、着色料（品

目 32.12)、化妆和盥洗品（品目 33.03、33.04、33.05、33.06、33.07）、胶水（品目 35.06）、摄影制剂（品目 37.07）和消杀产品及类似物（品目 38.08）。

表 1-1　按一定剂量或作为零售包装产品的优先归类

品目	品目条文
30.04	由混合或非混合产品构成的治病或防病用药品（不包括品目 30.02、30.05 或 30.06 的货品），已配定剂量（包括制成皮肤摄入形式的）或制成零售包装
30.05	软填料、纱布、绷带及类似物品（例如，敷料、橡皮膏、泥罨剂），经过药物浸涂或制成零售包装供医疗、外科、牙科或兽医用
30.06	第三十章注释四所规定的医药用品： （一）无菌外科肠线、类似的无菌缝合材料（包括外科或牙科用无菌可吸收缝线）及外伤创口闭合用的无菌黏合胶布； （二）无菌昆布及无菌昆布塞条； （三）外科或牙科用无菌吸收性止血材料；外科或牙科用无菌抗粘连阻隔材料，不论是否可吸收； （四）用于病人的 X 光检查造影剂及其他诊断试剂，这些药剂是由单一产品配定剂量或由两种以上成分混合而成的； （五）血型试剂； （六）牙科粘固剂及其他牙科填料；骨骼粘固剂； （七）急救药箱、药包； （八）以激素、品目 29.37 的其他产品或杀精子剂为基本成分的化学避孕药物； （九）专用于人类或作兽药用的凝胶制品，作为外科手术或体检时躯体部位的润滑剂，或者作为躯体和医疗器械之间的耦合剂； （十）废药物，即因超过有效保存期等原因而不适合作原用途的药品；以及 （十一）可确定用于造口术的用具，即裁切成型的结肠造口术、回肠造口术、尿道造口术用袋及其具有黏性的片或底盘
32.12	零售形状及零售包装的染料或其他着色料
33.03	香水及花露水
33.04	美容品或化妆品及护肤品（药品除外），包括防晒油或晒黑油；指（趾）甲化妆品
33.05	护发品
33.06	口腔及牙齿清洁剂，包括假牙稳固剂及粉；清洁牙缝用的纱线（牙线），单独零售包装的
33.07	剃须用制剂、人体除臭剂、泡澡用制剂、脱毛剂和其他品目未列名的芳香料制品及化妆盥洗品；室内除臭剂，不论是否加香水或消毒剂
35.06	其他品目未列名的调制胶及其他调制黏合剂；适于作胶或黏合剂用的产品，零售包装每件净重不超过 1kg
37.07	摄影用化学制剂（不包括上光漆、胶水、黏合剂及类似制剂）；摄影用未混合产品，定量包装或零售包装可立即使用的
38.08	杀虫剂、杀鼠剂、杀菌剂、除草剂、抗萌剂、植物生长调节剂、消毒剂及类似产品，零售形状、零售包装或制成制剂及成品（例如，经硫磺处理的带子、杀虫灯芯、蜡烛及捕蝇纸）

　　根据第六类注释二规定，由于制成一定剂量或零售包装而归入品目 30.04、30.05、30.06、32.12、33.03、33.04、33.05、33.06、33.07、35.06、37.07 或 38.08 的货品，不论是否可归入《协调制度》的其他品目，应一律归入上述品目（根据第六类注释一，品目 28.43 至 28.46 或 28.52 的货品除外）。例如，供治疗疾病用的零售包装的硫应归入品目 30.04，而不归入品目 25.03 或 28.02；作为胶用的零售包装的糊精应归入品目 35.06，而不归入品目 35.05。

四、化学品归类的一般流程

一般情况下，化学品的归类要明确"是什么""从哪里来""到哪里去"的问题。"是什么"，指的是相关化学品的成分组成及其含量；"从哪里来"，指的是该商品的具体生产工艺；"到哪里去"，指的是该商品的使用用途。

在此基础上，依次按照是否满足第六类注释一（一）、注释一（二）和注释二的规定，确定相关商品的归类。如果不能满足相关规定，则根据该化学品是否符合化学定义，确定是否归入第二十八章或第二十九章。如果还不能确定商品的归类，则根据相关产品用途及性能归入第三十章至第三十八章相关品目项下。

化学品归类的一般流程见图1-2。

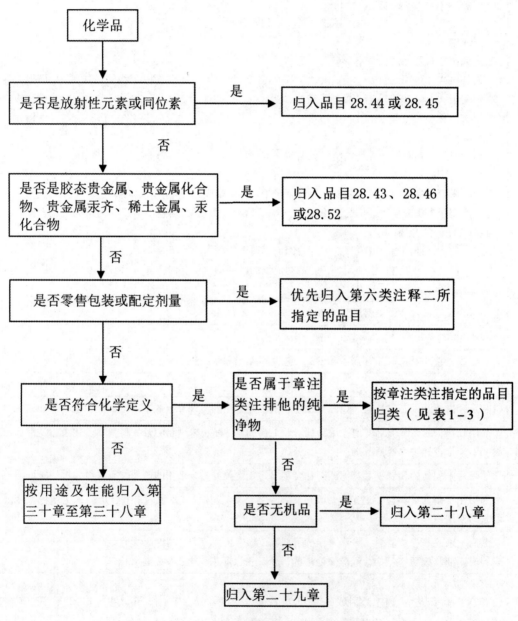

图1-2　化学品归类的一般流程

══ 第三节 ══
化学品归类的重点概念及重点化学品归类

一、化学品归类的重点概念

（一）对"化学定义"的理解

第二十八章及第二十九章注释一（一）均规定：除另有规定的以外，归入这两章的产品必须是"单独的化学元素或单独的已有化学定义的化合物，不论是否含有杂质"。第二十八章所称的"已有化学定义"，是指无机物分子中所含各元素的重量比是固定不变的，即化学计量比不变。第二十九章所称的"已有化学定义"则重点放在其结构上，是指"已知化学结构且在生产（包括纯化）过程中未故意加入其他物质的化学化合物"。

在《协调制度》中，某些产品的归类对其纯度（以干燥产品的重量计）有特殊的规定。相关的划分标准见表1-2。

表1-2　某些产品的归类对其纯度的特殊规定

名称	纯度	所归品目	纯度	所归品目
乙烷及乙烯	低于95%	27.11	不低于95%	29.01
正丁烷				
异丁烷				
丙烯	低于90%		不低于90%	
丁烯及丁二烯				
苯、甲苯、二甲苯	低于95%	27.07	不低于95%	29.02
萘	结晶点在79.4℃及以上	27.07	结晶点低于79.4℃	29.02
蒽	低于90%	27.07	不低于90%	29.02
脂肪醇	低于90%	38.23	不低于90%	29.05
甘油	低于95%	15.20	不低于95%	29.05
苯酚	低于90%	27.07	不低于90%	29.07
甲苯酚、二甲苯酚	低于95%	27.07	不低于95%	29.07
油酸	低于85%	38.23	不低于85%	29.16
油酸以外的其他脂肪酸	低于90%	38.23	不低于90%	29.16
吡啶	低于95%	27.07	不低于95%	29.33
甲基吡啶、5-乙基-2-甲基吡啶及2-乙烯基吡啶	低于90%	27.07	不低于90%	29.33

另外，某些产品即使纯度很高，也不能归入第二十八章或第二十九章，见表1-3。

表1-3　不归入第二十八章或第二十九章的纯净物

商品名称	品目	商品名称	品目
纯氯化钠	25.01	纯氯化钾	31.04
纯氯化镁	25.19	纯硫酸钾	
纯尿素	31.02	纯甲烷、丙烷	27.11
纯硝酸钠		纯蔗糖	17.01
纯硝酸铵		纯乳糖、麦芽糖、果糖、葡萄糖	17.02
纯硫酸铵		纯乙醇	22.07
纯硝酸钙和硝酸镁的复盐		动植物质着色料	32.03
纯硝酸钙和硝酸铵的复盐		纯有机合成色料	32.04
纯氰氨化钙		用作荧光增白剂或发光体的产品	32.04 或 32.06

（二）对"杂质"的理解

"杂质"仅指那些在制造（包括净化）单一化合物过程中残留的物质。这些物质可以因为制造时的任何因素而残留下来，主要有下列几种：未转化的原料、原料的杂质、制造（包括净化）过程中所使用的试剂、副产品。也就是说，这些物质是由于制造过程中的种种原因而产生的。如果此种物质是故意残留下来或加入的，并使产品适于特殊用途而不适于一般用途，则不能视为所允许的杂质；含有此种物质的产品属于混合物，不属于单独的已有化学定义的化合物，因此不属于第二十八章或第二十九章的商品范围，应按照其用途归入相应品目，而不归入第二十八章或第二十九章。

例如，商品"磷酸"为无色透明液体，化学分子式为 H_3PO_4，其成分含量为磷酸85%、未反应完的原料黄磷及水15%，用于制造促进剂、脱脂液、处理剂。该商品可归入税号2809.2019。

（三）化学品溶液的归类原则

1. 本类产品的水溶液与原产品归入同一品目，如福尔马林是有机化学品甲醛的水溶液，应按甲醛归类，归入税号2912.1100。

2. 若产品是原产品溶于非水介质所形成的溶液，且加入该溶剂是出于安全或者运输考虑，不致使产品变得不适用于一般性用途而仅适用于某特殊用途的，此种溶液也应与原产品归入同一品目。

3. 若产品是原产品溶于非水介质所形成的溶液，且加入该溶剂使产品适用于某特殊用途而不适于一般性用途的，此种溶液一般应归入品目38.24。例如，溶于甲苯的氯氧化碳应归入品目38.24。

（四）配套化学品的归类原则

第六类注释三规定：由两种或两种以上单独成分配套的货品，其部分或全部成分属于本类范围以内，混合后则构成第六类或第七类的货品，应按混合后产品归入相应品目，但其组成成分必须同时符合下列条件：

1. 其包装形式足以表明这些成分无须经过改装就可以一起使用的；

2. 一起报验的；

3. 这些成分的属性及相互比例足以表明是相互配用的。

例如，由金属氧化物、氯化锌、塑料物料组成的配套牙科粘固剂，三样物品一起报验，虽分别包装，但其包装形式、比例及说明均显示三者是无须经过改装且相互配用的，该产品应按混合后的牙科粘固剂归入品目30.06。同样，由独立组分构成的未混合油漆、清漆及品目32.14的胶产品，均应按混合后产品分别归入品目 32.08 至 32.10 及 32.14。

但应特别注意，如果各组分不是混合后使用而是逐个连续使用的，则不属于本规定的范围。这些货品，如果已制成零售包装，则应按归类总规则［一般是归类总规则三（二）］的规定归类；如果未制成零售包装，则应分别归类。

二、重点化学品归类

（一）氨基酸和维生素的归类

氨基酸（Amino acid），是指分子中同时含有氨基（—NH₂）和羧基（—COOH）的化合物，是形成蛋白质的基石。分子中仅含有氨基和羧基的氨基酸归入子目 2922.4 项下。某些行业上称作氨基酸的产品因其分子结构中除含有氨基和羧基外，还含有其他官能团（如硫基等），因此要归入其他税号（见表 1-4）。

表 1-4　常见氨基酸的归类

产品	税号
赖氨酸	2922.4110
谷氨酸	2922.4210
甘氨酸、肌氨酸、天冬氨酸、缬氨酸、亮氨酸、苯丙氨酸	2922.4919
丝氨酸、苏氨酸、酪氨酸	2922.5090
精氨酸	2925.2900
蛋氨酸	2930.4000
胱氨酸	2930.9010
组氨酸	2933.2900
色氨酸、脯氨酸	2933.9900

维生素（Vitamin），是指机体维持正常代谢和机能所必需的一类低分子化合物，一般可分为脂溶性和水溶性两类。许多维生素可从天然原料中提取或人工合成。归入品目 29.36 的天然或合成维生素产品可以溶于溶剂或添加适量物质加以稳定，但添加的量或处理的方法不得超出保藏或运输所需，而且不得改变产品的基本特性并使其改变一般用途而专门适合于某些特殊用途（如适用于作保健品、药品等）。品目 29.36 不包括维生素合成代用品，也不包括没有维生素活性或其维生素活性与其他用途相比处于次要地位的产品。常见维生素的归类见表 1-5。

表 1-5　常见维生素的归类

产品	品目
维生素原	29.36
维生素 A、维生素 C、泛酸、维生素 D、维生素 E、维生素 H、维生素 K、维生素 PP 等	29.36
维生素 H₁	29.22
维生素 B₄	29.33
维生素 C₂ 或 P	29.38

表1-5 续

产品	品目
维生素 F	38.23
维生素 K_6	29.21
维生素 K_5	29.22
未制成制品且符合品目29.36定义的维生素混合物	29.36
天然胡萝卜素、叶黄素	32.03
用作色料的维生素 A（α-，β-及 γ-胡萝卜素及隐黄质）	32.03（天然）或 32.04（合成）
制成药品的维生素	30.03 或 30.04
制成的维生素食品添加剂或保健品	21.06

（二）肥料的归类

肥料（Fertiliser），是指直接或间接供给作物生长发育所需养分、改善土壤性质、提高作物产量和品质的物质。

鸟粪等动植物肥料（无论相互混合或经化学处理）归入品目31.01，但草木灰、骨灰、煤灰等归入品目26.21。矿物氮肥及化学氮肥归入品目31.02，矿物磷肥及化学磷肥归入品目31.03，矿物钾肥及化学钾肥归入品目31.04。动植物肥料与化学肥或矿物肥混合的产品归入品目31.05。含氮、磷、钾中两种或三种肥效元素的矿物肥料或化学肥料，应归入品目31.05。制成片及类似形状或每包毛重不超过10kg的可归入第三十一章的各项货品，优先归入品目31.05。

能改良土壤的泥灰及腐殖质土（不论是否天然含有少量的氮、磷或钾肥效元素），归入品目25.30。适用于种子、植物或土壤中用以帮助种子发芽及植物生长的微量营养素制品，它们可含有少量的肥效元素氮、磷、钾，但不作为基本成分，通常归入品目38.24。已制成的植物生长培养介质（可含有少量的氮、磷或钾肥效元素），例如，盆栽土，以泥煤、泥煤与砂的混合物、泥煤与黏土的混合物为基料制成的，归入品目27.03，以泥土、砂、黏土等的混合物为基料制成的，归入品目38.24。

此外，应注意个别特殊商品的归类原则。某些产品有时不作为肥料使用，但在注释中已明确规定，仍应归入第三十一章相应品目。例如，尿素（碳酸二酰胺）不论是否纯净，不论是否作肥料使用，应归入品目31.02。再如，车用尿素溶液，由去离子水和尿素混合搅拌制得，用作处理汽车尾气的催化还原剂。成分：30%~40%尿素和60%~70%去离子水。工作原理：将该商品注入 SCR（选择性催化转换器）系统，尿素与灼热的尾气接触转化为氨，氨与尾气中的氮氧化物反应成氮气及水，从而降低氮氧化物及黑烟颗粒的排放。根据归类总规则一及六，该商品应归入税号3102.1000。另外，某些商品有时作为肥料使用，也不应归入第三十一章。例如，品目31.03包括以干燥无水产品计含氟重量不少于0.2%的磷酸氢钙。但对于以干燥无水产品计含氟重量少于0.2%的磷酸氢钙，则应归入品目28.35。

（三）钛白粉的归类

钛白粉（Titanium white），是常用的白色颜料，二氧化钛（TiO_2）经表面处理或经混合而得，外观为白色粉末，是一种重要的无机化学品，被广泛应用于涂料、油墨、塑料、橡胶、纸张、陶瓷和合成纤维等工业。钛白粉主要分为颜料级和非颜料级。颜料级钛白粉根据晶型的不同可分为两类：一类是金红石型钛白粉（国际惯例称 R 型），耐光性非常强，适用于制造室外用涂料和制品；另一类是锐钛型钛白粉（国际惯例称 A 型），耐光性较差，多用于制造室内用涂料和制品。钛白粉生产工艺有硫酸法和氯化法两种，但纯的二氧化钛晶体有光化学活性，导致其颜料暴露在日光下易造成涂膜粉化。为防止粉化、提高耐候性，通常要对二氧化钛颗粒进行表面处理（俗称包膜），例如，用氧化铝或二氧化硅进行无机表面处理，包膜厚度在 3nm~6nm；用丙二醇、甲基硅油等进行有机表面处理，有机包膜量一般为 TiO_2 的 0.1%~1%（重量）。

未经表面处理（或包膜）也未经混合的二氧化钛有时也称作钛白，应归入税号 2823.0000。

金红石型钛白粉（Rutile titanium white）、锐钛型钛白粉（Anatase titanium white）及其他以干物质计二氧化钛含量在 80% 及以上的钛白粉归入税号 3206.1110。另外，钛白粉浆料及以干物质计二氧化钛含量在 80% 以下的产品归入税号 3206.1900。

（四）化妆品的归类

化妆品（Cosmetics）按用途可分为护肤类、毛发类、美容类等。按产品形状可分为乳状化妆品，如洁面乳、润肤乳等；粉质悬浮状化妆品，如香粉蜜、水粉；粉状化妆品，如爽身粉、痱子粉等；膏状化妆品，如美体膏等；胶态化妆品，如指甲油、面膜等；液状化妆品，如化妆水、爽肤水等；块状化妆品，如粉饼、胭脂等；喷雾化妆品，如摩丝、喷雾花露水等。

《协调制度》中化妆品（包括成品或半成品）大部分归入品目 33.04 项下，香水及护发用品除外。化妆品的归类见表 1-6。

表 1-6　化妆品的归类

产品	税号
可改变唇部色彩的唇膏、唇线笔等	3304.1000
可改变眼部色彩的眼影、眼睑膏、染眉毛（或睫毛）油、画眉笔等	3304.2000
指（趾）甲膏、指（趾）甲油、去（趾）指甲油、指（趾）甲清洗剂等	3304.3000
爽身粉、痱子粉、粉饼、扑面粉、胭脂粉等粉状化妆品	3304.9100
眼霜、护唇液、面膜、洁面乳、爽肤水、润肤露、防晒霜、粉底液、祛斑制剂、祛痘膏、纤体膏、收腹霜、美腿霜、美乳霜、去疤膏等	3304.9900
香水及花露水	3303.0000
洗发液、烫发剂、护发素等	33.05

例如，"可注射皮内凝胶"，该商品已配定剂量制成零售包装；盒子中包含一个 1mL 无色玻璃制注射器和一个泡罩包装的针头；有 0.4 或 0.7 两种剂量；用作皱纹修复，以及通过在皮肤或嘴唇注射来增强嘴唇；通过玻璃注射器提供凝胶，凝胶含有水（1mL）、氯化钠（9mg）、透明质酸（20mg）、磷酸二氢钠和磷酸氢二钠。透明质酸是通过细菌发酵和稳定的生物工艺生产的。该商品应归入税号 3304.9900。

（五）表面活性剂及其制品的归类

表面活性剂（Surface-active agent），又称界面活性剂，是指能显著改变液体表面张力或二相间界面张力的物质，分子中含有亲水基团和憎水基团两个组成部分。其种类很多，一般分为阳离子型、阴离子型、非离子型，此外还有两性表面活性剂，常作为润湿剂、乳化剂、分散剂、起泡剂、破乳剂、渗透剂、消泡剂、浮选剂、柔软剂、防水剂、抗静电剂等使用。

归入品目 34.02 的表面活性剂需符合第三十四章注释三的规定："温度在 20℃ 时与水混合配成 0.5% 浓度的水溶液，并在同样温度下搁置 1 小时后与下列规定相符：一是成为透明或半透明的液体或稳定的乳浊液而未离析出不溶解物质；二是将水的表面张力减低到每厘米 45 达因[①]及以下。"

---

① 1 达因（dyn）= 10^{-5} 牛顿（N）。

另外，应注意品目 34.02 的表面活性剂制品范围较广，包括：

1. 表面活性剂的相互混合物（例如，磺基蓖麻醇酸酯与磺化烷基萘或硫酸化脂肪醇的混合物）。

2. 表面活性剂在一种有机溶剂中的溶液或分散体（例如，溶于环己醇或四氢化萘中的硫酸化脂肪醇溶液）。

3. 表面活性剂为基本成分的其他混合物（例如，含有一定比例肥皂的表面活性剂制品，如含有硬脂酸钠的烷基苯磺酸盐）。

例如，非零售包装的强力均染剂，化学主成分为聚氧乙烯脂肪醇脂（非离子型）、烷基苯基磺酸盐（阴离子型）及氯化物，其表面张力低于 45dyn/cm。该商品符合"表面活性剂制品"的规定和品目 38.09 的排他条款（四）的规定，应归入税号 3402.9000。

（六）人造蜡的归类

品目 34.04 为"人造蜡及调制蜡"（Artificial waxes and prepared waxes）。第三十四章注释五对该品目的范围做了规定，该品目仅适用于：

1. 用化学方法生产的具有蜡质特性的有机产品，不论是否为水溶性的；

2. 各种蜡混合制成的产品；

3. 以一种或几种蜡为基本原料并含有油脂、树脂、矿物质或其他原料的具有蜡质特性的产品。

同时，第三十四章注释五明确了该品目不包括：

1. 品目 15.16、34.02 或 38.23 的产品，不论是否具有蜡质特性；

2. 品目 15.21 的未混合的动物蜡或未混合的植物蜡，不论是否精制或着色；

3. 品目 27.12 的矿物蜡或类似产品，不论是否相互混合或仅经着色；

4. 混合、分散或溶解于液体溶剂的蜡（品目 34.05、38.09 等）。

关于"蜡质"特性，《进出口税则商品及品目注释》（以下简称《税则注释》）在品目 34.04 注释中又做了相关解释，即相应的蜡必须同时符合两个条件：滴点在 40℃以上；在温度高出滴点 10℃时用旋转黏度测定法测定其黏度不超过 10Pa·s（或 10000cP）。

另外，这些产品通常具有下列性质：

1. 轻轻擦磨即出现光泽。

2. 其稠度及溶解度主要取决于温度，温度为 20℃时：一些蜡已柔软并可揉捏（但不粘手，也不呈液态）（软蜡）；另一些蜡为脆性（硬蜡）。

3. 它们并不透明，但可为半透明体。

4. 温度高于 40℃时，熔化而不分解。

5. 温度刚高出熔点时不易拉成丝。

6. 它们是电和热的不良导体。

例如，商品"混合脂肪酸酯"为微黄色蜡状固体，用途为生产生物柴油（作为添加剂）。该商品为长链混合脂肪酸酯，该样碳数分布如下：C18：0 36.11%，C20：0 21.57%，C14：0 11.89%，C16：0 7.41%，C18：1 4.02%。该商品的主要成分为：硬脂酸甘油酯、硬脂酸山梨醇酯、棕榈酸甘油酯合计含量超过总物质的 90%，上述三种物质各占总量的 25%~35%。该商品滴点：56℃。该商品为脂肪酸与丙三醇和山梨醇制得的混合脂肪酸酯，其产品特征及相关指标符合《税则注释》对品目 34.04 中"蜡"的描述，根据《中华人民共和国进出口税则》（以下简称《税则》）归类总规则一，应归入税号 3404.9000。

（七）感光材料的归类

感光材料（Photosensitive material），是指在光照射下能发生物理或化学变化，经过一定的处理过程，可以得到记录影像的材料，如通常用的照相胶片、印相纸、X 光胶片、感光树脂、光致抗蚀剂等。

第三十七章的感光硬片、软片、纸、纸板及纺织物都涂有一层或多层对光线、其他具有足够能量使感光材料起必要反应的射线（如γ射线、X射线、紫外线及近红外线等）及粒子（或核子）射线敏感的乳剂。

例如，商品"一次成像感光胶片（胶）"，又称"即影即现胶片（胶）"，是由一层感光负片（涂有感光材料的醋酸纤维素、聚对苯二甲酸乙烯酯等塑料或纸、纸板及纺织物）、一层经特殊处理的纸（正片）和一层显影剂构成。未曝光一次成像平片归入税号 3701.2000，未曝光一次成像卷片归入税号 3702.3110 或 3702.3210。

PS 版，即预涂感光板，通常是以薄铝板为支持体，涂以重氮感光树脂，主要用作平版印刷的感光性印刷板，分阴图型和阳图型两类。PS 版归入税号 3701.3022。

CTP 版，即计算机直接制版版材，是传统 PS 版的升级产品，应用于印刷工业计算机直接制版系统中。直接制版指的是经过计算机将图文直接输出到版材上的工艺过程，这种过程可以免去胶片作为中间环节的作用。CTP 版主要由版基和涂层（感光层或热敏反应层）组成，按版基可分为金属版材和聚酯版材，按涂层主要分为银盐扩散转移型、光聚合物型、热反应型等。CTP 版归入税号 3701.3024。

（八）品目 38.08 项下商品的归类

杀虫剂、杀鼠剂、杀菌剂、除草剂、抗萌剂、植物生长调节剂、消毒剂及类似产品且符合下列条件的归入品目 38.08：

1. 制成零售包装或其形状已明显表明通常供零售用的产品（不论成分是否单一）；
2. 制成制剂，不论其形状如何（如液状或粉状）；
3. 制成制品（如捕蝇纸等）。

注意，单一成分的不符合上述条件的产品按成分归入第二十八章或第二十九章。例如，单一成分的除草剂"草甘膦"，未制成零售包装、未制成零售形状、未制成制剂和制品的，应按有机或无机化合物归入税号 2931.9019。

杀菌剂（Fungicide），对真菌或细菌有杀灭和抑制生长或对孢子产生有抑制能力的药剂。按其作用可分为三大类：

1. 铲除剂，直接杀死病菌的杀菌剂；
2. 防御剂或保护剂，保护物体不受病菌危害的杀菌剂；
3. 治疗剂或化学治疗剂，治疗植物病害的杀菌剂。

农业上使用杀菌剂的主要方式是喷雾或喷粉，工业上也用杀菌剂以保护纺织品、皮革、涂料和塑料等。

例如，"农药果品袋"为由经着色、浸蜡和用杀菌剂处理的内袋与外袋组合而成。内袋的主要作用是杀菌、防水、在外袋剥开后对果品进行着色；外袋的主要作用是遮光、支撑（保护）内袋。该货物是由外袋和内袋组合而成的组合物品，从其价值及在使用过程中的作用来看，内袋起主要作用。根据归类总规则三（二）的规定，按经过用杀菌剂处理的纸制品归入品目 38.08 项下相应税号。

消毒剂（Disinfectants）是破坏或不可逆地灭活通常在无生命体上的不良细菌、病毒或其他微生物的制剂。消毒剂用于清洁医院墙壁等或消毒器具，也用于农业上供种子灭菌，或在动物饲料的生产上用以抑制不良微生物。常用的消毒剂包括过氧化物类消毒剂、酚类消毒剂、双胍类和季铵盐类消毒剂、醇类消毒剂、含碘消毒剂、含氯消毒剂、醛类消毒剂和环氧乙烷消毒剂等。

市场上销售的消毒剂包括消毒剂原料和消毒剂制品，除部分产品为单一成分外，多为以消毒剂原料作为有效成分配比而成的消毒剂制品，两者在归类上有所不同。

（九）消毒剂原料的归类

消毒剂原料往往是单一的已有化学定义的化合物。消毒剂原料按照化学成分可分为醛类、环氧乙烷类、卤素类、醇类、酚类、胍类、季铵盐类和过氧化物类。常见消毒剂原料的归类见表1-7。

表1-7 常见消毒剂原料的归类

消毒剂原料			税号
醛类		戊二醛	2912.1900
		邻苯二甲醛	2912.2990
卤素类	含溴类	二溴海因	2933.2100
		溴氯海因	2933.2100
	含氯类	次氯酸钠	2828.9000
		次氯酸钙	2828.1000
		二氧化氯	2811.2900
		三氯卡班	2924.2100
醇类		乙醇（未改性、含量不低于80%）	2207.1000
		乙醇（未改性、含量低于80%）	2208.9090
		异丙醇	2905.1220
环氧乙烷			2910.1000
胍类		双氯苯双胍己烷	2925.2900
季铵盐类			2923.9000
过氧化物类		过氧化氢	2847.0000
		过氧乙酸	2915.9000
酚类		苯酚	2907.1110
		六氯酚	2907.1990
		对氯间二甲苯酚	2907.1990

（十）品目38.09项下商品的归类

品目38.09为其他品目未列名的纺织、造纸、制革及类似工业用制剂。

1. 皮革工业用助剂的归类

皮革工业用助剂主要包括：

（1）表面活性剂类；

（2）杀菌防腐剂类；

（3）加酯剂类；

（4）鞣剂类；

（5）涂饰剂类；

（6）其他助剂类。

皮革助剂应根据《税则》类章注释、品目条文及归类总规则的有关规定确定归类，而不能简单地按用途或品名归类。具体原则应参照《协调制度》注释及有关归类规定。

皮革助剂中，凡是符合第三十四章注释三规定的表面活性剂及表面活性剂制品，应归入品目34.02项下；若皮革助剂中含有杀菌剂、防腐剂等，且其主要功能是防腐、防霉、杀菌、抑菌的，应归入品目38.08项下。

鞣剂的种类有植物鞣剂、矿物鞣剂、合成鞣剂等，符合《协调制度》注释对品目32.02的解释，应归入其相应税号项下；但单独的已有化学定义的除外，例如，氧化金属、晶体三甲酸铝、尿素缩合物，可分别归入第二十八、第二十九、第三十一章相应品目。根据《税则注释》对品目34.03的解释，皮革的加酯剂包括"矿物油或脂肪物质与表面活性剂的混合物；含有很大比例表面活性剂与矿物油及其他化学品的水分散性纺织润滑剂"。但单一的表面活性剂和矿物油不能归入品目34.03，而应按具体列名分别归类。

皮革涂饰剂品种可分为底层涂饰、中层涂饰、顶层涂饰三类，以聚合物为主要成分的应酌情归入第三十九章。

其他助剂，属于单一化学品的，应酌情归入第二十八、第二十九章；有品目具体列名的，归入列名的品目项下；未列名的皮革助剂，归入子目3809.93项下；不能证明仅用作皮革助剂的混合产品，应归入税号3824.9099。

2. 纺织工业用助剂的归类

纺织工业用助剂包括：

（1）表面活性剂类；

（2）杀菌防腐剂类；

（3）染料颜料类；

（4）上浆剂类；

（5）纺丝油剂类；

（6）其他助剂类。

染料颜料类、有机染料及着色料归入品目32.04，无机着色料归入品目32.06。

以淀粉为主要成分的上浆剂归入税号3809.1000。

纺丝油剂类，用以润滑或软化纺纱过程中的纺织纤维，含石油或从沥青矿物提取的油类重量达到70%及以上的归入品目32.04；主要由动、植油脂组成以及含石油或从沥青矿物提取的油类重量未达到70%的归入品目34.03。

（十一）病毒采样拭子套装的归类

病毒采样拭子套装是一种针对病毒核酸检测的病毒采样转运产品，一般由采样拭子、采样管和病毒保存液组成，可用于鼻咽、口咽病毒采样。其中，病毒保存液又称病毒转运培养基（Viral transport medium，简称VTM）。根据病毒保存液的成分及功能，病毒采样拭子套装一般分为非灭活型和灭活型。

1. 非灭活型病毒采样拭子套装的归类

在非灭活型病毒采样拭子套装中，病毒保存液的成分通常包括病毒生存所需的营养物质（例如，盐类、蛋白质、葡萄糖）、抑菌剂、缓冲剂、指示剂等。这种病毒保存液可以最大限度地保持病毒的活性，后续不仅可以用于病毒的检测，也可以用于病毒的培养和分离。

非灭活型病毒采样拭子套装的目的是保存和转运活性病毒样本，因此病毒保存液构成该产品的基本特征，该产品按病毒保存液归类。病毒保存液属于供病毒维持用的培养基，根据归类总规则一、三（二）及六，非灭活型病毒采样拭子套装应归入税号3821.0000。

2. 灭活型病毒采样拭子套装的归类

在灭活型病毒采样拭子套装中，病毒保存液的成分通常包括缓冲剂、病毒裂解剂（通常为胍类）、表面活性剂等。这种保存液可以直接裂解病毒释放核酸，方便用于后续的核酸检测。

灭活型病毒采样拭子套装的目的是保存和转运灭活病毒的核酸样本，因此病毒保存液构成该产品的基本特征，该产品按病毒保存液归类。病毒保存液属于诊断或实验用配制试剂，根据归类总规则一、三（二）及六，灭活型病毒采样拭子套装应归入税号3822.0090。

（十二）新型冠状病毒（COVID-19）核酸检测试剂盒的归类

根据检测原理的不同，新冠病毒核酸检测试剂盒又可细分为若干个类型，相关类型的产品及归类如下。

1. 新型冠状病毒 2019-nCoV 核酸检测试剂盒（荧光 PCR 法）

成分：2019-nCoV-PCR-反应液、2019-nCoV-PCR-酶混合液、2019-nCoV-PCR-阳性对照、2019-nCoV-PCR-阴性对照等。

检测原理：采用实时荧光 PCR 技术，针对新型冠状病毒 2019-nCoV 特异性基因设计引物和探针。PCR 扩增过程中，与模板结合的探针被 Taq 酶分解产生荧光信号，荧光定量 PCR 仪根据检测到的荧光信号绘制出实时扩增曲线，从而实现新型冠状病毒 2019-nCoV 在核酸水平上的定性检测，用于体外定性检测新型冠状病毒 2019-nCoV 的 ORFlab 和 N 基因。

该类型试剂盒属于诊断用配制试剂，由多种化学试剂组成，但不具有品目 30.02 和品目 30.06 所列产品（如抗体等免疫制品，或者血型制剂）基本特征，根据归类总规则一及六，应归入税号 3822.0090。

2. 新型冠状病毒 2019-nCoV 核酸检测试剂盒（恒温扩增-实时荧光法）

成分：2019-nCoV 全自动检测管、2019-nCoV-RNA 提取液、2019-nCoV-阳性对照、2019-nCoV-阴性对照等。

检测原理：利用特异引物及 DNA 聚合酶，采用恒温扩增技术在恒温下完成恒温扩增，在反应体系中加入荧光染料，利用荧光信号的变化实时检测扩增过程，根据扩增曲线进行检测。

该类型试剂盒属于诊断用配制试剂，由多种化学试剂组成，但不具有品目 30.02 和品目 30.06 所列产品（如抗体等免疫制品，或血型制剂）基本特征，根据归类总规则一及六，应归入税号 3822.0090。

3. 新型冠状病毒 2019-nCoV 核酸检测试剂盒（联合探针锚定聚合测序法）

成分：引物、标签引物、DNA 聚合酶、聚合反应缓冲液、阳性对照品 1、阳性对照品 2、阳性对照品 3、阴性对照品等。

检测原理：采用联合探针锚定聚合技术（cPAS），DNA 分子锚和荧光探针在 DNB 上进行聚合，随后高分辨率成像系统对光信号进行采集，光信号经过数字化处理后即可获得待测序列。

该类型试剂盒属于诊断用配制试剂，由多种化学试剂组成，但不具有品目 30.02 和品目 30.06 所列产品（如抗体等免疫制品，或血型制剂）基本特征，根据归类总规则一及六，应归入税号 3822.0090。

上述三款核酸检测试剂盒，容易被误认为是品目 30.02 项下的诊断试剂盒。根据《税则注释》品目 30.02 的注释，具有品目 30.02 所列任何产品基本特征的诊断试剂盒应归入品目 30.02；又根据《税则注释》品目 38.22 的注释，品目 38.22 包括附于衬背上的诊断或实验室用试剂，以及诊断或实验室用配制试剂，但品目 30.02 的诊断试剂、品目 30.06 的诊断病人用的诊断试剂和血型试剂除外。因此，在检测（诊断）试剂盒的归类上，相较于品目 38.22，品目 30.02 和 30.06 属于优先品目。在判断相关检测（诊断）试剂盒的归类时，须先明确该产品是否具有品目 30.02 或 30.06 产品的基本特征，如具备则归入品目 30.02 或 30.06，否则归入品目 38.22。品目 30.02 包括"人血；治病、防病或诊断用的动物血制品；抗血清、其他血份及免疫制品，不论是否修饰或通过生物工艺加工制得；疫苗、毒素、培养微生物（不包括酵母）及类似产品"。品目 30.06 则包括"本章注释四所规定的医药用品"。通过产品的成分及检测原理分析，上述三款核酸检测试剂盒不具有品目 30.02 和品目 30.06 所列产品的基本特征，故不能归入品目 30.02 或品目 30.06，应归入作为"品目 30.02 或品目 30.06 外的诊断或实验用配制试剂"，归入品目 38.22 项下。

（十三） 糊精的归类

糊精，主要是指淀粉经过不同方法降解之后得到的还原糖含量在20%以下的产品，主要包括热解糊精、麦芽糊精和环糊精等。糊精被广泛应用于胶粘剂、造纸、纺织、医药、食品、铸造等行业。根据主成分和还原糖含量的不同，糊精商品涉及1702.9000、2940.0090、3505.1000等多个税号。

1. 还原糖含量的定义

还原糖含量是糊精商品归类的关键指标。还原糖是指具有还原性的糖类，糊精类产品中所含的还原性糖有葡萄糖和麦芽糖；麦芽糖由两分子的葡萄糖构成。淀粉是由D-葡萄糖分子聚合而成的高分子碳水化合物，自然界中只有右旋葡萄糖（右旋糖）存在。淀粉在水解过程中，由于工艺的不同，热解糊精和麦芽糊精会有少量的麦芽糖甚至葡萄糖生成，具有一定的还原性。

还原糖含量指还原性糖以及具有还原活性的葡萄糖端基，经测试得到的以右旋葡萄糖计的百分含量。淀粉水解程度越大，游离葡萄糖和麦芽糖以及具有还原活性的葡萄糖端基的含量就越高，还原性也越强。《税则注释》和《海关进出口商品规范申报目录及释义》申报要素中的"还原糖含量"，与淀粉糖工业中葡萄糖值（Dextrose equivalent，简称DE值）是一致的。

2. 糊精的种类及归类

（1） 麦芽糊精的归类

麦芽糊精，根据还原糖含量的不同分别归入税号1702.9000（含量超过10%）和税号3505.1000（含量不超过10%）。麦芽糊精为以淀粉为原料，经酸法或酶法低程度水解，得到的DE值（还原糖含量）在20%以下的产品。麦芽糊精多以玉米、大米等为原料，经酶法控制水解液化、脱色、过滤、离子交换、真空浓缩及喷雾干燥而成。现在基本采用酶法工艺，因此麦芽糊精又称为酶法糊精。麦芽糊精的还原糖含量在20%以下，一般为白色或微黄色无定性粉末，流动性好，具有麦芽糊精固有的特殊气味，不甜或微甜。麦芽糊精被广泛应用于饮料、冷冻食品、糖果、麦片、乳制品、保健品等行业，还可应用于纺织、日化、医药生产中。

根据《税则》第三十五章注释，品目35.05所称"糊精"，是指淀粉的降解产品，还原糖含量以右旋糖的干重量计不超过10%。如果还原糖含量超过10%，应归入品目17.02。

（2） 热解糊精的归类

热解糊精，应归入税号3505.1000。热解糊精由淀粉或淀粉质原料，在干燥状态下，用或不用稀碱、稀酸控制pH值，加热变性而制得的产品，主要包括黄糊精、白糊精等，还原糖含量一般不超过10%。加工工艺可分为四个主要阶段：预处理、干燥、热转化和冷却。热解糊精的主要用途是作胶粘剂，主要用于造纸工业、纺织工业、食品工业、医药工业和铸造工业等。

（3） 环糊精的归类

环糊精，应归入税号2940.0090。环糊精（Cyclodextrin，简称CD）是环糊精葡萄糖基转移酶（CGTase）作用于淀粉的产物，是由六个以上葡萄糖通过α-1,4糖苷键联结而成的环状低聚糖，还原糖含量一般为零。环糊精最常见的是α-环糊精（α-cyclodextrin）、β-环糊精（β-cyclodextrin）、γ-环糊精（γ-cyclodextrin），分别由六个、七个和八个葡萄糖分子构成，是相对大和相对柔性的分子。环糊精对小分子具有特殊的包络或包接能力，可以保护对光、热、氧气等敏感的小分子物质，在酸碱性条件下具有良好的化学及生物稳定性。环糊精安全、无毒，在生物体内易代谢，主要应用于食品工业、医药工业和精细化工工业等领域。

《税则注释》第二十九章品目29.40：化学纯糖，但蔗糖、乳糖、麦芽糖、葡萄糖及果糖除外；糖醚、糖缩醛和糖酯及其盐。环糊精为单独已有化学定义的低聚糖，属于"化学纯糖"，因此环糊精和环糊精醚化、缩醛化、酯化及其盐等衍生物应归入品目29.40项下。环糊精的归类见图1-3。

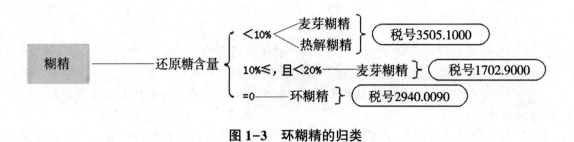

图 1-3　环糊精的归类

第二章
符合化学定义的
化学品归类详解

《税则》第二十八章、第二十九章的商品基本上是符合化学定义的纯净物，一般作为基础化工原料使用。这些商品按照其化学结构先无机后有机的顺序分别列入第二十八章、第二十九章。总体上，无机化学品（以及少部分特殊的有机化学品）应归入第二十八章，其他有机化学品应归入第二十九章。

进出口企业普遍反映，第二十八章、第二十九章的化学品《税则》列目复杂、归类难度大。本章从相关章节的整体列目结构出发，对其章注释、子目注释作详细介绍和解释，并对主要品目的内容及商品范围进行重点剖析，希望借此加深读者对符合化学定义的化学品归类的理解。

第一节
无机化学品；贵金属、稀土金属、
放射性元素及其同位素的有机及无机化合物

一、第二十八章概述

本章包括绝大部分无机化学品及少数有机化学品。其品目结构按商品的分子结构从简单到复杂排列，即按元素（品目28.01至28.05）、非金属化合物（品目28.06至28.11）、非金属卤化物及硫化物（品目28.12及28.13）、金属化合物（品目28.14至28.42）、杂项产品（品目28.43至28.53）顺序排列。本章的产品共分成六个分章、53个品目，下文将对每一分章所包括的商品范围作详细分析。

（一）第一分章　化学元素

本分章包括的化学元素可分成两类，即非金属及金属，由品目28.01至28.05五个品目组成。

一般来说，本分章包括所有非金属元素，至少包括某些形态的非金属元素，而许多金属元素则归入其他章，例如，贵金属（第七十一章及品目28.43）、贱金属（第七十二章至第七十六章及第七十八章至第八十一章）、放射性化学元素和同位素（品目28.44）及稳定同位素（品目28.45）。

（二）第二分章　无机酸及非金属无机氧化物

本分章包括无机酸、非金属无机氧化物以及由非金属酸和金属酸构成的络酸（例如，硼酸、钨硅酸），由品目28.06至28.11六个品目组成。

酸含有可以全部或部分被金属［或具有类似性质的离子，例如，铵根离子（NH^{4+}）］取代的氢。本分章包括非金属无机氧化物（酐或其他），也包括无机酸，它的阳极基是一种非金属。另外，本分章不包括分别由金属氧化物或氢氧化物形成的酐及酸，它们一般归入第四分章（例如，金属氧化物、氢氧化物及过氧化物，诸如铬、钼、钨及钒的酸及酐）。值得注意的是，氢的氧化物不归入本分章，例如，水（H_2O）应归入品目22.01，过氧化氢（H_2O_2）应归入品目28.47。

另外，化学品归类时必须特别注意品目条文所述的专业术语及分子式。例如，品目28.08的品目条文仅限于硝酸（HNO_3），因此，亚硝酸（HNO_2）便不应归入品目28.08，而应归入品目28.11。

（三）第三分章　非金属卤化物及硫化物

本分章包括品目28.12及28.13。包括下列三组化合物：

1. 与氧或氢以外其他非金属结合的非金属卤化物，例如，归入品目28.12的三氯化碘。

2. 非金属卤氧化物（不含氢原子），归入品目28.12，例如，碳酰氯（$COCl_2$）。

3. 非金属硫化物（不含氧或氢原子），归入品目28.13，例如，二硫化碳。

但本分章不包括非金属硫氧化物（硫+氧+非金属），它们应归入第六分章。例如，硫氧化碳或碳酰硫（COS）应归入品目 28.51。

硫与卤素的二元化合物归入品目 28.12，但三氯硅烷除外，因为其分子中含有氢，因此应归入品目 28.51。

（四）第四分章　无机碱和金属氧化物、氢氧化物及过氧化物

本分章包括无机碱、金属氧化物、氢氧化物及过氧化物，由品目 28.14 至 28.25 共十二个品目组成。

碱是以含有氢氧根（OH^-）为特征的化合物。金属氧化物是一种金属和氧的化合物。很多金属氧化物可以和一个或多个水分子结合形成氢氧化物。大多数氧化物是碱性的，因为其氢氧化物起碱的作用。

本分章包括一种金属的氧化物、氢氧化物及过氧化物，不论是否碱性、酸性、两性或含盐的；还包括分子中不含氧原子的无机碱〔例如，品目 28.14 的氨（NH_3）、品目 28.25 的联氨〕及不含金属原子的无机碱〔例如，品目 28.25 的羟氨（NH_2OH）〕；也包括联氨及羟氨的无机盐。但应注意，还有为数不少的无机碱、金属氧化物、氢氧化物及过氧化物不归入本分章。例如，氧化镁（第二十五章）；含矿石的氧化物及氢氧化物（第二十六章等）；贵金属氧化物，放射性元素的氧化物，钇、钪及稀土金属氧化物（第六分章）。

（五）第五分章　无机酸盐、无机过氧酸盐及金属酸盐、金属过氧酸盐

本分章包括金属盐（包括铵盐），以及它们的中性盐、酸式盐及碱式盐，由品目 28.26 至 28.42 共十七个品目组成（其中品目 28.38 为空品目）。

金属盐是通过以一种金属或铵根离子（NH_4^+）取代酸中的氢原子而得的，在液态或溶液中时，它们是电解质，在阴极产生金属（或金属离子）。在中性盐中，所有氢原子都被金属取代，但在酸性盐中仍含有部分可被金属取代的氢；碱性盐含有碱性氧化物，其数量比中和酸所必需的数量多〔例如，碱式硫酸镉（$CdSO_4 \cdot CdO$）〕。

除品目条文另有规定的外，复盐及络盐应归入品目 28.42。例如，氟硅酸盐应归入品目 28.26，络合氰酸盐应归入品目 28.37。但应注意，本分章不包括氯化钠（品目 25.01）、含矿砂的盐（第二十六章）、第六类注释一所述化合物、品目 28.43 至 28.50 的所有化合物（不论是否已有化学定义）（磷化物、碳化物、氢化物、氮化物、叠氮化物……）以及第十五类的磷铁。另外，有些盐作为肥料归入第三十一章而不归入本分章，例如，硫酸钾归入品目 31.04，硝酸钠归入品目 31.02。

（六）第六分章　杂项产品

本分章由品目 28.43 至 28.53 十一个品目组成（其中品目 28.48 和 28.51 为空品目），是本章的最后分章。归入本分章的一些货品是未有化学定义的。

二、第二十八章注释简介

本章共有八条章注释，下文将逐一介绍。

（一）注释一

注释一规定了本章各品目商品的范围。在理解本条注释时，应重点注意下列问题。

1. "除品目条文另有规定的以外"

如果一个产品不符合章注释一（一）至一（五）的规定，但某一品目或有关的法定注释已规定其

应归入本章中的某一品目，此种产品仍应归入本章。因此，本章还包括品目中具体列名的混合物（例如，炭黑、液态空气、汞齐等）。举例来说，胶态硫磺，是在固体硫磺中加入保护性明胶而成胶态产品，为非单独的已有化学定义的化合物，但在品目28.02中已具体列名，因此仍应归入品目28.02项下。

2. "化学定义"及所允许的"杂质"

注释一（一）规定本章产品必须是"单独的化学元素及单独的已有化学定义的化合物，不论是否含有杂质"。这显然是贯穿本章的基本概念。但必须指出，本章所称的"已有化学定义"是指无机物分子中所含各元素的重量比是固定不变的，即化学计量比。但一些半化学计量比化合物根据其理论公式几乎但不完全是化学计量比的，仍应归入本章。在这种情况下，晶格间已有插入物，例如，钛的碳化物、钨的碳化物。

所称"杂质"仅适用于在制造（包括纯化）过程中直接产生的物质。如果此种物质是故意残留下来，并使产品适于特殊用途而不适于一般性用途，则不能视为所允许的杂质。此种产品必须视为混合物或制品归入其他地方。可允许杂质的主要类型有：未转化原料；存在于原料中的杂质；制造（包括净化）过程中所使用的试剂；副产品。

3. 已溶解的化学品

归入本章的产品溶于水后所形成的水溶液与原产品归入同一品目；溶于非水介质所形成的溶液，如果是为了安全或运输的需要而必须使用一种正常及必需的方法，同时所用溶剂不致使产品适于特殊用途而不适于一般性用途，此种溶液也应归入本章。例如，加入硼酸稳定的过氧化氢仍归入品目28.47；但与催化剂混合的过氧化钠（为了产生过氧化氢用）不归入第二十八章而应归入品目38.24。

4. 所允许的"添加剂"

归入本章的产品除可含有杂质外，加入某些添加剂，也被视为允许的。

本章注释一（四）规定，本章产品为了保藏或运输目的可加入稳定剂，例如，加入硼酸稳定的过氧化氢仍归入品目28.47。注释（五）规定了本章产品为了易于识别或安全原因可加有抗尘剂、着色剂。为了保持产品的原有物理状态，可加入抗结块剂，此种抗结块剂有时也可作为稳定剂对待。但所有这些添加剂的量必须不超过预期效果所需的量，同时不致使产品适于某些特殊用途而不适于一般性用途。例如，为了提醒或告诫小心接触有毒物质，加入了着色剂的砷酸铅仍归入品目28.42；再如，为了生产过氧化氢而加入了催化剂的过氧化钠不归入第二十八章而应归入品目38.24。

例如："硅烷"，状态为液化气，用钢瓶装。分子式为 $SiH_4 \cdot N_2$，成分为 SiH_4（10%）、N_2（90%），其中 N_2 为溶剂，起稀释、稳定作用，主要用于生产镀膜玻璃，增强玻璃的反射功能。硅烷是一种特制气体，最早用于镀线路板，现在用到玻璃行业，喷在玻璃表面产生反射，似镀上一层薄膜。因氮气仅起稀释和稳定作用，根据第二十八章章注释，该硅烷应视为硅化物归入品目28.50（税号2850.0090）。

（二）注释二

本条注释对归入本章的含碳化合物作了明确规定。

含碳化合物一般为有机物，归入第二十九章。而有些含碳化合物的性质与无机物类似，故通常被列入无机物范畴。本条注释列举了应归入本章的含碳化合物。涉及这些化合物的品目有：28.11、28.12、28.13、28.31、28.36、28.37、28.42、28.43至28.46、28.47、28.49、28.52、28.53。

表2-1为归入第二十八章的所有含碳化合物的品目。

表 2-1　归入第二十八章的所有含碳化合物的品目一览表

品目 28.11	碳的氧化物 氢氰酸、六氰合亚铁酸及六氰合铁酸 异氰酸、雷酸、硫氰酸、氰基钼酸及其他简单或络合氰酸
品目 28.12	碳的卤氧化物
品目 28.13	二硫化碳
品目 28.31	经有机物稳定的金属连二亚硫酸盐及次硫酸盐
品目 28.36	无机碱的碳酸盐及过碳酸盐
品目 28.37	无机碱的氰化物、氰氧化物、复氰化物（六氰合亚铁酸盐、六氰合铁酸盐、亚硝基五氰合亚铁酸盐、亚硝基五氰合铁酸盐、氰基锰酸盐、氰基镉酸盐、氰基铬酸盐、氰基钴酸盐、氰基镍酸盐、氰基铜酸盐等）
品目 28.42	无机碱的硫代酸盐、硒代碳酸盐、碲代碳酸盐、硒代氰酸盐、碲代氰酸盐、四氰硫基二氨基铬酸盐（雷纳克酸盐）及其他复合或络合氰酸盐
品目 28.43 至 28.46	下列各项的无机及有机化合物： 1. 贵金属 2. 放射性元素 3. 同位素 4. 稀土金属、钇或钪
品目 28.47	用尿素固化的过氧化氢，不论是否稳定
品目 28.49	碳化物（二元碳化物、硼碳化物、碳氮化物等），但不包括碳氢化合物
品目 28.52	汞的无机及有机化合物，不论是否已有化学定义，汞齐除外
品目 28.53	碳氧硫化物 硫代羰基卤化物 氰及氰卤化合物 氨基氰及其金属衍生物（不包括氰氨化钙，不论是否纯净，参见第三十一章）

所有其他碳化物都不归入第二十八章。

（三）注释三

本条注释为本章的排他条款，列举了不归入本章的无机产品，即使它们符合注释一（一）的规定。但应注意，本条注释为不详尽条款，并非不归入本章的无机产品仅限于本条所列产品。

某些单独的化学元素及某些单独的已有化学定义的无机化合物，即使是纯净的，也一律不得归入第二十八章。例如：

（1）第二十五章的某些产品（即氯化钠及氧化镁）。

（2）第三十一章的某些无机盐［即硝酸钠、硝酸铵、硫酸铵及硝酸铵的复盐、硫酸铵、硝酸钙及硝酸铵的复盐、硝酸钙及硝酸镁的复盐、正磷酸二氢铵及正磷酸氢二铵（磷酸一铵及磷酸二铵）；还有氯化钾，但在某些情况下归入品目 38.24 或 90.01］。

（3）品目 38.01 的人造石墨。

（4）第七十一章的宝石或半宝石（天然、合成或再造）及其粉末。

（5）第十四类或第十五类的贵金属及贱金属，包括其合金。

某些其他单独的元素或单独的已有化学定义的化合物，本来可归入第二十八章，但如果制成某些形状，或经过某种不改变其化学成分的处理，则不能归入第二十八章。例如：

（1）适合于治疗或预防疾病用并制成一定剂量或零售包装的产品（品目 30.04）。

（2）处理后能发冷光的用作发光体的产品（例如，钨酸钙）（品目 32.06）。

（3）制成零售包装的香水、化妆品及盥洗品（例如，矾）（品目 33.03 至 33.07）。

（4）零售包装的适于作胶或黏合剂用的产品（例如，溶于水的硅酸钠），零售包装每件不超过 1kg（品目 35.06）。

（5）定量包装或零售包装可即供照相使用的产品（例如，硫代硫酸钠）（品目 37.07）。

（6）品目 38.08 所述包装的杀虫剂等（例如，四硼酸钠）。

（7）制成灭火器装料或装于灭火弹内的产品（例如，硫酸）（品目 38.13）。

（8）经掺杂用于电子工业的化学元素（例如，硅及硒），圆片及类似切片（品目 38.18）。

（9）零售包装的除墨剂（品目 38.24）。

（10）碱金属或碱土金属卤化物（例如，氟化锂、氟化钙、溴化钾、溴碘化钾等）制成光学元件形状（品目 90.01）或为每颗重量不低于 2.5g 的培养晶体（品目 38.24）。

（四）注释四及五

注释四对络酸的归类作了明确规定，即应归入品目 28.11。注释五对复盐及络盐的归类作了明确规定，即除条文另有规定的以外，复盐及络盐应归入品目 28.42。

（五）注释六

本条注释涉及放射性元素及同位素，是注释一（一）的补充条款。该条款规定了品目 28.44 的产品范围仅限于条款所列的产品。根据本条规定，天然或人造放射性化学元素，天然或人造放射性同位素以及它们的化合物、混合物、残渣均应归入品目 28.44。

（六）注释七

本条注释对品目 28.53 的磷化物与第十五类的含磷合金之间的界限进行了规定。

（七）注释八

本条注释涉及用于电子工业的纯度极高的元素的归类问题。经掺杂用于电子工业的化学元素仍归入第二十八章，这是本章注释的例外，但因为这些材料的纯度一般在 99.99% 及以上，因此将它们归在第二十八章被视为是最合适的。但是，如果已切成圆片、薄片或类似形状，则应归入第三十八章（品目 38.18）。

三、第二十八章部分品目商品范围介绍

（一）品目 28.02

本品目不包括用弗拉兹法制得的未精制硫，以及精制硫，这些硫往往纯度很高（品目 25.03）。

（二）品目 28.03

本品目的碳不包括其他地方具体列名的其他形态碳，例如，天然石墨（品目 25.04）、煤（第二十七章）、活性炭（品目 38.02）、木炭（品目 44.02）、金刚石（品目 71.02 及 71.04）等。

（三）品目 28.04

1. 本品目不包括氡（品目 28.44），其是一种放射性惰性气体，由镭的放射衰变所形成。

2. 本品目不包括锑，其应作为金属归类（品目 81.10）。

3. 有些非金属（例如，硅及硒）为了应用于电子方面，可以按百万分之一的比例掺入一些如硼、磷等元素。只要它们是处于未加工的拉拔形状或呈圆柱状或棒状，应归入本品目。如果已切割成圆片状或类似形状，则应归入品目 38.18。

（四）品目 28.05

本品目不包括镭（一种放射性元素，品目 28.44）、镁（品目 81.04）及铍（品目 81.12）；它们在某些方面都类似碱土金属。

（五）品目 28.10

天然粗硼酸按干重量计含硼酸不超过 85% 的归入品目 25.28，超过 85% 的应归入本品目。

（六）品目 28.11

根据章注释四的规定，本品目还包括由非金属酸与金属酸构成的络酸。

（七）品目 28.12

本品目包括非金属与卤素组成的二元化合物，因此硫与卤素组成的二元化合物可归入本品目。但分子中含有氢的非金属卤化物（例如，三氯硅烷 $SiCl_3$），不属于本品目所述的卤化物范围，应归入品目 28.51。

（八）品目 28.13

1. 本品目的非金属硫化物，不包括非金属氧硫化物（硫+氧+非金属），这类化合物应归入第六分章（例如，氧硫化碳应归入品目 28.51）。

2. 本品目不包括天然硫化砷（二硫化物或雄黄、三硫化物或雌黄）（品目 25.30）。

（九）品目 28.15

1. 本品目不包括通过从碱法或硫酸盐法制木浆时所剩残余产品中获得的剩余碱液（氢氧化钠溶液）（品目 38.04）；从这些碱液中可得到品目 38.03 的妥尔油，也可以再生氢氧化钠。

2. 本品目不包括称作"碱石灰"的氢氧化钠和石灰的混合物（品目 38.24）。

（十）品目 28.16

1. 本品目不包括氧化镁（品目 25.19，如果为每颗重量不低于 2.5g 的培养晶体则归入品目 38.24）。

2. 本品目不包括仅焙烧碳酸钡矿所得的粗制产品（品目 25.11）。

（十一）品目 28.17

本品目不包括天然氧化锌或红锌矿（26.08）。

（十二）品目 28.18

1. 本品目也包括通过控制加热处理水合氧化铝，使其失去大部分所含水分而制得的活性矾土；它主要用作吸附剂或催化剂。

2. 本品目不包括天然金刚砂（天然氧化铝）及刚砂（含氧化铁的氧化铝）（品目 25.13）。

（十三）品目 28.19

本品目不包括含铁的天然氧化铬（铬铁矿）（品目 26.10）。

（十四）品目 28.20

本品目不包括无水天然二氧化锰（软锰矿）及水合天然二氧化锰（硬锰矿）（品目 26.02），也不包括天然氧化锰（褐锰矿）（品目 26.02）和天然含盐氧化锰（黑锰矿）（品目 26.02）。

（十五）品目 28.21

1. 以天然铁氧化物为基料的土色料，按重量计含 70% 及以上化合铁（以三氧化二铁计）的，归入本品目。在确定上述 70% 限度时，必须按以氧化铁表示的铁的总含量来计算。因此，一种含有 84% 氧化铁（相当于 58.8% 的纯铁）的天然亚铁土色料仍归入本品目。

2. 本品目不包括按重量计含化合铁（以三氧化二铁计）少于 70% 的亚铁土色料或与其他土色料混合的亚铁土色料；云母氧化铁（品目 25.30）。

3. 本品目不包括氧化铁皮，即铁烧红时或锤击时表皮裂开的粗氧化物（品目 26.19），也不包括用于纯化气体的碱性化氧化铁（品目 38.25）。

（十六）品目 28.22

本品目不包括天然水合氧化钴（品目 26.05）。

（十七）品目 28.23

1. 本品目包括未经混合或表面处理的二氧化钛，但不包括在生产过程中故意加入了化合物的二氧化钛，所加入的化合物使其获得某种物理特性，以适合作颜料（品目 32.06）或其他用途（例如，品目 38.15、品目 38.24）。

2. 本品目不包括作为矿石的天然二氧化钛（金红石、锐钛矿、板钛矿）（品目 26.14）。

（十八）品目 28.25

1. 本品目不包括天然氧化镍（绿镍矿）（品目 25.30）。

2. 本品目不包括天然氧化亚铜（赤铜矿）及天然氧化铜（黑铜矿）（品目 26.03）。

3. 本品目不包括天然氧化钼（钼赭石、钼华）（品目 25.30）。

4. 本品目不包括矿砂，即天然三氧化锑（方锑矿及锑华）及天然四氧化锑（锑赭石）（品目 26.17）。

5. 本品目不包括生石灰（氧化钙）及熟石灰（氢氧化钙）（品目 25.22）。

6. 本品目不包括作为品目 26.02 所列一种矿石的天然水合氧化锰（天然三氢氧化锰）（亚锰酸盐）及非水合氧化锰（品目 28.20）。

7. 本品目不包括天然氧化锆或二氧化锆（一种矿石，品目 26.15）。

8. 本品目不包括天然氧化锡（锡石）（一种矿石，品目 26.09）。

9. 本品目不包括天然氧化钨（钨赭石矿、钨华）（品目 25.30）。

10. 本品目不包括主要由三氧化铋组成的天然铋赭石（品目 26.17）。

（十九）品目 28.26

本品目不包括托帕石，一种天然氟硅酸铝（第七十一章）。

(二十) 品目 28.27

1. 本品目不包括天然氯化镁（水氯镁石）（品目 25.30）。
2. 本品目不包括氯化亚铜矿，即天然氯化铜（品目 25.30）。
3. 本品目不包括即使是纯态的氯化钠和氯化钾（品目 25.01、31.04 或 31.05）。
4. 本品目不包括天然氢氧基氯化铜（氯铜矿）（品目 26.03）。

(二十一) 品目 28.30

1. 本品目不包括闪锌矿（一种天然硫化锌）（品目 26.08）及纤锌矿（也是一种天然硫化锌）（品目 25.30）。
2. 本品目不包括天然硫化镉（硫镉矿）（品目 25.30）。
3. 本品目不包括天然铁硫化物。参见品目 25.02（未焙烧的黄铁矿）及 71.03 或 71.05（白铁矿）。含有砷（砷黄铁矿）或铜（斑铜矿、黄铜矿）的天然铁的复硫化物，应分别归入品目 25.30 及 26.03。
4. 本品目不包括天然硫化锑（辉锑矿）及硫氧化锑（橘红硫锑矿）（品目 26.17）。
5. 本品目不包括天然硫化铅（方铅矿）（品目 26.07）。
6. 本品目不包括天然硫化汞（朱砂、天然银朱）及人造硫化汞，而应分别归入品目 26.17 及 28.52。
7. 本品目也不包括下列天然硫化物：硫化镍（针镍矿）（品目 25.30）、硫化钼（辉钼矿）（品目 26.13）、硫化钒（绿硫钒矿）（品目 26.15）、硫化铋（辉秘矿）（品目 26.17）。

(二十二) 品目 28.33

1. 本品目不包括硫酸铵（即使是纯净的硫酸铵，均应归入品目 31.02 或 31.05）和硫酸钾（不论是否纯净，均应归入品目 31.04 或 31.05）。
2. 本品目不包括天然的钠的硫酸盐（钙芒硝矿、白钠镁石、白钠镁矾、芒硝）（品目 25.30）。
3. 本品目不包括天然硫酸镁（硫镁矾矿）（品目 25.30）。
4. 本品目不包括天然水合硫酸铜（水胆矾）（品目 26.03）。
5. 本品目不包括天然硫酸钡（重晶石）（品目 25.11）。
6. 本品目不包括天然硫酸锶（天青石）（品目 25.30）。
7. 本品目不包括天然硫酸铅（硫酸铅矿）（品目 26.07）。
8. 本品目不包括天然硫酸钙（石膏、无水石膏、硬石膏）（品目 25.20）。

(二十三) 品目 28.34

本品目不包括硝酸铵及硝酸钠，不论是否纯净（品目 31.02 或 31.05）。

(二十四) 品目 28.35

1. 多磷酸铵。有几种磷酸铵，其聚合度从几个单位到几千个单位。它们为白色结晶性粉末，可溶于水或不溶于水；用于配制肥料，作清漆的防火添加剂或配制防火剂。这些物质即使其聚合度没有确定也仍归入本品目。
2. 多磷酸钠，具有高聚合度。一些多磷酸钠被人误称为偏磷酸钠。有一些线性多磷酸钠具有从几十个到几百个单位的聚合度。虽然它们通常呈不固定聚合度的聚合态，但仍归入本品目。
3. 本品目不包括正磷酸二氢铵（磷酸一铵）、正磷酸氢二铵（磷酸二铵），不论是否纯净或相互混合（品目 31.05）。

4. 本品目不包括以干的无水产品重量计含氟不少于 0.2% 的正磷酸氢钙（品目 31.03 或 31.05）。

5. 本品目不包括天然磷酸钙（品目 25.10）。

6. 本品目不包括天然硫酸铝（银星石）（品目 25.30）。

7. 本品目也不包括某些磷酸盐，即天然磷酸钙、磷灰石、天然磷酸铝钙（品目 25.10）；第二十五章及第二十六章的其他天然磷酸盐矿；正磷酸二氢铵（磷酸一铵）及正磷酸氢二铵（磷酸二铵），不论是否纯净（品目 31.05）。

（二十五）品目 28.36

1. 本品目不包括天然碳酸钠（泡碱等）（品目 25.30）。

2. 本品目不包括天然的石灰石（第二十五章）及白垩（天然碳酸钙），不论是否洗涤或磨碎（品目 25.09）；也不包括其微粒裹上一层防水脂肪酸（例如，硬脂酸）膜的粉状碳酸钙（品目 38.24）。

3. 本品目不包括天然碳酸钡（毒重石）（品目 25.11）。

4. 本品目不包括天然碳酸铅（白铅矿）（品目 26.07）。

5. 本品目不包括天然碳酸锶（菱锶矿）（品目 25.30）。

6. 本品目不包括天然的碳酸铋（泡铋矿）（品目 26.17）。

7. 本品目不包括天然碳酸镁（菱镁矿）（品目 25.19）。

8. 本品目不包括天然碳酸锰（菱锰矿）（品目 26.02）。

9. 本品目不包括天然碳酸铁（菱铁矿或球菱铁矿）（品目 26.01）。

10. 本品目不包括天然的碱式碳酸镍（翠镍矿）（品目 25.30）。

11. 本品目不包括天然碳酸铜，不论水合或非水合（孔雀石、蓝铜矿）（品目 26.03）。

12. 本品目不包括天然碳酸锌（菱锌矿）（品目 26.08）。

（二十六）品目 28.37

本品目不包括普鲁士蓝（柏林蓝）及其他六氰合亚铁酸盐颜料（品目 32.06）。

（二十七）品目 28.39

本品目不包括天然硅酸盐，例如：
1. 硅灰石（硅酸钙）、蔷薇辉石（硅酸锰）、硅铍石（硅酸铍）及榍石（硅酸钛）（品目 25.30）。
2. 硅酸铜（硅孔雀石、透视石）、氢化硅酸锌（异极矿）及硅酸锆（锆石）等矿石（品目 26.03、26.08 及 26.15）。
3. 第七十一章的宝石。

（二十八）品目 28.40

本品目不包括用于制本品目硼酸盐的天然硼酸钠（四水硼砂、硼砂），以及用于制硼酸的天然硼酸钙（白硼钙石）（品目 25.28）。

（二十九）品目 28.41

1. 本品目不包括天然铝酸铍（金绿宝石），酌情分别归入品目 25.30、71.03 或 71.05。
2. 本品目不包括天然铬酸铅（铬铅矿）（品目 25.30）。
3. 本品目不包括天然钼酸铅（彩钼铅矿）（品目 26.13）。
4. 本品目不包括天然钨酸钙（白钨矿）（一种矿石，品目 26.11）和天然钨酸锰（钨锰矿）及钨酸铁（钨铁矿）（品目 26.11）。

5. 本品目不包括天然钛酸铁（钛铁矿）（品目 26.14）。

6. 本品目也不包括实际上是磁性氧化铁（Fe_3O_4）的铁酸亚铁（品目 26.01）及铁屑（品目 26.19）。

（三十）品目 28.42

1. 本品目不包括天然砷酸镍（例如，镍华等）（品目 25.30）。

2. 本品目不包括硒铅铜石，即天然的硒化铅铜（品目 25.30）。

3. 磷氯铅矿（磷酸铅及氯化铅）及钒铅矿（钒酸铅及氯化铅）不归入本品目，因为它们分别是品目 26.07 或 26.15 的天然金属矿石。

4. 辉钴矿（钴的硫代物及砷化物）及亚锗酸盐（锗代硫化铜）不归入本品目，因为它们分别是品目 26.05 或 26.17 的天然矿石。

（三十一）品目 28.43

1. 本品目不包括角银矿（或角银）、天然的氯化银及碘化银（品目 26.16）。

2. 本品目不包括天然硫化银（辉银矿）、天然硫化银锑（深红银矿、脆银矿、硫锑铜银矿）及硫化银砷（淡红银矿）（品目 26.16）。

（三十二）品目 28.44

1. 本品目仅包括那些具有放射性现象的同位素，稳定同位素应归入品目 28.45。

2. 本品目不包括所有已装配的准备插入核反应堆以诱发裂变链反应的中子源（应作为反应堆元件归入品目 84.01）。

3. 本品目不包括由钍或用 U235 贫化的铀制成的归入第十六类至第十九类的制品及其零件。

（三十三）品目 28.46

本品目不包括稀土金属的天然化合物，例如，磷钇矿（络合磷酸盐）、硅铍钇矿、铈硅石（络硅酸盐）（品目 25.30）及独居石（钍及稀土金属的磷酸盐）（品目 26.12）。

（三十四）品目 28.47

过氧化氢在碱性介质中很不稳定，尤其是见光或受热时。为防止分解，过氧化氢几乎都含有少量稳定剂（硼酸或柠檬酸等），这类混合物也归入本品目。

（三十五）品目 28.50

1. 本品目不包括氢与下列元素的化合物：氧（品目 22.01、28.45、28.47 及 28.53）、氮（品目 28.11、28.14 及 28.25）、磷（品目 28.53）、碳（品目 29.01）及某些其他非金属（品目 28.06 及 28.11）。氢化钯及其他贵金属氢化物归入品目 28.43。

2. 本品目不包括氮与下列元素的化合物：氧（品目 28.11）、卤素（品目 28.12）、硫（品目 28.13）、氢（品目 28.14）、碳（品目 28.53）。银的氮化物及其他贵金属氮化物归入品目 28.43；钍和铀的氮化物归入品目 28.44。

3. 本品目不包括硅与下列元素的化合物：氧（品目 28.11）、卤素（品目 28.12）、硫（品目 28.13）、磷（品目 28.53）。硅化碳（碳化硅）归入品目 28.49；铂及其他贵金属的硅化物归入品目 28.43；含硅的铁合金及母合金归入品目 72.02 或 74.05，铝硅合金归入第七十六章。

4. 本品目不包括硼与下列元素的化合物：氧（品目 28.10）、卤素（品目 28.12）、硫（品目 28.13）、贵金属（品目 28.43）、磷（品目 28.53）、碳（品目 28.49）。

（三十六）品目 28.52

本品目不包括天然硫化汞（朱砂、天然银朱）（品目 26.17）。

（三十七）品目 28.53

本品目仅包括磷化铜及按重量计磷含量在 15%以上的铜母合金，低于该限值的铜母合金通常归入第七十四章。

本品目不包括磷与氧的化合物（品目 28.09）、磷与卤素的化合物（品目 28.12）或磷与硫的化合物（品目 28.13）。

本品目只包括蒸馏、再蒸馏或电渗的水，以及导电水及类似纯度的水，也包括经离子交换介质处理的水，但不包括天然水，不论是否经过滤、消毒、纯化或软化（品目 22.01）。此外，作为药物并制成一定剂量或零售包装的水应归入品目 30.04。

四、部分本国子目情况说明

部分本国子目情况说明①见表 2-2。

表 2-2 部分本国子目情况说明

序号	本国子目（税号）	商品名称	商品描述
1	2809.2011	食品级磷酸	本国子目 2809.2011 的食品级磷酸的具体技术指标参考 GB 1886.15—2015《食品安全国家标准 食品添加剂 磷酸》。
2	2811.2210	硅胶	本国子目 2811.2210 的硅胶，化学分子式为 $mSiO_2 \cdot nH_2O$，是具有三维空间网状结构的多孔非晶态物质，具有很大的内表面积；为透明或乳白色粒状固体，不溶于水和任何溶剂，无毒无味，化学性质稳定，除强碱、氢氟酸外不与任何物质发生反应。
3	2835.2510	饲料级的正磷酸氢钙	本国子目 2835.2510 的饲料级正磷酸氢钙，化学成分为磷酸氢钙，用作饲料添加剂，其外观、有效成分和卫生标准应符合 GB/T 22549—2008《饲料级磷酸氢钙》中Ⅰ型饲料级磷酸氢钙的要求，规定如下： 表格见下

表格（序号3内）：

项目	指标
	Ⅰ型
外观要求	白色或略带微黄色粉末或颗粒
总磷（P）含量/% ≥	16.5
枸溶性磷（P）含量/% ≥	14.0
水溶性磷（P）含量/% ≥	—
钙（Ca）含量/% ≥	20.0
氟（F）含量/% ≤	0.18
砷（As）含量/% ≤	0.003
铅（Pb）含量/% ≤	0.003
镉（Cd）含量/% ≤	0.001

① 表 2-2 所列举内容均摘自《本国子目注释》（2017 年版），其中一些标准已经废止，但在《本国子目注释》没有进行相应更新的情况下，仍使用表中的标准对商品所属范围进行界定。

表2-2 续

序号	本国子目 （税号）	商品名称	商品描述
4	2835.2520	食品级的正磷酸氢钙	本国子目 2835.2520 的食品级正磷酸氢钙，化学成分为磷酸氢钙，用作食品添加剂，其外观、有效成分和卫生标准应符合 GB 1889—2004《食品添加剂 磷酸氢钙》的要求，规定如下： 项目 / 指标 外观要求 / 白色粉末 磷酸氢钙（$CaHPO_4 \cdot 2H_2O$）的质量分数/（%） / 98.0~103.0 灼烧失量的质量分数/（%） / 24.5~26.5 重金属（以 Pb 计）的质量分数/（%）≤ / 0.001 铅（Pb）的质量分数/（%）≤ / 0.0005 砷（As）的质量分数/（%）≤ / 0.0002 氟化物（以 F 计）的质量分数/（%）≤ / 0.005 盐酸不溶物的质量分数/（%）≤ / 0.05
5	2835.3110	食品级的三磷酸钠（三聚磷酸钠）	本国子目 2835.3110 的食品级三磷酸钠，用作食品添加剂，其外观、有效成分和卫生标准应符合 QB 1034—91《食品添加剂 三聚磷酸钠》的要求，规定如下： 项目 / 指标 三聚磷酸钠（$Na_5P_3O_{10}$），% / ≥95 无氧化二磷（P_2O_5），% / ≥57.0 氟化物（以 F 计），% / ≤0.003 砷（以 As 计），% / ≤0.0003 重金属（以 Pb 计），% / ≤0.001 氯化物（以 Cl 计），% / ≤0.025 硫酸盐（以 SO_4^{2-} 计），% / ≤0.4 水不溶物，% / ≤0.05 pH 值（1%溶液） / 9.5~10.0 白度 / ≥85
6	2835.3911	食品级的六偏磷酸钠	本国子目 2835.3911 的食品级六偏磷酸钠，用作食品添加剂，其外观、有效成分和卫生标准应符合 GB 1890—2005《食品添加剂 六偏磷酸钠》的要求，规定如下： 项目 / 指标 总磷酸盐（以 P_2O_5 计）的质量分数/% ≥ / 68.0 非活性磷酸盐（以 P_2O_5 计）的质量分数/% ≤ / 7.5 水不溶物的质量分数/% ≤ / 0.06 铁（Fe）的质量分数/% ≤ / 0.02 pH 值 / 5.8~6.5 砷（As）的质量分数/% ≤ / 0.0003 重金属（以 Pb 计）的质量分数/% ≤ / 0.001 氟化物（以 F 计）的质量分数/% ≤ / 0.003

第二节
有机化学品

一、第二十九章概述

本章分成十三个分章，共有四十二个品目。本章商品范围较大，品目结构按商品分子结构从简单到复杂排列，即烃（第一分章），含氧基化合物（第二分章至第八分章），含氮基化合物（第九分章），有机—无机化合物、杂环化合物、核酸、磺酰胺（第十分章），从动植物料提取的初始物质（第十一分章及第十二分章），其他有机物（第十三分章）排列。总的来说，除少数品目条文另有规定的以外，本章仅包括单独的已有化学定义的化合物。

但还应注意，不是所有的单独的已有化学定义的化合物均归入第二十九章，也不是所有的非单独的已有化学定义的化合物便不归入本章。例如，激素（非化学定义）应归入品目29.37，乙醇（已有化学定义）应归入品目22.07或22.08。

下面对每一分章所包括的商品范围作详细分析。

（一）第一分章 烃类及其卤化、磺化、硝化或亚硝化衍生物

本分章包括烃类及其卤化、磺化、硝化或亚硝化衍生物，由品目29.01至29.04四个品目组成。

品目29.01是无环烃，品目29.02是环烃。归入本分章的某些烃，受一定的纯度的限制，例如，丙烯纯度按体积计必须在90%及以上，低于此纯度的丙烯应归入第二十七章。

烃又称碳氢化合物，即由碳和氢两种元素组成的化合物。烃的种类繁多，按结构和性质可分为：

1. 无环烃（品目29.01）

（1）饱和烃（烷烃）

饱和烃是指分子结构中碳原子仅以单键联结的烃，通式为 C_nH_{2n+2}（$n \geq 1$），例如，乙烷、丙烷等。这些饱和烃均不溶于水。在常温常压下，含有四个及以下碳原子的烃均为气态；含有五至十五个碳原子的烃均为液态；含有十五个以上碳原子的烃通常为固态。

（2）不饱和烃

不饱和烃所含氢原子数比相同碳原子数的饱和无环烃少二个、四个、六个等。这些化合物含有双键或三键。

烯烃：分子结构中碳原子以双键联结的烃，通式为 C_nH_{2n}（$n \geq 2$），例如，乙烯。

炔烃：分子结构中碳原子以三键联结的烃，通式为 C_nH_{2n-2}（$n \geq 2$），例如，乙炔。

2. 环烃（品目29.02）

环烃是仅含有碳和氢而且分子结构中最少有一个环的化合物。

（1）环烷烃和环烯烃

环烷烃：分子结构中环的碳原子间仅以单键联结的烃，通式为 C_nH_{2n}（$n \geq 3$），例如，环己烷。

环烯烃：分子结构中环的碳原子间含有双键的烃，通式为 C_nH_{2n-2}（$n \geq 3$），例如，环己烯。

（2）环萜烯

这类烃在化学结构上与环烯类没有什么不同，其通式为 $(C_5H_8)n$（$n \geq 2$）。它们以有味易挥发的液体形式存在于天然植物中，例如，蒎烯、莰烯、柠檬烯（苧烯）（见图2-1）等。

图2-1 柠檬烯

（3）芳香烃

具有苯环结构和芳族化合物性质的烃，通式为 C_nH_{2n-6}（$n \geq 6$），例如，苯、萘等。

3. 烃的卤化衍生物（品目 29.03）

烃的卤化衍生物，是烃分子结构中的一个或多个氢原子被相同数量的卤素原子（氟、氯、溴、碘）所取代的化合物。

4. 烃的磺化、硝化或亚硝化衍生物，不论是否卤化（品目 29.04）

烃的磺化衍生物，是烃分子结构中的一个或多个氢原子被相同数量的磺酸基（—SO₃H）所取代的化合物；人们一般称之为磺酸，如乙烯磺酸（见图2-2）。

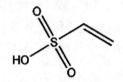

图 2-2　乙烯磺酸

硝化衍生物，是烃分子结构中一个或多个氢原子被相同数量的硝基（—NO₂）所取代的化合物，如三硝基甲烷（见图2-3）。

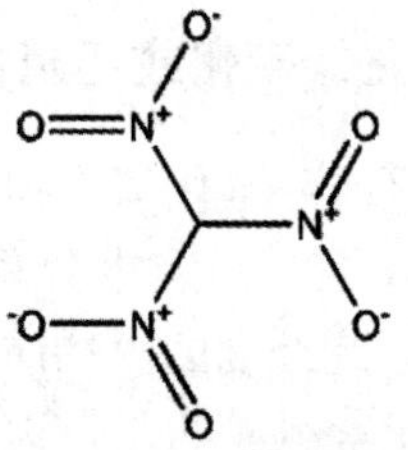

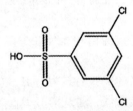

图 2-3　三硝基甲烷

亚硝化衍生物，是烃分子中一个或多个氢原子被相同数量的亚硝基（—NO）所取代的化合物。

卤磺化衍生物，其分子中含有一个或多个磺基（—SO₃H）、磺酸盐或磺酸乙酯及一个或数个卤素原子，或是含有一个卤磺酰基，如氯代苯磺酸（见图2-4）。

图 2-4　3,5-二氯代苯磺酸

卤硝化衍生物，其分子中含有一个或数个硝基（—NO₂）及一个或数个卤素原子。

硝磺化衍生物，其分子中含有一个或数个硝基（—NO₂）及一个或数个磺酸基（—SO₃H）或其盐或乙酯。

卤硝磺化或其他复合衍生物，是指以上未列出的复合衍生物，例如，含有一个或数个硝基（—NO₂）、磺酸基（—SO₃H）或其盐或乙酯及一个或数个卤素原子的复合衍生物。

（二）第二分章　醇类及其卤化、磺化、硝化或亚硝化衍生物

本分章包括醇类及其卤化、磺化、硝化及亚硝化衍生物，由品目 29.05 及品目 29.06 构成。

醇为羟基（—OH）与烃基连接的化合物（与芳烃核直接连接的化合物除外），通式为 R·OH（R 是烃基）。根据烃基的不同，醇可分为：

1. 无环醇（品目 29.05）

无环醇是无环烃的衍生物，通过烃中的一个或数个氢原子被羟基取代后而得，例如，丙醇（C_3H_7OH）。该品目不包括纯度在90%以下（以干燥产品的重量计）的脂肪醇（品目38.23）。

2. 芳香醇（品目 29.06）

芳香醇所含的羟基（—OH）不是连在芳环上，而是连在侧链上，例如，苯甲醇（$C_6H_5 \cdot CH_2OH$）。

3. 环醇（品目 29.06）

环醇是羟基与环烃基连接而成的醇，例如，环己醇 $[CH_2 (CH_2)_4 CHOH]$。

（三）第三分章　酚、酚醇及其卤化、磺化、硝化及亚硝化衍生物

本分章包括酚、酚醇及其卤化、磺化、硝化或亚硝化衍生物，由品目29.07及品目29.08组成。

苯环中的一个或数个氢原子被羟基（—OH）取代后即得酚。

酚醇，是芳烃分子中苯环上的一个氢原子被一个酚羟基取代，而另一个不在苯环上的氢原子被一个醇羟基取代而得；因此，它既具有酚的特性，又具有醇的特性。

与第二分章相似，本分章包括酚及酚醇的金属化合物。另外，归入本分章的部分商品受一定纯度的限制，例如，苯酚、二甲苯酚。酚为羟基（—OH）与芳烃核（苯环或稠苯环）直接连接的化合物，通式是 ArOH（Ar 为芳烃基），例如，苯酚（C_6H_5OH）、甲苯酚（$CH_3 \cdot C_6H_5 \cdot OH$）（见图2-5）。

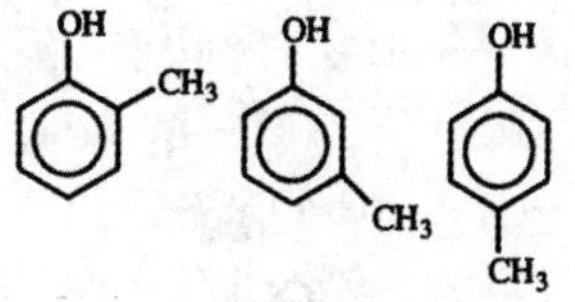

图 2-5　甲苯酚的三种异构体

（四）第四分章　醚、过氧化醇、过氧化醚、过氧化酮、三节环环氧化物、缩醛及半缩醛及其卤化、磺化、硝化或亚硝化衍生物

本分章包括醚、过氧化醇、过氧化醚、过氧化酮、三节环环氧化物、缩醛及半缩醛及其卤化、磺化、硝化或亚硝化衍生物，包括品目29.09至29.11三个品目。

品目29.09条文的"过氧化酮"，由于这类化合物通常是未有化学定义的，因此在条文中加入"不论是否已有化学定义"一词。

品目29.10仅包括三节环环氧化物。分子中含有两个羟基的有机化合物（二醇、二酚），如果脱去一水分子，就形成了稳定的内醚。例如，黄樟脑、1,8-二恶烷等，应作为杂环化合物归入品目29.32。

醚：醇或酚羟基中的氢原子被烃基（烷基或芳基）取代即得醚。通式为 R-O-R′，式中的 R 与 R′可以相同也可以不同。例如，乙醚（C_2H_5—O—C_2H_5）、甲乙醚（CH_3—O—C_2H_5）。

醚醇：多元醇或酚醇的衍生物，酚醇中的酚羟基的氢原子或多元醇中某一醇羟基的氢原子被一个烷基或芳基取代而得。

醚酚或醚醇酚：二元酚或酚醇的衍生物。酚醇中醇羟基的氢原子或二元酚中某一酚羟基的氢原子被一个烷基或芳基所取代而得。

过氧化醇、过氧化醚及过氧化酮的通式为 $RO \cdot OH$ 及 $RO \cdot OR$，式中 R 为有机基团。

缩醛：缩醛可视为醛及酮的水合物所形成的二醚，其通式见图2-6，例如，缩乙醛 $[CH_3CH (OC_2H_5)_2]$。

半缩醛：又称醛缩一醇，其通式见图2-7，例如，乙醛缩一乙醇 $[CH_3CH (OH) OC_2H_5]$。

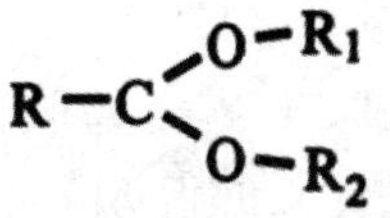

（图 2-6 缩醛的通式）（图 2-7 半缩醛的通式）

$$R—C \begin{matrix} O—R_1 \\ | \\ O—R_2 \end{matrix} \qquad R—C \begin{matrix} O—R_1 \\ | \\ OH \end{matrix}$$

图 2-6　缩醛的通式 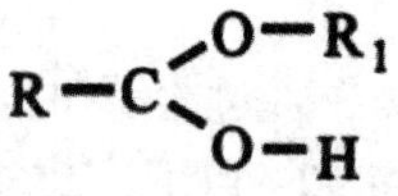　　　　图 2-7　半缩醛的通式

（五）第五分章　醛基化合物

本分章包括醛、环聚醛、多聚甲醛以及它们的卤化、磺化、硝化或亚硝化衍生物，包括品目 29.12 及 29.13。

醛是将伯醇加以氧化而得，均含有特征功能团（—CHO），见图 2-8。可分为：脂肪醛，通式为 RCHO，例如，甲醛（HCHO）、乙醛（$CH_3 \cdot CHO$）；芳香醛，通式为 ArCHO，例如，苯甲醛（$C_6H_5 \cdot CHO$）（见图 2-9）、苯乙醛（$C_6H_5 \cdot CH_2CHO$）。

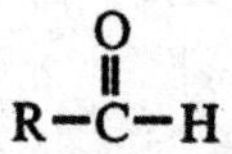

$$R—\overset{\overset{\text{O}}{\|}}{C}—H$$

图 2-8　醛 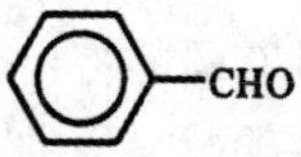　　　　图 2-9　苯甲醛

本分章还包括醛的环状聚合物（环聚醛），例如三恶烷（三恶甲醛）（见图 2-10）、仲乙醛（三聚乙醛）和四聚乙醛等。但本章不包括制成一定形状（例如，片、条或类似形状）供用作燃料的四聚乙醛（品目 36.06）[参见第三十六章的注释二（一）]。醛-酸式亚硫酸盐是醇的衍生物，因此不归入本分章，而应归入"醇"的品目（品目 29.05 至 29.11）。

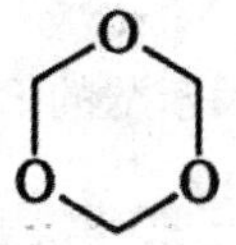

图 2-10　三恶烷（三恶甲醛）

（六）第六分章　酮基化合物及醌基化合物

本分章仅有一个品目，即品目 29.14，包括酮基及醌基化合物，以及它们的卤化、磺化、硝化及亚硝化衍生物。

本分章不包括醛-亚硫酸氢盐及酮-亚硫酸氢盐化合物，它们应作为醇的磺化衍生物归类，例如，丙酮合亚硫酸氢钠 $[(CH_3)_2CO \cdot NaHSO_3]$ 应归入品目 29.05。

酮：含有羰基（C=O）的化合物，可以用通式 R—CO—R_1 来表示，R 及 R_1 代表烷基或芳基（甲基、乙基、丙基、苯基等），见图 2-11。酮可有两种互变异构形式，真酮形式（—CO—）及烯醇形式 [=C（OH）—]，这两种形式的酮均归入品目 29.14。

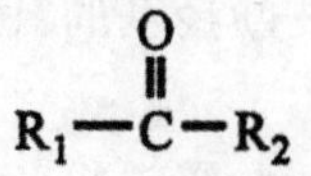

$$R_1—\overset{\overset{\text{O}}{\|}}{C}—R_2$$

图 2-11　酮

醌是从芳香化合物衍生的二酮。

（七）第七分章　羧酸及其酸酐、酰卤化物、过氧化物及过氧酸，以及它们的卤化、磺化、硝化或亚硝化衍生物

本分章包括品目 29.15 至 29.18 四个品目。理论上本分章包括原酸 [$R \cdot C \cdot (OH)_3$]，因为这些原酸可视为水合羧酸 [$R \cdot COOH + H_2O = R \cdot C \cdot (OH)_3$]。但实际上这些化合物不存在游离状态，而

可生成稳定的酯（原酸酯，可作为水合羧酸的酯）。

羧酸：烃基与羧基（—COOH）连接的化合物。含有一个羧基的称为一元羧酸（见图 2-12），含有两个及以上羧基的称为多元羧酸（见图 2-13）。

$$CH_3CH_2CH_2COOH \qquad\qquad HOOC(CH_2)_7COOH$$

图 2-12　正丁酸（一元酸）　　　**图 2-13　壬二酸（二元酸）**

含有磺酸基（—SO_3H）的磺酸与羧酸完全不同，应作为磺化衍生物归入其他分章，而不归入本分章。例如，苯磺酸应归入品目 29.04 作为芳香烃的磺化衍生物。

酸酐：从两个一元酸分子中消去一个水分子或从一个二元酸分子中消去一个水分子后即得酸酐。酸酐的特点是含有—C(O)OC(O)—基团。例如，醋（酸）酐 [(CH_3CO)_2O]、邻苯二甲酸酐 [C_6H_4(CO_2)O]（见图 2-14）等。

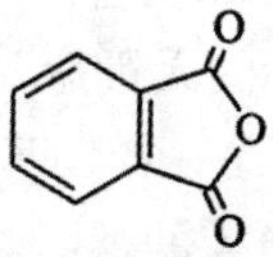

图 2-14　邻苯二甲酸酐

酰卤化物：酰卤化物为羧酸（RCOOH）分子中羧基（—COOH）的羟基（OH）被卤素原子 X 置换的衍生物，通式是 R—COX，例如，酰氯（R·COCl）。

羧酸的过氧化物：也称为二酰基过氧化物，是两个酰基与两个氧原子相键合的化合物，其通式是 R_1C(O)OOC(O)R_2，其中 R_1 和 R_2 可以是相同的，也可以是不同的，见图 2-15。

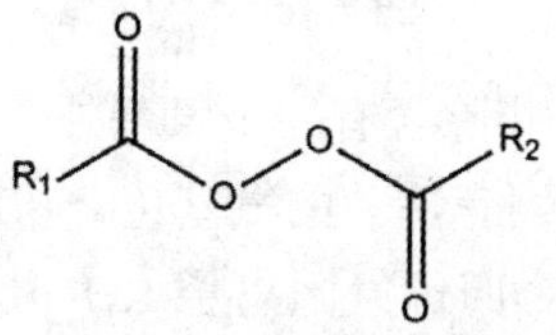

图 2-15　羧酸的过氧化物

过氧酸：分子中含有过氧基（—O—O—）的酸，其通式为 R·CO·O·OH，例如，过乙酸。

羧酸酯：羧酸酯是羧酸分子中羧基上的氢原子被烃基取代而得的化合物，通式为 R·COOR_1，式中 R 及 R_1 为烷基或芳基，例如，醋酸乙酯（CH_3·COO·C_2H_5）。

羧酸盐：是羧酸分子中羧基上的氢原子被一个无机阳离子（例如，钠、钾、铵离子）取代后所得的化合物，可用通式 R·COOM 表示，式中 R 为烷基、芳基或烷代芳基，而 M 为金属阳离子或其他无机阳离子，例如，醋酸钠（CH_3COONa）。

（八）第八分章　非金属无机酸酯及其盐，以及它们的卤化、磺化、硝化或亚硝化衍生物

本分章包括非金属无机酸的酯及其盐，以及它们的卤化、磺化、硝化或亚硝化衍生物，包括品目 29.19 及品目 29.20。

非金属无机酸酯：通常是由醇或酚与非金属无机酸反应生成的，其通式为 ROX，式中 R 表示醇基或酚基，X 表示无机酸分子中的残余物，称作酸基。硝酸的酸基是—NO_2，硫酸的酸基是=SO_2，磷酸的酸基是≡PO，碳酸的酸基是=CO。例如，硝酸甘油（见图 2-16）、磷酸三丁酯（见图 2-17）。

$$
\begin{array}{ll}
CH_2ONO_2 & C_4H_9O\!\diagdown \\
CHONO_2 & C_4H_9O\!-\!P\!=\!O \\
CH_2ONO_2 & C_4H_9O\!\diagup
\end{array}
$$

图 2-16　硝酸甘油　　**图 2-17　磷酸三丁酯**

本分章不包括归入本分章以后本章各品目的酯。

非金属无机酸酯的盐：仅得自非金属无机多元酸酯（硫酸、磷酸、硅酸等）。多元酸含有数个可被取代的酸单元，当这些酸单元没有被全部酯化时即生成酸酯。对这些酸酯进行适当的处理即生成非金属无机酸酯盐，例如，硫酸甲酯钠（$CH_3O \cdot SO_3Na$）。另外，硝酸及亚硝酸均为一元酸，只能生成中性酯。

（九）第九分章　含氮基化合物

本分章包括不同类型的含氮基化合物，例如，氨基（—NH_3）化合物、酰胺基（CONH—）化合物、亚氨基（—NH—）化合物、氰基（—CN）化合物、重氮或偶氮基（—N_2—）化合物等。但不包括仅以所含的硝基或亚硝基作为其氮基的化合物。由品目29.21至29.29共九个品目构成。

根据本章注释一（八）的规定，品目29.25还包括稀释至标准浓度的重氮盐。

品目29.28不包括肼及胲，也不包括它们的无机盐（品目28.25），仅包括它们的有机衍生物。

胺（品目29.21）：指含有氨基［即氨中的一个、两个或三个氢原子分别被一个、两个或三个烷基或芳基R（甲基、乙基、苯基等）所取代而衍生的基团］的有机氮化合物。

如果氨中只有一个氢原子被取代，则衍生为伯胺（RNH_2）；如有两个氢原子被取代则衍生为仲胺（R—NH—R）；如有三个氢原子被取代则衍生为叔胺，见图2-18至图2-20。

$$R-NH_2 \qquad R-NH-R \qquad \begin{matrix} R \\ | \\ N-R \\ | \\ R \end{matrix}$$

图2-18　伯胺　　　　图2-19　仲胺　　　图2-20　叔胺

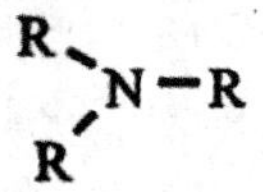

含氧基氨基化合物（品目29.22）：指除含有一个氨基外，还含有一个或数个第二十九章注释四所述的含氧基（醇、醚、酚、缩醛、醛、酮等基）的氨基化合物以及它们的有机及无机酸酯。

有机季铵盐（品目29.23）含有一个四价氮阳离子$R_1R_2R_3R_4N^+$，其中R_1、R_2、R_3、R_4可以是相同的也可以是不同的烷基或芳基（甲基、乙基、甲苯基等）。这些阳离子可与氢氧根离子（OH^-）结合生成通式为$R_4N^+OH^-$的季铵碱，它相当于无机母体氢氧化铵（NH_4OH），如氢氧化胆碱（见图2-21）。

$$[(CH_3)_3\overset{\oplus}{N}CH_2CH_2OH]\overset{\ominus}{O}H$$

图2-21　氢氧化胆碱

酰胺（品目29.24）：为羧酸或碳酸的衍生物。有一级酰胺、二级酰胺及三级酰胺之分，通式分别为：$R-CO \cdot NH_2$、$(R-CO)_2 \cdot NH$、$(RCO)_3 \cdot N$。

酰亚胺（品目29.25）：通式为R=NH，其中R为二元酰基。

亚胺（品目29.25）：亚胺的特征基团为=NH，但它与一个非酸基有机基团相连接，通式为$R_2C=NH$。

腈（品目29.26）：通式为RC≡N，式中的R代表烷基或芳基，有时也代表氮。单、双或三腈的每个分子内分别含有一个、两个或三个氰基（—CN）。

重氮盐（品目29.27）：通式为$RN_2^+X^-$，式中R为有机基，X^-为阴离子。例如，氯化重氮苯（$C_6H_5N_2Cl$）（见图2-22）。

图2-22　氯化重氮苯

偶氮化合物（品目 29.27）：通式为 R₁—N＝N—R₂，式中 R₁ 和 R₂ 均为有机基，有机基中的一个碳原子直接与氮原子连接。例如，偶氮苯、偶氮甲苯等。

氧化偶氮化合物（品目 29.27）：通式为 R1—N₂O—R₂，其中的氧原子与二氮原子中的一个相连接，这里的 R₁ 及 R₂ 通常为芳基。例如，氧化偶氮苯（见图 2-23）、氧化偶氮甲苯等。

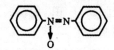

图 2-23　氧化偶氮苯

肼（品目 29.28）：通式为 H₂NNH₂，分子中的一个或数个氢原子被取代即生成肼衍生物，例如，RHNNH₂ 及 RHNNHR₁，式中 R 及 R₁ 代表有机基。例如，苯肼（见图 2-24）。

图 2-24　苯肼

胲（品目 29.28）：通式为 H₂NOH，分子中一个或数个氢原子被取代可生成多种衍生物。

本章还包括，异氰酸酯、羧酸的叠氮化物、环己烷氨基磺酸钙、八甲基焦磷酰胺（OMPA）、二甲基亚硝胺、甲基三硝基苯硝胺（特屈儿）、硝基胍等其他含氮基化合物（品目 29.29）。

（十）第十分章　有机—无机化合物、杂环化合物、核酸及其盐以及磺（酰）胺

本分章包括：有机—无机化合物、杂环化合物、核酸及其盐、磺酰胺，由品目 29.30 至 29.35 共六个品目构成。

有机—无机化合物：归入品目 29.30 及 29.31 的有机—无机化合物是指分子中除含有氢、氧或氮外，还含有直接与碳原子相连的金属或其他非金属（例如，硫、砷、汞、铅等）的有机化合物。例如，苯硫酚（C₆H₅SH）、硫醛（R-CSH）。品目 29.30（有机硫化合物）及品目 29.31（其他有机—无机化合物）不包括某些磺化或卤化衍生物（含复合衍生物），这些衍生物分子中除含有氢、氧、氮之外，只有具有磺化或卤化衍生物（含复合衍生物）性质的硫原子或卤素原子与碳原子直接连接。

杂环化合物：归入品目 29.32 至 29.34 的"杂环化合物"，是指由一个或数个环组成的化合物，这些化合物的环（一个或数个）中除含有碳原子外，还含有其他原子，如氧、氮或硫原子。例如，四氢呋喃、香豆素。

归入品目 29.33 的吡啶衍生物受一定纯度的限制，例如甲基吡啶，按重量计所有甲基吡啶异构体含量在 90% 或以上者，归入本品目，否则应归入品目 27.07。另外，品目 29.32 及 29.33 的含有附加杂原子的内酯及内酰胺的归类应视附加杂原子而定，参见相应品目的子目注释。

（十一）第十一分章　维生素原、维生素及激素

本分章包括维生素原、维生素及激素，由品目 29.36 及品目 29.37 构成。

本分章包括动植物机体正常活动及协调发展所必需的、化学成分相当复杂的一类活性物质。这类物质主要具有生理作用，因为它们具有独特的性质，因此用于医药及工业上。本分章所称"衍生物"是指可通过相关品目的初始化合物制得的化学化合物，这种化合物仍保留母体化合物的基本特征，包括其基本的化学结构。

品目 29.36 为"天然或合成再制的维生素原和维生素（包括天然浓缩物）及其主要用作维生素的衍生物，上述产品的混合物，不论是否溶于溶剂"。维生素为生物生长和代谢所必需的微量有机物。存在于许多天然产物中。已知的重要维生素有二十余种，一般可分为脂溶性和水溶性两类。脂溶性维生素包括维生素 A、维生素 D、维生素 E、维生素 K 等。水溶性维生素包括 B 族维生素和维生素 C。

为了保藏或运输的需要，品目 29.36 的产品可以用下列方法加以稳定：

1. 加入抗氧剂；

2. 加入抗结块剂（例如，碳水化合物）；

3. 用适当的物质（例如，明胶、蜡或脂肪）加以包覆，不论是否增塑；

4. 用适当的物质（例如，硅酸）加以吸附。

但添加的量或处理的方法不得超出保藏或运输所需，而且不得改变产品的基本特性并使其改变一般用途而专门适合于某些特殊用途。

但应注意，很多称为维生素的产品不归入品目 29.36，而根据其化学组分归类。例如，虽有时名为维生素，但没有维生素活性或其维生素活性与其他用途相比处于次要地位的产品维生素 H_1（品目 29.22），以及用作着色物质的维生素 A 原（品目 32.03 或 32.04）。

品目 29.37 为"天然或合成再制的激素、前列腺素、血栓烷、血细胞三烯及其衍生物和结构类似物，包括主要用作激素的改性链多肽"。值得注意的是，该品目不包括：没有激素作用但具有类似激素结构的产品（如品目 29.22 的肾上腺酮、异肾上腺素）、有激素作用但不具有类似激素结构的产品（如品目 29.07 的双烯雌酚、己雌酚，品目 29.22 的氯米芬、他莫昔芬）、有激素作用的天然物质，但不是由人或动物分泌的（如品目 29.32 的玉米烯酮、品目 29.33 的阿司利辛）、天然或合成的植物生长调节剂（例如，植物激素）、血栓烷和白细胞三烯化合物阻抗剂等。

（十二）第十二分章　天然或合成再制的苷（配糖物）、生物碱及其盐、醚、酯和其他衍生物

本分章包括天然或合成再制的苷、生物碱及其盐、酯、醚和其他衍生物，由品目 29.38 及品目 29.39 构成。本分章所称"衍生物"是指可通过相关品目的初始化合物制得的化学化合物，这种化合物仍保留母体化合物的基本特征，包括其基本的化学结构。

生物碱，旧称植物碱，为一类具有碱性的含氮有机化合物，通常存在于植物中，也有些存在于动物中，有些已可用人工合成制得。简单的生物碱中含有碳、氢、氮等元素，复杂的则含有氧。生物碱在医学上很重要，常有独特的和强烈的药理作用，例如，吗啡碱、毛果芸香碱、奎宁等。

（十三）第十三分章　其他有机化合物

本分章包括化学纯糖（蔗糖、乳糖、麦芽糖、葡萄糖及果糖除外）及其酯、醚和盐；抗菌素及其他有机化合物，由品目 29.40 至 29.42 三个品目构成。

化学纯糖（品目 29.40），仅包括化学纯的糖。所称"糖"，包括单糖、二糖及低聚糖。每一糖单元必须由至少四个，但最多不超过八个碳原子构成，而且至少必须含有一个可还原的羰基（醛基或酮基），同时至少必须含有一个用以承载一个羟基及一个氢原子的不对称碳原子。本品目不包括：蔗糖（即使是化学纯的也应归入品目 17.01）、葡萄糖及乳糖（即使是化学纯的也应归入品目 17.02）、麦芽糖（即使是化学纯的也应归入品目 17.02）、果糖（即左旋糖，即使是化学纯的也应归入品目 17.02）、3-羟基丁醛（品目 29.12）及乙偶姻（3-羟基-2-丁酮）（品目 29.14）。

抗菌素（品目 29.41），是活微生物分泌出来的具有杀死其他微生物或抑制其他微生物生长的物质。它们主要用于对致病微生物，特别是细菌或真菌进行强有力的抑制，有时对肿瘤也有抑制作用。抗菌素可能由单种物质组成，也可能由一系列相关物质所组成，其化学结构可能是已知的，也可能是未知的；可能已有化学定义，也可能未有化学定义。本品目也包括具有同样用途的化学改性抗菌素，也包括通过合成法再生的天然抗菌素。但若制成零售形式或包装供治病用，则应归入品目 30.04。另外，多种抗菌素人为混合后供治病或防病用者，应归入品目 30.03 或 30.04。

二、第二十九章章注释简介

本章共有八条章注释及两条子目注释。下文将逐一介绍。

（一）注释一

在理解本条注释时，应注意下列问题。

1. "除品目条文另有规定的以外"

如果一个产品不符合本章注释一（一）至（八）的规定，但在有关的品目条文中已明确规定将其归入本章的，则仍应归入本章。例如，卵磷脂是一种结构相似的不同化合物组成的混合物，但品目29.23中已具体列名，因此仍应归入品目29.23。又如，激素及抗菌素均在品目29.37及29.41中列名，因此激素及抗菌素应分别归入品目29.37及29.41。

2. "化学定义"及所允许的"杂质"

本章注释一（一）规定归入本章的产品必须是"单独的已有化学定义的有机化合物，不论是否含有杂质"。

对于"单独的已有化学定义的化合物"，在第二十八章中重点放在"化学计量比"上，而在本章则重点放在其结构上，即应为已知化学结构且在生产（包括纯化）过程中未故意加入其他物质的化学化合物。

"杂质"的主要类型及是否可视为本章所允许的杂质，归类原则与第二十八章所述一样。请参见第二十八章。

不能视为所允许的杂质的例子是：为了使乙酸甲酯能更好地作为溶剂而故意加入了甲醇，此种产品应归入品目38.14。

根据注释一（一），一个化学品是归入第二十九章还是归入其他有关的章，必须考虑下列要点：

（1）其化学结构是否已知；

（2）其纯度是否相当高，是否为"单一"化合物；

（3）是否含有其他物质，是否故意加入或残留的。

与第二十八章所述情况一样，第二十九章也包括一些未有化定义的产品，它们是：

（1）过氧化酮（品目29.09）；

（2）环聚醛；多聚甲醛（品目29.12）；

（3）乳磷酸盐（品目29.19）；

（4）卵磷脂及磷氨基类脂（品目29.23）；

（5）核酸及其盐（品目29.34）；

（6）维生素原及维生素（包括浓缩物及相互混合物），不论是否溶于溶剂（品目29.36）；

（7）激素（品目29.37）；

（8）苷及其衍生物（品目29.38）；

（9）生物碱及其衍生物（品目29.39）；

（10）糖醚、糖缩醛及糖酯以及它们的盐（品目29.40）；

（11）抗菌素（品目29.41）。

3. 异构体混合物

本条注释（二）款对本章包括及不包括什么异构体混合物作了明确规定。由于无环烃的异构体混合物通常存在于烃油、石油、汽油等中，即存在于燃料油中，因此将其归入第二十七章燃料油中更为合适。而立体异构的混合物，通常不是一起存在于燃料油中，因此，本条注释规定立体异构混合物可归入本章。

但应注意，本条规定仅适用于具有相同化学官能团且一起存在于天然状态或同时从合成过程获得的立体异构混合物。

4. 归入本章后面某些品目的产品可以是未有化学定义的

本条注释（三）款规定了归入本章后面一些品目的产品可以是已有化学定义的，也可以是未有化学定义的。这些产品是直接从植物或动物中提取的生理物质，它们属于有机物，因此，应归入第二十九章。但其中很多物质的结构至今还不清楚，并且很多物质含有共提取物，因此本条注释规定它们归入本章。例如，鸦片碱应归入品目29.39。

5. 已溶解的有机化学品

已溶解的有机化学品的归类原则与已溶解的无机化学品的归类原则相同。

6. 所允许的"添加剂"

是否可视为本章所允许的"添加剂"，其原则与第一节的无机物的添加剂相同。除此之外，为了安全起见，本章产品可加有气味剂。

还应注意，本条注释第（八）款规定：重氮盐，用于重氮盐、可重氮化的胺及其盐类的耦合剂。若为生产偶氮染料需要而用中性盐等稀释至标准浓度，仍可归入本章。它们可以是固体的，也可以是液体的。

（二）注释二

本条注释为本章的排他条款。在运用本条注释时应结合第六类注释。不归入本章的货品可分成下列两类：

1. 单独的已有化学定义的化合物，例如：

（1）甘油（品目15.20）；

（2）蔗糖（品目17.01）；乳糖、麦芽糖、葡萄糖及果糖（品目17.02）；

（3）乙醇（品目22.07或22.08）；

（4）甲烷及丙烷（品目27.11）；

（5）尿素（品目31.02或31.05）；

（6）合成有机色料（包括颜料）及用作荧光增白剂的合成有机产品（如某些芪衍生物）（品目32.04）。

2. 某些单独的已有化学定义的化合物，在某种情况下归入第二十九章，但当制成一定形状或经不改变化学组成的特定处理后，则应归入其他章。例如，供治病或防病用的制成配定剂量或零售包装形式的产品（品目30.04）；已经处理使其发光的作发光体用产品（如水杨基醛连氮）（品目32.04）；制成品目38.08所述形状的消毒剂、杀虫剂等。

例如，"二苯基甲烷二异氰酸酯"或"多次甲基多苯基多异酸酯"（粗MDI），粗MDI是一种混合物，其中MD仅占40%~50%，其余的为不同官能度的混合异氰酸酯，行业上又称之为多次甲基多苯基多异氰酸酯，简称PAPI。粗MDI与纯MDI是通过联产法生产的，只是在最后减压蒸馏工艺中，蒸出纯MDI，剩余的就是粗MDI。因此，可以认为粗MDI是生产过程中作为一个产品而故意留下的。纯MDI常温下是白色固体，需冷藏运输。而粗MDI一般为棕褐色或棕黄色液体，无须冷藏运输。粗MDI主要用于生产聚氨酯硬质与半硬质泡沫塑料及聚氨酯胶粘剂，大量用于冰箱行业上，作为冰箱内胆材料。根据《税则》第二十九章总注释一："单独的已有化学定义的化合物是指单一的已知结构的化学化合物，这些化合物在其制造（包括纯化）过程中或制成后并未故意加入其他物质。"此货品已超出第二十九章所规定的范围，不能归入第二十九章，应按未列名化学品将此商品归入税号3824.9999。

（三）注释三

归入第二十九章的产品一般是根据其官能团或化学结构进行归类的。本条注释是关于具有两个及以上功能团化合物的归类问题，即应归入可能归入品目中的最后一个品目。例如，丝氨酸，分子结构为 $HO—H_2C—CH（NH_2）—COOH$，含有三个不同的功能团，即醇基（—OH）、羧酸基（—COOH）及氨基（—NH），因此可归入品目 29.05、29.15 及 29.22。根据本条注释，丝氨酸应作为含氧基氨基化合物归入品目 29.22。又如，抗坏血酸既可作为内酯（品目 29.32），也可作为维生素（品目 29.36），因此应归入品目 29.36。同样道理，烯丙雌醇是一种环醇（品目 29.06），但也是一种具有原甾烷结构的甾族化合物，主要用作激素（品目 29.37），因此应归入品目 29.37。但应注意，品目 29.40 不包括品目 29.37、29.38 及 29.39 的产品，因此归入最后品目这一规律在这种情况下不适用。

（四）注释四

本条注释是关于复合衍生物的归类问题，强调本条注释所列品目的货品也包括复合衍生物，例如，磺卤化、硝卤化、硝磺化、硝磺卤化等衍生物（例如，磺化氯硝基苯应归入品目 29.04）。本条注释还规定了硝基及亚硝基不能作为品目 29.29 的含氮基官能团。

本条注释同时对品目 29.11、29.12、29.14、29.18 及 29.22 所称"含氧基"进行定义，规定仅限于品目 29.05 至 29.20 所述的各种含氧基（其特征为有机含氧基）。

（五）注释五

注释五（一）是关于酯的归类问题。醇与酸反应生成酯，酯是一类范围广泛的化合物，在《税则》中不可能列出各自的相应品目。因此，归类时必须先将其分成醇及酸两个组成部分，然后归入醇或酸所处品目的最后品目。例如，醋酸甲酯是由甲醇（品目 29.05）及醋酸（品目 29.15）生成的，因此应归入品目 29.15 项下，当然这一规定仅适用于第一至第七分章的化合物，这些化合物中仅有碳、氢及氧存在；第八分章及以后各分章的归类不是根据含氧基，而是根据其他功能团，因此这一规定不适用。例如，杂环化合物所生成的酯仍然是杂环化合物，因此不能归入前面各分章。

注释五（二）涉及不归在第二十九章的乙醇或甘油所生成的酯的归类问题。因此，根据注释五（一）及五（二），苯磺酸甲酯应按甲醇归入品目 29.05，而苯磺酸乙酯应按乙醇归入品目 29.04。注释五（四）规定金属醇化物应按相应的醇（乙醇及丙三醇除外）归类。将这一规定运用到酚的金属盐，则酚的金属盐应按相应的酚归类。例如，异丙醇铝应按异丙醇（品目 29.05）归入品目 29.05。但乙醇化钠应根据注释五（四）归入品目 29.05。

注释五（五）规定羧酸的酰卤化物应按相应的酸归类。因此，异丁酰氯应按相应的异丁酸归入品目 29.15。

（六）注释六

注释六阐述了品目 29.30 至 29.31 有机—无机化合物的含义。这些化合物除含有氢、氧及氮外，还含有直接与碳原子连接的其他非金属或金属原子（例如，硫、汞、铅、砷）。本条注释后半部分规定这些化合物不包括本章前面各品目所述的磺化或卤化衍生物（包括其复合衍生物）。

（七）注释七

注释七明确了杂环化合物的范围，将杂环化合物归入品目 29.32、29.33 及 29.34 三个品目中。

本条注释后半部分用以解释本条注释仅适用于由本条注释所列环化官能化合物所形成的环内杂原子化合物，也即如果一个链状化合物通过链中含氧基反应后生成环状化合物，则这种杂环化合物不归入品目 29.32，除非这种化合物分子中还有其他环内杂原子。

（八）注释八

本注释对"激素"及"主要起激素作用的"进行了定义，即品目 29.37 所称：（一）"激素"包括激素释放因子、激素刺激和释放因子、激素抑制剂以及激素抗体；（二）"主要起激素作用的"不仅适用于激素衍生物以及主要起激素作用的结构类似物，也适用于在本品目所列产品合成过程中主要用作中间体的激素衍生物以及结构类似物。

（九）子目注释

本章共有两条子目注释。

第一条子目注释用以保证第二十九章目构在解释上的统一性。本条子目注释规定，一种化合物的衍生物，如果该化合物的品目项下的子目未明确将其包括在内并且有关的品目中又无列名为"其他"的子目，则应与该化合物归入同一子目。例如，氯代亚胺，因其在品目 29.25 项下没有更明确的子目，同时并没有列名为"其他"的子目，因此应归入子目 2925.20；氯代酰亚胺，因品目 29.25 项下没有更明确的子目并且没有列名为"其他"的子目，因此应归入子目 2925.19；氯代丙烯腈，因其在品目 29.26 中没有更明确的子目并且列有"其他"子目，因此应归入子目 2926.90"其他"项下。

第二条子目注释规定，第二十九章注释三（即"可以归入本章两个或两个以上品目的货品，应归入有关品目中的最后一个品目"）不适用于本章的子目。

三、第二十九章部分品目商品范围介绍

（一）品目 29.01

归入本品目的某些货品有一定的纯度标准。这些货品是：

1. 乙烷，归入本品目的乙烷以体积计纯度必须达到 95% 或以上，低于此纯度者应归入品目 27.11。

2. 乙烯，归入本品目的乙烯以体积计纯度必须达到 95% 及以上，低于此纯度者应归入品目 27.11。

3. 丙烯，归入本品目的丙烯以体积计纯度必须达到 90% 及以上，低于此纯度者应归入品目 27.11。

4. 甲烷（CH_4）及具有三个碳原子的丙烷（C_3H_8）即使是纯净的，也应归入品目 27.11，而不归入品目 29.01。

（二）品目 29.02

1. 本品目不包括归入品目 32.04 的合成胡萝卜素。

2. 本品目不包括精油（品目 33.01）、脂松节油、木松节油、硫酸盐松节油及用蒸馏或其他方法处理针叶木所得的其他松节油（品目 38.05）。

3. 本品目的苯、甲苯，按重量计纯度必须在 95% 及以上，低于此纯度的不归入本品目（品目 27.07）。

4. 本品目的二甲苯必须按重量计含 95% 及以上的二甲苯异构体，所有异构体一律计入，低于此纯度的二甲苯不归入本品目（品目 27.07）。

5. 本品目的萘，其结晶点必须在 79.4℃ 及以上，低于此纯度的萘不归入本品目（品目 27.07）。

6. 本品目的菲必须是单独的已有化学定义的纯化合物或商品纯化合物。本品目不包括粗菲（品目 27.07）。

7. 本品目的蒽按重量计纯度必须在 90% 及以上，低于此纯度的蒽不归入本品目（品目 27.07）。

（三）品目 29.03

1. 本品目不包括作为氯化衍生物混合物的氯化石蜡。具有人造蜡特征的固体氯化石蜡归入品目 34.04，而液体氯化石蜡则归入品目 38.24。

2. 本品目不包括六溴联苯异构体的混合物（品目 38.24），也不包括氯化衍生物混合物的多氯代联

苯。具有人造蜡特征的固体多氯联苯归入品目 34.04，而液态多氯联苯应归入品目 38.24。

（四）品目 29.05

1. 本品目不包括乙醇，不论是否纯净（参见品目 22.07 及 22.08 的注释）。

2. 本品目不包括纯度在 90% 以下（以干燥产品的重量计）的脂肪醇（品目 38.23）。

3. 本品目的甘油，纯度必须在 95% 及以上（以干燥产品重量计），低于此纯度的甘油（即粗甘油）不归入本品目（品目 15.20）。

4. 本品目不包括品目 38.24 的山梨醇。

（五）品目 29.06

1. 本品目不包括存在于真菌（蘑菇）及麦角中的麦角甾醇，一种维生素原，在紫外线照射下可产生维生素 D_2。麦角甾醇及维生素 D_2 均归入品目 29.36。

2. 在本品目内，醛-亚硫酸氢盐及酮-亚硫酸氢盐应作为醇的磺化衍生物归类。本品目也包括环醇的金属醇化物。

（六）品目 29.07

1. 本品目的苯酚，按重量计纯度必须在 90% 及以上，低于此纯度的苯酚不归入本品目（品目 27.07）。

2. 本品目的单独或混合甲酚以重量计须含有 95% 及以上的甲酚（所含甲酚异构体全部计入），低于此纯度的甲酚不归入本品目（品目 27.07）。

3. 本品目的单独或混合二甲苯酚，以二甲苯酚重量计必须含 95% 及以上（所有二甲苯酚的异构体均计在内），低于此纯度的二甲苯酚不归入本品目（品目 27.07）。

（七）品目 29.12

1. 归入本品目的聚乙醛及类似物质应呈晶体状或粉状。本品目不包括制成一定形状（例如，片、条或类似形状）供用作燃料的四聚乙醛（品目 36.06）［参见第三十六章注释二（一）］。

2. 本品目不包括醛-酸式亚硫酸盐化合物。这种化合物应作为醇的磺化衍生物归类（品目 29.05 至 29.11）。

（八）品目 29.14

本品目不包括有机色料（第三十二章），也不包括酮-亚硫酸氢盐化合物。这种化合物应作为醇的磺化衍生物归类（品目 29.05 至 29.11）。

（九）品目 29.15

本品目不包括：
1. 可饮用的醋酸水溶液，醋酸含量在 10% 及以下（品目 22.09）。
2. 粗硬脂酸的盐及酯（通常归入品目 34.01、34.04 或 38.24）。
3. 甘油单硬脂酸酯、甘油双硬脂酸酯、甘油三硬脂酸酯、脂肪乳化剂的混合物（如果这些混合物具有人造蜡的特征，应归入品目 34.04，否则应归入品目 38.24）。
4. 纯度在 90% 以下（按干燥产品的重量计）的脂肪酸（品目 38.23）。

（十）品目 29.16

本品目不包括纯度在 85% 以下（按干燥产品的重量计）的油酸及纯度在 90% 以下（按干燥产品的

重量计）的其他脂肪酸（品目 38.23）。

（十一）品目 29.18

1. 本品目包括工业、商业及药用乳酸。工业乳酸呈黄色至棕色，具有难闻的酸味。商业或医药用的乳酸含量通常在 75% 及以上。

2. 本品目不包括粗酒石（品目 23.07），也不包括粗酒石酸钙（品目 38.24）。

（十二）品目 29.20

未经混合的硝化甘油、四硝酸季戊四醇（季戊四醇四硝酸酯）及硝化甘醇均归入本品目；如果报验时为制成炸药形式，则不归入本品目（品目 36.02）。

（十三）品目 29.23

本品目的卵磷脂主要是大豆卵磷脂，是由不溶于丙酮的磷脂（一般按重量计占 60%~70%）、大豆油、脂肪酸及碳水化合物组成的混合物。大豆卵磷脂稍有黏稠，呈浅棕色到淡颜色，如果作丙酮将大豆油提出，则所得卵磷脂为淡黄色颗粒。

（十四）品目 29.24

本品目不包括尿素（H_2NCONH_2），即碳酸二酰胺。该产品主要用作肥料，即使是纯态的，也应归入品目 31.02 或 31.05。

（十五）品目 29.30

本品目包括其分子含有直接与碳原子相连接的硫原子的有机硫化合物，还包括其分子除含有硫原子外，还含有直接与碳原子相连接的其他非金属原子的化合物。

（十六）品目 29.33

1. 本品目的吡啶，按重量计纯度必须在 95% 及以上，低于此纯度的吡啶不归入本品目（品目 27.07）。

2. 本品目的这些衍生物按重量计纯度必须达到 90% 及以上（对于甲基吡啶，所有的异构体必须一并计入），低于此纯度的衍生物不归入本品目（品目 27.07）。

（十七）品目 29.36

归入本品目的商品为天然或合成再制的维生素原和维生素（包括天然浓缩物）及其主要用作维生素的衍生物，也可为上述产品的混合物。例如，维生素 A 和维生素 D_3 的混合制剂应归入品目 29.36。

（十八）品目 28.38

本品目包括各种苷及其衍生物的天然混合物（例如，含有紫花苷 A 和 B、毛地黄毒苷、芰毒素、芰它毒等的毛地黄苷天然混合物）；但人工制成的混合物或制剂不归入本品目。

（十九）品目 29.39

1. 本品目包括未经混合的生物碱及生物碱的天然混合物（例如，藜芦碱及鸦片所有生物碱）；但不包括人工制成的混合物或制剂。本品目也不包括植物液汁的提取物，例如，鸦片膏（品目 13.02）。

2. 本品目包括氢化、脱氢、氧化及脱氧的生物碱衍生物，一般也包括其结构与衍生前的天然生物碱基本相同的任何生物碱衍生物。

3. 本品目包括罂粟秆浓缩物，其是通过萃取罂粟属植物部分后纯化制得的一种天然生物碱混合物，按重量计生物碱的含量不低于50%。

（二十）品目 29.41

本品目包括抗菌素。但应注意，本品目不包括制成零售形式或包装供治病用的抗菌素（应归入品目 30.04）；供治病或防病用的抗菌素人工混合物（抗菌素之间的混合及抗菌素与载体的混合）也不归入本品目，而应归入品目 30.03 或 30.04。

四、部分本国子目情况说明

部分本国子目情况说明见表 2-3。

表 2-3　部分本国子目情况说明

序号	本国子目（税号）	商品名称	商品描述
1	2905.4910	木糖醇	本国子目 2905.4910 的木糖醇，又名戊五醇，为白色粉状或颗粒状结晶，结构式为： 熔点 92~93℃，有吸潮性、无毒、甜味，与山梨糖性质相似。木糖醇外表和蔗糖相似，是多元醇中最甜的甜味剂，味凉，甜度相当于蔗糖，热量相当于葡萄糖。
2	2917.3611	精对苯二甲酸	本国子目 2917.3611 的精对苯二甲酸（简称 PTA），相对分子质量：166.13，分子式：$C_8H_6O_4$，结构式为： 精对苯二甲酸中 4-羧基苯甲醛（4-CBA）≤0.0025%。 精对苯二甲酸为白色针状结晶或粉末，密度 1.510g/cm³，约在 300℃ 升华，自燃点 680℃。可燃、低毒，能溶于碱溶液，稍溶于热乙醇，不溶于水、乙醚、冰醋酸和三氯甲烷。 精对苯二甲酸主要用作生产聚酯切片、长短涤纶纤维和化工产品的原料。

表2-3　续

序号	本国子目（税号）	商品名称	商品描述
3	2933.3910	二苯乙醇酸-3-奎宁环酯	本国子目 2933.3910 的二苯乙醇酸-3-奎宁环酯，为无特殊气味白色或微黄色的结晶性粉末，简称 BZ 或 QNB，中文俗称毕兹，结构式为： 分子式：$C_{21}H_{23}NO_3$，相对分子质量：337，CAS 号：6581-06-2。 沸点较高（>300℃），熔点 165~166℃，不溶于水，微溶于乙醇，可溶于三氯甲烷、苯等有机溶剂，挥发度很小。
4	2937.1210	重组人胰岛素及其盐	本国子目 2937.1210 的重组人胰岛素，为重组 DNA 技术生产的由 51 个氨基酸组成的蛋白质。分子式：$C_{257}H_{383}N_{65}O_{77}S_6$，相对分子质量：5807.69。结构式为： Gly-Ile-Val-Glu-Gln-Cys-Cys-Thr-Ser-Ile-Cys-Ser-Leu-Tyr-Gln-Leu-Glu-Asn-Tyr-Cys-Asn Phe-Val-Asn-Gln-His-Leu-Cys-Gly-Ser-His-Leu-Val-Glu-Ala-Leu-Tyr-Leu-Val-Cys-Gly-Glu-Arg-Gly-Phe-Phe-Tyr-Thr-Pro-Lys-Thr 本子目也包括重组人胰岛素的盐。

第三章
常见化学品归类

中文名称	氯
英文名称	Chlorine
别名	氯气
CAS 号	7782-50-5
化学名	氯
化学式	Cl_2
相对分子质量	70.91
结构式	Cl—Cl
外观与性状	常温常压下为黄绿色、有强烈刺激性气味的有毒气体；密度是空气密度的 2.5 倍，标准大气压下为 3.17g/L；可溶于水，且易溶于有机溶剂（如四氯化碳），难溶于饱和食盐水；熔沸点较低，常温常压下，熔点 -101℃，沸点 -34.05℃，可液化为金黄色液态氯。
用途	作为原料用于生产次氯酸钠等无机化学品、环氧氯丙烷等有机氯化物，也用于生产氯丁橡胶、塑料及增塑剂。作为消毒除臭试剂，用于污水的处理。
海关归类思路	该物质为单独的化学元素，属于第二十八章第一分章化学元素品目 28.01 项下所列化学品。
税则号列	2801.1000

中文名称	碘
英文名称	Iodine
别名	
CAS 号	7553-56-2
化学名	碘
化学式	I_2
相对分子质量	253.81
结构式	I—I
外观与性状	紫黑色晶体，具有金属光泽，性脆，易升华，有毒性和腐蚀性；密度 4.93g/cm³，熔点 113.5℃，沸点 184.35℃；加热时升华为紫色蒸汽，具有刺激性气味；易溶于乙醚、乙醇、三氯甲烷和其他有机溶剂，形成紫色溶液，微溶于水，也溶于氢碘酸和碘化钾溶液而呈深褐色。
用途	用于生产催化剂、动物饲料添加剂、稳定剂、染剂、颜料、药品等，也用于配制碘酊等消毒剂。
海关归类思路	该物质为单独的化学元素，属于第二十八章第一分章化学元素品目 28.01 项下所列化学品。
税则号列	2801.2000

中文名称	溴
英文名称	Bromine
别名	
CAS 号	7726-95-6
化学名	溴
化学式	Br_2
相对分子质量	79.90
结构式	Br—Br
外观与性状	常温常压下具有挥发性的红棕色液体，有令人窒息的刺激性气味；密度3.12g/cm^3,熔点 -7.2℃，沸点 58.76℃；微溶于水，易溶于二硫化碳及有机醇类（如甲醇）和有机酸类等溶剂。
用途	用于生产阻燃剂、净水剂、杀虫剂、染料、感光剂等。一些特定的溴化合物被认为是有可能破坏臭氧层的或是具有生物累积性的，所以许多工业用的溴化合物被限制使用或逐渐被淘汰。
海关归类思路	该物质为单独的化学元素，属于第二十八章第一分章化学元素品目 28.01 项下所列化学品。
税则号列	2801.3020

中文名称	碳黑
英文名称	Carbon black
别名	炭黑、C. I. 颜料黑 6 或 7
CAS 号	1333-86-4
化学名	碳
化学式	C
相对分子质量	12.01
结构式	
外观与性状	一种无定形碳，是有机物（天然气、重油、燃料油等）在空气不足的条件下经不完全燃烧或受热分解而得的产物。为轻、松而极细的黑色粉末，比表面积非常大，范围为 10~3000m^2/g。密度 1.8~2.1g/cm^3。由天然气制成的称"气黑"，由油类制成的称"灯黑"，由乙炔制成的称"乙炔黑"。
用途	作为黑色染料，用于制造中国墨、油墨、油漆等，也用作橡胶的补强剂。
海关归类思路	该物质为单独的化学元素，属于第二十八章第一分章化学元素品目 28.03 项下所列化学品。
税则号列	2803.0000

中文名称	氢
英文名称	Hydrogen
别名	氢气、纯氢
CAS 号	1333-74-0
化学名	氢
化学式	H_2
相对分子质量	2.02
结构式	H—H
外观与性状	常温常压下，氢气是一种极易燃烧、无色透明、无臭无味且难溶于水的气体。在 1 个标准大气压和 0℃ 条件下，氢气的密度为 0.089g/L，是世界上已知的密度最小的气体。熔点 -259.2℃，沸点 -252.77℃。
用途	氢气是相对分子质量最小的物质，主要用作还原剂。
海关归类思路	该物质为单独的化学元素，属于第二十八章第一分章化学元素品目 28.04 项下所列化学品。
税则号列	2804.1000

中文名称	氩
英文名称	Argon
别名	氩气、纯氩
CAS 号	7440-37-1
化学名	氩
化学式	Ar
相对分子质量	39.95
结构式	
外观与性状	氩是单原子分子，单质为无色、无臭和无味的气体。化学性极不活泼，不能燃烧，也不能助燃。在 1 个标准大气压和 0℃ 条件下，氩气的密度为 1.784g/L。熔点 -189.2℃，沸点 -185.7℃，水中溶解度 33.6cm³/L。
用途	氩作为填充气体可用于制作氩灯。在不锈钢、锰、铝、钛和其他特种金属电弧焊接、钢铁生产时，也用于保护气体。
海关归类思路	该物质为单独的化学元素，属于第二十八章第一分章化学元素品目 28.04 项下所列化学品。
税则号列	2804.2100

中文名称	氮
英文名称	Nitrogen
别名	氮气、纯氮
CAS 号	7727-37-9
化学名	氮
化学式	N_2
相对分子质量	28.01
结构式	$N \equiv N$
外观与性状	氮气是无色、无味的气体。氮是空气中最多的元素。化学性不活泼，不能助燃。在1个标准大气压和0℃条件下，氮气的密度为0.81g/mL。熔点－209.8℃，沸点－195.6℃。微溶于水和乙醇。
用途	主要用于合成氨，也是合成纤维、合成树脂、合成橡胶等的重要原料。广泛用于电子、钢铁、玻璃工业作保护气体，还用于灯泡和膨胀橡胶的填充物。
海关归类思路	该物质为单独的化学元素，属于第二十八章第一分章化学元素品目28.04项下所列化学品。
税则号列	2804.3000

中文名称	氧
英文名称	Oxygen
别名	氧气、纯氧
CAS 号	7782-44-7
化学名	氧
化学式	O_2
相对分子质量	32.00
结构式	$O = O$
外观与性状	氧气是无色、无味的气体。熔点－218.4℃，沸点－183℃，密度1.429g/L。氧气具有助燃性、氧化性，常温下不活泼，与许多物质都不易作用，但在高温下则很活泼，能与多种元素直接化合。微溶于水，1L水中溶解约30mL氧气。
用途	氧气具有非常广泛的用途，主要是供给呼吸、支持燃烧和反应放热3个方面。在潜水作业、登山运动、高空飞行、宇宙航行、医疗抢救等时，常需使用氧气。在鼓风炼铁、转炉炼钢等需要高温、快速燃烧等特殊要求时，需使用富氧空气或氧气。氧气也是生产硫酸、硝酸等化工产品的原料。
海关归类思路	该物质为单独的化学元素，属于第二十八章第一分章化学元素品目28.04项下所列化学品。
税则号列	2804.4000

中文名称	碲
英文名称	Tellurium
别名	纯碲
CAS 号	13494-80-9
化学名	碲
化学式	Te
相对分子质量	127.63
结构式	
外观与性状	碲为斜方晶系银白色结晶。熔点 452℃，沸点 1390℃，密度 6.25g/cm³。溶于硫酸、硝酸、王水、氰化钾、氢氧化钾；不溶于冷水和热水、二硫化碳。
用途	供半导体器件、合金、化工原料及铸铁、橡胶、玻璃等工业作添加剂用。能改善钢和铜合金的切削加工性能并增加硬度，可用作石油裂解催化剂的添加剂以及制取乙二醇的催化剂。碲和若干碲化物是半导体材料，超纯碲单晶是新型的红外材料。
海关归类思路	该物质为单独的化学元素，属于第二十八章第一分章化学元素品目 28.04 项下所列非金属元素。
税则号列	2804.5000

中文名称	红磷
英文名称	Red phosphorus
别名	赤磷
CAS 号	7723-14-0
化学名	红磷
化学式	P
相对分子质量	30.97
结构式	
外观与性状	红磷是紫红或略带棕色的无定形粉末，是磷的同素异形体之一，无毒、无气味，有光泽。密度 2.34g/cm³。加热升华，汽化后再凝华则得白磷。燃烧时产生有毒白烟（五氧化二磷）。难溶于水、二硫化碳、乙醚、氨等，略溶于乙醇。
用途	在常温下稳定，难与氧反应。用于生产安全火柴、有机磷农药、制磷青铜等，也用于制备半导体化合物及用作半导体材料掺杂剂。
海关归类思路	该物质为单独的化学元素，属于第二十八章第一分章化学元素品目 28.04 项下所列非金属元素。
税则号列	2804.7090

中文名称	砷
英文名称	Arsenic
别名	砒
CAS 号	7440-38-2
化学名	砷
化学式	As
相对分子质量	77.95
结构式	
外观与性状	砷有灰、黄、黑褐三种同素异形体，具有金属性。密度 5.73g/cm³，熔点 814℃，615℃时升华。不溶于水，溶于硝酸和王水。在潮湿空气中易被氧化。
用途	作为合金添加剂用于生产铅制弹丸、印刷合金、黄铜（冷凝器用）、蓄电池栅板、耐磨合金、高强结构钢及耐蚀钢等。砷为电的导体，常被使用在半导体上。
海关归类思路	该物质为单独的化学元素，属于第二十八章第一分章化学元素品目 28.04 项下所列非金属元素。
税则号列	2804.8000

中文名称	锂
英文名称	Lithium
别名	
CAS 号	7439-93-2
化学名	锂
化学式	Li
相对分子质量	6.94
结构式	
外观与性状	锂为银白色的金属元素，质软，可用刀切割。密度 0.534g/cm³，是密度最小的金属，其密度比所有的油和液态烃都小，故应存放于固体石蜡或者白凡士林中。熔点 180℃，沸点 1340℃。
用途	广泛应用于电池、陶瓷、玻璃、润滑剂、制冷液、核工业以及光电等行业。其中，电池行业已经成为锂最大的消费领域，玻璃和陶瓷行业成为锂的第二大消费领域。
海关归类思路	该物质为单独的化学元素，属于第二十八章第一分章化学元素品目 28.05 项下所列碱金属元素。
税则号列	2805.1910

中文名称	盐酸
英文名称	Hydrochloric acid
别名	氯化氢水溶液、氯镪水
CAS 号	7647-01-0
化学名	氢氯酸
化学式	HCl
相对分子质量	36.46
结构式	
外观与性状	盐酸是氯化氢气体的水溶液，为无色透明的一元强酸。盐酸具有极强的挥发性。根据不同的浓度，呈透明无色或黄色，有刺激性气味和强腐蚀性。易溶于水、乙醇、乙醚和油等。浓盐酸为含 38% 氯化氢的水溶液，密度 1.19g/cm³。氯化氢的熔点 −112℃，沸点−83.7℃。
用途	盐酸是一种无机强酸，在工业加工中有着广泛的应用。在分析化学中，一般用盐酸来测定碱的浓度；浓度为 18% 的盐酸溶液可作为酸洗剂来清洗钢材；盐酸可以发生酸碱反应，故能制备许多无机化合物。
海关归类思路	该物质为单独的已有化学定义的化合物的水溶液，属于第二十八章第二分章无机酸及非金属无机氧化物品目 28.06 项下所列的氯化氢。
税则号列	2806.1000

中文名称	硫酸
英文名称	Sulfuric acid
别名	磺镪水
CAS 号	7664-93-9
化学名	硫酸
化学式	H_2SO_4
相对分子质量	255.29
结构式	HO—S—OH（O，O）
外观与性状	无色油状液体，10.36℃时结晶，通常使用的是它的各种不同浓度的水溶液。用塔式法和接触法制取，后者可得质量分数为 98.3% 的纯浓硫酸，沸点 338℃，密度 1.84g/cm³。
用途	硫酸是最活泼的二元无机强酸。高浓度的硫酸有强烈吸水性，可用作脱水剂、碳化木材、纸张及棉麻织物等含碳水化合物的物质。也是一种重要的工业原料，可用于制造肥料、药物、炸药、颜料、洗涤剂、蓄电池等。
海关归类思路	该物质为单独的已有化学定义的化合物，属于第二十八章第二分章无机酸及非金属无机氧化物品目 28.07 项下所列的硫酸。
税则号列	2807.0000

中文名称	五氧化二磷
英文名称	Phosphorus pentoxide
别名	磷酸酐、五氧化磷
CAS 号	1314-56-3
化学名	五氧化二磷
化学式	P_2O_5
相对分子质量	141.94
结构式	
外观与性状	白色单斜晶体或粉末。溶于水生成磷酸并放出大量热，溶于硫酸。不溶于丙酮和氨。
用途	用作生产高纯度磷酸、磷酸盐类和磷酸酯的原料，还也用于五氧化二磷溶胶和以 H 型为主的气溶胶的制造，还可用作气体和液体的干燥剂、有机合成的脱水剂。
海关归类思路	该物质属于磷的氧化物，为单独的已有化学定义的化合物，属于第二十八章第二分章无机酸及非金属无机氧化物品目 28.09 项下所列的五氧化二磷。
税则号列	2809.1000

中文名称	氧化硼
英文名称	Boron oxide
别名	硼酐
CAS 号	1303-86-2
化学名	三氧化二硼
化学式	B_2O_3
相对分子质量	69.62
结构式	
外观与性状	呈透明玻璃状、晶体或白色鳞片状。一般以无定形的状态存在，很难形成晶体。密度 2.46g/cm³（液态）、2.55g/cm³（三方）和 3.11～3.146g/cm³（单斜）。对热稳定，加热至 600℃时，可变成黏性很大的液体。熔点 450℃，沸点 1860℃。溶于酸和乙醇，微溶于冷水，溶于热水。
用途	熔融时可以溶解许多碱性的金属氧化物，用于制取元素硼和精细硼化合物；也可与多种氧化物化合制成具有特定颜色的硼玻璃、光学玻璃、耐热玻璃、仪器玻璃及玻璃纤维、光线防护材料等；还可用作油漆的耐火阻烯添加剂和干燥剂。
海关归类思路	该物质为单独的已有化学定义的化合物，属于第二十八章第二分章无机酸及非金属无机氧化物品目 28.10 项下所列的硼的氧化物。
税则号列	2810.0010

中文名称	硼酸
英文名称	Orthoboric acid
别名	
CAS 号	10043-35-3
化学名	硼酸
化学式	H_3BO_3
相对分子质量	61.83
结构式	HO—B—OH（上方OH）
外观与性状	为白色粉末状结晶或三斜轴面鳞片状光泽结晶，有滑腻手感，无臭味。密度 1.43g/cm³，熔点 169℃，沸点 300℃。溶于水、酒精、甘油、醚类及香精油中，水溶液呈弱酸性。
用途	可作为防腐剂（硼酸水）；可用于制造硼硅酸盐玻璃（低膨胀系数）、玻璃化合物、吉勒特绿（水合氧化铬）、人造硼酸盐（硼砂）、羟基及氨基蒽醌，烛芯的浸渍，制防火布。
海关归类思路	该物质为单独的已有化学定义的化合物，属于第二十八章第二分章无机酸及非金属无机氧化物品目 28.10 项下所列的硼酸。
税则号列	2810.0020

中文名称	氢氟酸
英文名称	Orthoboric acid
别名	氟化氢
CAS 号	7664-39-3
化学名	氢氟酸
化学式	FH
相对分子质量	20.01
结构式	H—F
外观与性状	氢氟酸是氟化氢气体的水溶液，为清澈、无色、发烟的腐蚀性液体，有剧烈刺激性气味。密度 1.15g/cm³，熔点 -83.3℃，沸点 19.54℃，闪点 112.2℃。易溶于水、乙醇，微溶于乙醚。
用途	具有极强的腐蚀性，能强烈地腐蚀金属、玻璃和含硅的物体。主要用途包括：蚀刻玻璃；制造无灰滤纸、钽、氟化物；酸洗铸件；有机合成；作为发酵过程的控制剂。
海关归类思路	该物质为单独的已有化学定义的化合物，属于第二十八章第二分章无机酸及非金属无机氧化物品目 28.11 项下所列的其他无机酸。
税则号列	2811.1110

中文名称	氢碘酸
英文名称	Hydriodic acid
别名	碘化氢水溶液
CAS 号	10034-85-2
化学名	氢碘酸
化学式	HI
相对分子质量	127.91
结构式	H—I
外观与性状	碘化氢是无色气体，有强烈刺激性气味，易溶于水。熔点-50.8℃，沸点-35.5℃，密度5.6g/L。易溶于水、乙醇，微溶于乙醚。氢碘酸是碘化氢的水溶液，为一种非氧化性酸，通常情况下为无色或微黄至褐色液体。
用途	用作有机反应中的还原剂，也用作制备碘化物的碘源、医药及农药的原料、染料及香料原料。
海关归类思路	该物质为单独的已有化学定义的化合物，属于第二十八章第二分章无机酸及非金属无机氧化物品目28.11项下所列的其他无机酸。
税则号列	2811.1990

中文名称	二氧化碳
英文名称	Carbon dioxide
别名	碳酐、碳酸气
CAS 号	124-38-9
化学名	二氧化碳
化学式	CO_2
相对分子质量	44.01
结构式	O＝C＝O
外观与性状	常温下是一种无色无味气体，且无毒。熔点-78.45℃，沸点-56.55℃，密度1.977g/L，比空气略大。能溶于水中，形成碳酸。固体二氧化碳俗称干冰。
用途	用于冶金、制糖及饮料充气。液体二氧化碳用于啤酒充气、配制水杨酸、灭火剂等。固体二氧化碳可作制冷剂（-80℃）用，可用于人工降雨、舞台制造烟雾等。
海关归类思路	该物质为单独的已有化学定义的化合物，属于第二十八章第二分章无机酸及非金属无机氧化物品目28.11项下所列的其他非金属无机氧化物。
税则号列	2811.2100

中文名称	硅胶
英文名称	Silica gel
别名	
CAS 号	112945-52-5
化学名	二氧化硅
化学式	SiO_2
相对分子质量	60.08
结构式	$O=Si=O$
外观与性状	透明或乳白色粒状固体，属于非晶态物质，无毒无味。化学性质稳定，除强碱、氢氟酸外不与任何物质发生反应，不溶于水和任何溶剂。
用途	用于气体干燥、气体吸收、液体脱水、色层分析等，也用作催化剂。如加入氯化钴，干燥时呈蓝色，吸水后呈红色。可再生反复使用。
海关归类思路	该物质为单独的已有化学定义的化合物，属于第二十八章第二分章无机酸及非金属无机氧化物品目 28.11 项下所列的其他非金属无机氧化物。
税则号列	2811.2210

中文名称	氯化硒
英文名称	Selenium chloride
别名	
CAS 号	10025-68-0
化学名	二氯化二硒
化学式	Se_2Cl_2
相对分子质量	228.83
结构式	Cl—Se—Se—Cl
外观与性状	深棕红色液体，剧毒品。熔点 -85℃，沸点 130℃，密度 2.91g/mL。溶于三氯甲烷、苯、四氯化碳、二硫化碳。
用途	用作分析试剂、还原剂。
海关归类思路	该物质为单独的已有化学定义的化合物，属于第二十八章第三分章非金属卤化物及硫化物品目 28.12 项下所列的非金属卤化物（氯化物）。
税则号列	2812.1900

中文名称	三氟化氮
英文名称	Nitrogen trifluoride
别名	氟化氮
CAS 号	7783-54-2
化学名	三氟化氮
化学式	NF_3
相对分子质量	71
结构式	F F N F
外观与性状	无色、带霉味的气体。熔点为-208.5℃，沸点为-129℃。不溶于水。
用途	主要用作氟化氢—氟化氘高能化学激光器的氟源。在微电子工业中用作一种优良的等离子蚀刻气体，用于对硅和氮化硅的蚀刻。在太阳能电池制造行业作为蚀刻和清洗气体被广泛应用。
海关归类思路	该物质为单独的已有化学定义的化合物，属于第二十八章第三分章非金属卤化物及硫化物品目28.12项下所列的其他非金属卤化物。
税则号列	2812.9011

中文名称	三氟化氯
英文名称	Chlorine fluoride
别名	
CAS 号	7790-91-2
化学名	三氟化氯
化学式	ClF_3
相对分子质量	92.45
结构式	F Cl F F
外观与性状	常温下为淡黄色气体，有毒，有强腐蚀性，液态时为黄绿色。熔点为-76.3℃，沸点为11.3℃。不溶于水。
用途	主要用于火箭燃料、半导体行业中清洗和蚀刻、核反应堆加工燃料。
海关归类思路	该物质为单独的已有化学定义的化合物，属于第二十八章第三分章非金属卤化物及硫化物品目28.12项下所列的其他非金属卤化物（氟化物）。
税则号列	2812.9019

中文名称	氨
英文名称	Ammonia
别名	氨气
CAS 号	7664-41-7
化学名	氨
化学式	H ∣ N—H ∣ H
相对分子质量	17.03
结构式	NH_3
外观与性状	无色气体，有强烈的刺激气味。熔点-77.7℃，沸点-33.5℃，密度0.771g/L。溶于水、乙醇和乙醚。在高温时会分解成氮气和氢气。
用途	用于制造液氮、氨水、硝酸及硝酸盐、铵盐（硫酸铵）、氰化物和胺类（苯胺）等。能使脂肪体及树脂乳化，还能作为去除污渍的去垢剂，并用于制擦亮剂、处理胶乳、去除清漆等。
海关归类思路	该物质为单独的已有化学定义的化合物，属于第二十八章第四分章"无机碱和金属氧化物、氢氧化物及过氧化物"品目28.14项下所列的氨。
税则号列	2814.1000

中文名称	氢氧化钠
英文名称	Sodium hydroxide
别名	烧碱、火碱、苛性钠
CAS 号	1310-73-2
化学名	氢氧化钠
化学式	NaOH
相对分子质量	40.00
结构式	Na^+ OH^-
外观与性状	一种具有强腐蚀性的强碱，一般为片状或颗粒形态，纯品是无色透明的晶体。熔点318.4℃，沸点1390℃，密度2.130g/cm³。易溶于水和甘油，不溶于丙醇、乙醚。另有潮解性，易吸取空气中的水蒸气（潮解）和二氧化碳（变质）。
用途	作为强碱，工业用途广泛：去除木质素以制备某些化学木浆；制造再生纤维素；棉花的丝光处理；钽和铌的冶炼；生产硬肥皂及制备许多化学产品，包括酚化合物（苯酚、间苯二酚、茜素等）。
海关归类思路	该物质为单独的已有化学定义的化合物，属于第二十八章第四分章"无机碱和金属氧化物、氢氧化物及过氧化物"品目28.15项下所列的固体氢氧化钠。
税则号列	2815.1100

中文名称	氢氧化钾
英文名称	Potassium hydroxide
别名	苛性钾
CAS 号	1310-58-3
化学名	氢氧化钾
化学式	KOH
相对分子质量	56.11
结构式	K⁺　OH⁻
外观与性状	一种白色粉末或片状固体，具强碱性及腐蚀性，极易吸收空气中的水分而潮解，吸收二氧化碳而成碳酸钾。熔点 $360 \sim 406℃$，沸点 $1320 \sim 1324℃$，密度 $2.044g/cm^3$。易溶于水，并放出大量热，水溶液呈强碱性，溶于乙醇，微溶于乙醚。
用途	作为强碱，工业用途广泛：无机工业中用作生产钾盐（如，高锰酸钾、磷酸氢二钾等）的原料）；日化工业中用作生产钾肥皂、雪花膏、洗发膏等的原料；染料工业中用于制造三聚氰胺染料；电池工业中用于制造碱性蓄电池；轻工业中用于生产钾肥。
海关归类思路	该物质为单独的已有化学定义的化合物，属于第二十八章第四分章"无机碱和金属氧化物、氢氧化物及过氧化物"品目 28.15 项下所列的氢氧化钾。
税则号列	2815.2000

中文名称	过氧化钡
英文名称	Barium peroxide
别名	二氧化钡
CAS 号	1304-29-6
化学名	过氧化钡
化学式	BaO_2
相对分子质量	169.33
结构式	⁻O–O⁻ Ba^{2+}
外观与性状	一种白色或带灰白色重质粉末，具有强氧化性和腐蚀性，有毒。密度 $4.96g/cm^3$，熔点 450℃，沸点 800℃。微溶于水，不溶于乙醇、乙醚、丙酮。
用途	用作氧化剂、漂白剂、媒染剂、铝焊引火剂，以及碳氢化合物热裂催化剂。用于制备过氧化氢、氧气、其他过氧化物，也用于制备钡盐。
海关归类思路	该物质为单独的已有化学定义的化合物，属于第二十八章第四分章"无机碱和金属氧化物、氢氧化物及过氧化物"品目 28.16 项下所列的钡的过氧化物。
税则号列	2816.4000

中文名称	氧化锌
英文名称	Zinc oxide
别名	锌白、锌华
CAS 号	1314-13-2
化学名	氧化锌
化学式	ZnO
相对分子质量	81.39
结构式	O＝Zn
外观与性状	白色固体。密度 5.606g/cm³，熔点 1975℃。难溶于水，可溶于酸和强碱。
用途	是一种常用的化学添加剂，广泛应用于塑料、陶瓷、玻璃、合成橡胶、润滑油、油漆涂料、药膏、黏合剂、食品、电池、阻燃剂等产品的制作中。在半导体领域的液晶显示器、薄膜晶体管、发光二极管等生产中也有应用。此外，微颗粒的氧化锌作为一种纳米材料也开始在相关领域发挥作用。
海关归类思路	该物质为单独的已有化学定义的化合物，属于第二十八章第四分章"无机碱和金属氧化物、氢氧化物及过氧化物"品目 28.17 项下所列的氧化锌。
税则号列	2817.0010

中文名称	氧化铝
英文名称	Aluminum oxide
别名	
CAS 号	1344-28-1
化学名	三氧化二铝
化学式	Al₂O₃
相对分子质量	101.96
结构式	O＝Al—O—Al＝O
外观与性状	白色固体，无臭、无味、质极硬。密度 3.5~3.9g/cm³，熔点 2054℃，沸点 2980℃。不溶于水，易溶于强碱和强酸。
用途	用途包括：冶炼铝、油漆的填料、制磨料及合成宝石或半宝石（红宝石、蓝宝石、祖母绿、紫石英、海蓝宝石等）、用作脱水剂（供气体干燥用）或作催化剂（制造丙酮及醋酸或裂化处理等）。
海关归类思路	该物质为单独的已有化学定义的化合物，属于第二十八章第四分章"无机碱和金属氧化物、氢氧化物及过氧化物"品目 28.18 项下所列的氧化铝。
税则号列	2818.2000

中文名称	氢氧化铝
英文名称	Aluminum hydroxide
别名	三羟基铝
CAS 号	21645-51-2
化学名	氢氧化铝
化学式	Al（OH）$_3$
相对分子质量	78
结构式	HO–Al（OH）(OH)
外观与性状	干的氢氧化铝是一种无定形、易碎的白色粉末。密度 2.4g/cm^3，熔点 300℃。不溶于水，潮湿时成为胶团（氢氧化铝凝胶）。
用途	用于制作陶瓷釉料、油墨、医药产品、明矾及人造刚玉，也用于澄清液体，与碳混合时可制作防锈漆。由于它对有机着色剂有亲合力，也用于配制色淀以及纺织品的媒染剂。
海关归类思路	该物质为单独的已有化学定义的化合物，属于第二十八章第四分章"无机碱和金属氧化物、氢氧化物及过氧化物"品目 28.18 项下所列的氢氧化铝。
税则号列	2818.3000

中文名称	三氧化铬
英文名称	Chromium（VI）oxide
别名	铬酸酐、铬酐
CAS 号	1333-82-0
化学名	三氧化铬
化学式	Cr（OH）$_3$
相对分子质量	99.99
结构式	O=Cr(=O)O
外观与性状	暗红色或暗紫色斜方结晶，易潮解。密度 2.7g/cm^3，熔点 190～197℃。极易溶于水，溶于乙醇、乙醚、乙酸、丙酮。
用途	用于生产铬的化合物、氧化剂、催化剂，还用于木材防腐、电镀、漂白、精制等。主要用于电镀工业，是电镀铬的原料，也用于制造高纯金属铬，还可用作染料的原料、媒染剂、鞣革剂以及有机合成反应的催化剂。
海关归类思路	该物质为单独的已有化学定义的化合物，属于第二十八章第四分章"无机碱和金属氧化物、氢氧化物及过氧化物"品目 28.19 项下所列的铬的氧化物。
税则号列	2819.1000

中文名称	二氧化锰
英文名称	Manganese dioxide
别名	过氧化锰、锰酐
CAS 号	1313-13-9
化学名	二氧化锰
化学式	MnO_2
相对分子质量	86.94
结构式	$$O \\ \| \| \\ Mn \\ \| \| \\ O$$
外观与性状	棕色或浅黑色块状或粉末状。密度 $5.03g/cm^3$，熔点 535℃。难溶于水、弱酸、弱碱、硝酸、冷硫酸，溶于热浓盐酸而产生氯气。
用途	作为一种极强的氧化剂，用途包括：焰火制造；有机合成（制作羟基蒽醌、氨基蒽醌等）；防毒面具制造；电池上用作一种去极剂；陶瓷工业；制作干燥剂、印刷油墨（锰黑）、色料（矿质褐色颜料、锰沥青）、某种胶粘剂及合成半宝石（人造石榴石）。也用于玻璃工业（玻璃厂肥皂），通常用于校正玻璃的黄色色泽。
海关归类思路	该物质为单独的已有化学定义的化合物，属于第二十八章第四分章"无机碱和金属氧化物、氢氧化物及过氧化物"品目 28.20 项下所列的锰的氧化物。
税则号列	2820.1000

中文名称	四氧化三铁
英文名称	Triiron tetraoxide
别名	磁性氧化铁、黑色氧化铁、氧化铁黑
CAS 号	1317-61-9
化学名	四氧化三铁
化学式	Fe_3O_4
相对分子质量	231.53
结构式	
外观与性状	具有磁性的黑色晶体。密度 $5.18g/cm^3$，熔点 1594.5℃。不溶于水及碱，也不溶于乙醇及乙醚等有机溶剂。
用途	是一种常用的磁性材料，是制作录音磁带和电讯器材的原材料。作为颜料用于生产底漆和面漆。硬度大，可作为磨料、抛光剂使用。也是生产铁触媒（一种催化剂）的主要原料。
海关归类思路	该物质为单独的已有化学定义的化合物，属于第二十八章第四分章"无机碱和金属氧化物、氢氧化物及过氧化物"品目 28.21 项下所列的铁的氧化物。
税则号列	2821.1000

中文名称	四氧化三钴
英文名称	Tricobalt tetraoxide
别名	
CAS 号	1308-06-1
化学名	四氧化三钴
化学式	Co_3O_4
相对分子质量	240.8
结构式	
外观与性状	黑色或灰黑色粉末，具有尖晶石型结构。密度 6.05g/cm³，熔点 895℃，沸点 3800℃。不溶于水，微溶于无机酸。露置空气中易于吸收水分，但不生成水合物。
用途	用作催化剂、氧化剂；也用于制造钴盐、搪瓷颜料。
海关归类思路	该物质为单独的已有化学定义的化合物，属于第二十八章第四分章"无机碱和金属氧化物、氢氧化物及过氧化物"品目 28.22 项下所列的钴的氧化物。
税则号列	2822.0010

中文名称	五氧化三钛
英文名称	Trititanium pentaoxide
别名	氧化钛
CAS 号	12065-65-5
化学名	五氧化三钛
化学式	Ti_3O_5
相对分子质量	223.6
结构式	
外观与性状	蓝黑色粉末，具有金属光泽。密度 4.29g/cm³，熔点 2180℃。溶于热浓硫酸、氢氟酸和碱。
用途	主要用作真空镀膜材料。
海关归类思路	该物质为单独的已有化学定义的化合物，属于第二十八章第四分章"无机碱和金属氧化物、氢氧化物及过氧化物"品目 28.23 项下所列的钛的氧化物。
税则号列	2823.0000

中文名称	四氧化三铅
英文名称	Trilead tetraoxide
别名	红丹、铅丹、红铅
CAS 号	1314-41-6
化学名	四氧化三铅
化学式	Pb_3O_4
相对分子质量	685.6
结构式	Pb Pb Pb（O O O）
外观与性状	一种有毒的橘红色粉末。密度 9.1g/cm³。不溶于水，但溶于热碱液、稀硝酸、乙酸、盐酸。
用途	用作分析试剂、油漆颜料及玻璃的原料无机红色颜料。涂料工业中用于制造防锈漆、钢铁保护涂料，防锈性能良好。玻搪工业中用于搪瓷和光学玻璃的制造。陶瓷工业中用于制造陶釉。电子工业中用于制造压电元件。电池工业中用于蓄电池的生产。
海关归类思路	该物质为单独的已有化学定义的化合物，属于第二十八章第四分章"无机碱和金属氧化物、氢氧化物及过氧化物"品目 28.24 项下所列的铅丹。
税则号列	2824.9010

中文名称	水合联氨
英文名称	Hydrazinium hydroxide solution
别名	肼水合物、水合肼
CAS 号	10217-52-4
化学名	水合联氨
化学式	H_4N_2
相对分子质量	32.1
结构式	H_2O $H_2N—NH_2$
外观与性状	本品外观为无色发烟液体，与水、乙醇混溶，不溶于三氯甲烷和乙醚，有强还原作用和腐蚀性。
用途	用作还原剂和无机物质的溶剂。
海关归类思路	该物质为单独的已有化学定义的化合物，属于第二十八章第四分章"无机碱和金属氧化物、氢氧化物及过氧化物"品目 28.25 项下所列的胺（羟胺）及其无机盐（水合肼）。
税则号列	2825.1010

中文名称	硫酸羟胺
英文名称	Hydroxylamine sulfate
别名	硫酸胲、羟胺硫酸
CAS 号	10039-54-0
化学名	硫酸羟胺
化学式	$H_2SO_4 \cdot 2H_3NO$
相对分子质量	164.14
结构式	H_2N-OH O$\parallel$ H_2N-OH — $\overset{O}{\underset{OH}{\overset{\parallel}{S}}}$ — OH
外观与性状	无色或白色结晶。密度1.86g/cm³，熔点170℃。易溶于水，微溶于乙醇。
用途	是一种还原剂、显影剂和橡胶硫化剂，是合成己内酰胺的重要原料，用于生产异恶唑衍生物、磺胺药物和维生素 B_5、维生素 B_{12}，还可用于高分子合成和化学分析。
海关归类思路	该物质为单独的已有化学定义的化合物，属于第二十八章第四分章"无机碱和金属氧化物、氢氧化物及过氧化物"品目28.25项下所列的胲（羟胺）及其无机盐。
税则号列	2825.1020

中文名称	氢氧化锂
英文名称	Lithium hydroxide
别名	
CAS 号	1310-65-2
化学名	氢氧化锂
化学式	LiOH
相对分子质量	23.95
结构式	Li^+ OH^-
外观与性状	白色单斜细小结晶，有辣味，具强碱性。密度1.43g/cm³，熔点462℃，沸点925℃。在空气中能吸收二氧化碳和水分。溶于水，微溶于乙醇，不溶于乙醚。
用途	用于制作锂盐及锂基润滑脂、碱性蓄电池的电解液、溴化锂制冷机吸收液、锂皂（锂肥皂）、锂盐、显影液等或作分析试剂等。用作分析试剂、照相显影剂，也用作制取锂及锂化合物的原料。
海关归类思路	该物质为单独的已有化学定义的化合物，属于第二十八章第四分章"无机碱和金属氧化物、氢氧化物及过氧化物"品目28.25项下所列的其他金属氢氧化物。
税则号列	2825.2010

中文名称	五氧化二钒
英文名称	Vanadium（V）oxide
别名	氧化钒、钒酸酐
CAS 号	1314-62-1
化学名	五氧化二钒
化学式	V_2O_5
相对分子质量	181.88
结构式	
外观与性状	无定形或晶体，块状或粉末状。颜色从黄到红棕不等，加热后变红。密度3.35g/cm³，熔点690℃，沸点1750℃。微溶于水，不溶于乙醇，溶于强酸、强碱。
用途	广泛用于冶金、化工等行业，主要作合金添加剂用于冶炼钒铁，也用作有机化工的催化剂（制硫酸、苯二甲酸或合成乙醇），或用于制备钒盐、某些墨水。
海关归类思路	该物质为单独的已有化学定义的化合物，属于第二十八章第四分章"无机碱和金属氧化物、氢氧化物及过氧化物"品目28.25项下所列的其他金属氧化物。
税则号列	2825.3010

中文名称	氢氧化镍
英文名称	Nickel（II）dihydroxide
别名	
CAS 号	12054-48-7
化学名	氢氧化镍
化学式	Ni（OH）₂
相对分子质量	92.71
结构式	$HO{-}Ni{-}OH$
外观与性状	浅绿色结晶性粉末，加热则分解，230℃时分解成 NiO 和 H_2O。密度 4.15g/cm³。溶于酸类，不溶于水、碱，溶于氨及铵盐的水溶液生成络合物。
用途	用于电镀，也用作碱性蓄电池的极板组分，或用于制备镍催化剂。
海关归类思路	该物质为单独的已有化学定义的化合物，属于第二十八章第四分章"无机碱和金属氧化物、氢氧化物及过氧化物"品目28.25项下所列的其他金属氢氧化物。
税则号列	2825.4000

中文名称	氧化铜
英文名称	Cupric oxide
别名	
CAS 号	1317-38-0
化学名	氧化铜
化学式	CuO
相对分子质量	79.55
结构式	$\overset{O}{\underset{}{\parallel}}$ Cu
外观与性状	黑色粉末或颗粒，有栗色光泽。密度 6.3～6.9g/cm³，熔点 1326℃。不溶于水和乙醇，溶于酸、氯化铵及氰化钾溶液。
用途	用于搪瓷、玻璃（绿色玻璃）或陶瓷工业，调制油漆中用作颜料，也用于电池的去极化以及在有机化学上用作氧化剂或催化剂，或用于有机化合物中测定碳的含量。
海关归类思路	该物质为单独的已有化学定义的化合物，属于第二十八章第四分章"无机碱和金属氧化物、氢氧化物及过氧化物"品目 28.25 项下所列的其他金属氧化物。
税则号列	2825.5000

中文名称	二氧化锗
英文名称	Germanium oxide
别名	氧化锗（Ⅳ）
CAS 号	1310-53-8
化学名	二氧化锗
化学式	GeO_2
相对分子质量	104.64
结构式	O＝Ge＝O
外观与性状	白色粉末。密度 6.239g/cm³，熔点 1115℃。微溶于水，溶于碱中生成锗酸盐。
用途	用于制造锗金属（供晶体管等用）、医药及特种玻璃，也用作光谱分析及半导体材料。
海关归类思路	该物质为单独的已有化学定义的化合物，属于第二十八章第四分章"无机碱和金属氧化物、氢氧化物及过氧化物"品目 28.25 项下所列的其他金属氧化物。
税则号列	2825.6000

中文名称	三氧化二铋
英文名称	Dibismuth trioxide
别名	氧化铋
CAS 号	1304-76-3
化学名	三氧化二铋
化学式	Bi_2O_3
相对分子质量	465.96
结构式	Bi　　Bi ‖　　‖ O　　O　　O
外观与性状	有 α 型、β 型和 δ 型。α 型为黄色单斜晶系结晶，密度 8.9g/cm³，熔点 825℃，溶于酸，不溶于水和碱。β 型为亮黄色至橙色，正方晶系，密度 8.55g/cm³，熔点 860℃，溶于酸，不溶于水。δ 型是一种特殊的材料，具有立方萤石矿型结构。
用途	主要作为电子陶瓷粉体材料、电解质材料、光电材料、高温超导材料、催化剂。
海关归类思路	该物质为单独的已有化学定义的化合物，属于第二十八章第四分章"无机碱和金属氧化物、氢氧化物及过氧化物"品目 28.25 项下所列的其他金属氧化物。
税则号列	2825.9021

中文名称	氟化铝
英文名称	Aluminum fluoride
别名	
CAS 号	7784-18-1
化学名	三氟化铝
化学式	AlF_3
相对分子质量	83.98
结构式	F | F—Al—F
外观与性状	白色粉末。密度 3.0g/cm³，熔点 1040℃，沸点 1272℃。略溶于冷水，溶于热水。难溶于酸及碱溶液，不溶于大部分有机溶剂，也不溶于氢氟酸及液化氟化氢。
用途	在铝电解工业中用以降低电解质的熔化温度和提高导电率，也用作非铁金属的熔剂，或用作陶瓷釉和搪瓷釉的助熔剂和釉药的组分，以及用作酒精生产中副发酵作用的抑制剂。
海关归类思路	该物质为单独的已有化学定义的化合物，属于第二十八章第五分章"无机酸盐、无机过氧酸盐及金属酸盐、金属过氧酸盐"品目 28.26 项下所列的氟化物。
税则号列	2826.1210

中文名称	氟化氢铵
英文名称	Ammonium hydrogen difluoride
别名	二氟化铵、蚀刻粉、氟氢化铵
CAS 号	1341-49-7
化学名	氟化氢铵
化学式	F_2H_5N
相对分子质量	57.04
结构式	
外观与性状	白色或无色透明斜方晶系结晶，商品呈片状，略带酸味。微溶于醇，极易溶于冷水，在热水中分解。水溶解呈强酸性。
用途	可用作化学试剂、玻璃蚀刻剂（常与氢氟酸并用）、发酵工业消毒剂和防腐剂、由氧化铍制金属铍的溶剂，以及硅钢板的表面处理剂等。
海关归类思路	该物质为单独的已有化学定义的化合物，属于第二十八章第五分章"无机酸盐、无机过氧酸盐及金属酸盐、金属过氧酸盐"品目 28.26 项下所列的氟化物。
税则号列	2826.1910

中文名称	氟化钠
英文名称	Sodium fluoride
别名	
CAS 号	7681-49-4
化学名	氟化钠
化学式	NaF
相对分子质量	41.99
结构式	Na^+ $\quad$ F^-
外观与性状	无色发亮晶体或白色粉末，有毒。密度 $1.125 g/cm^3$，熔点 993℃，沸点 1695℃。溶于水、氢氟酸，微溶于醇。
用途	用作防腐剂（保藏皮革、木材、禽蛋），并用于控制发酵、蚀刻或毛化玻璃，也用于制玻璃釉料或杀寄生虫药。
海关归类思路	该物质为单独的已有化学定义的化合物，属于第二十八章第五分章"无机酸盐、无机过氧酸盐及金属酸盐、金属过氧酸盐"品目 28.26 项下所列的氟化物。
税则号列	2826.1920

中文名称	氟化钾
英文名称	Potassium fluoride
别名	
CAS 号	7789-23-3
化学名	氟化钾
化学式	FK
相对分子质量	58.1
结构式	K^+　F^-
外观与性状	白色单斜结晶或结晶性粉末。密度 2.48g/cm³，熔点 858℃，沸点 1505℃。易吸湿。溶于水、氢氟酸、液氨，不溶于乙醇。
用途	用作防腐剂（保藏皮革、木材、禽蛋），并用于控制发酵、蚀刻或毛化玻璃，也用于制玻璃釉料或杀寄生虫药，或用作焊接助熔剂。
海关归类思路	该物质为单独的已有化学定义的化合物，属于第二十八章第五分章"无机酸盐、无机过氧酸盐及金属酸盐、金属过氧酸盐"品目 28.26 项下所列的氟化物。
税则号列	2826.1990

中文名称	人造冰晶石
英文名称	Trisodium hexafluoroaluminate
别名	六氟合铝酸钠
CAS 号	13775-53-6
化学名	六氟合铝酸三钠
化学式	Na_3AlF_6
相对分子质量	209.94
结构式	$\left[AlF_6\right]^{3-}$　Na^+　Na^+　Na^+
外观与性状	纯品为白色结晶块，因含杂质而呈白色、灰白色、黄色粉末或结晶状颗粒。密度 2.95～3.05g/cm³，熔点 1025℃。微溶于水。
用途	主要用作炼铝的助熔剂（替代天然冰晶石）、农作物的杀虫剂、搪瓷釉药的熔融剂及乳白剂，也用于制造乳白玻璃，还可作铝合金、铁合金和沸腾钢生产中的电解液及砂轮的配料等。
海关归类思路	该物质为单独的已有化学定义的化合物，属于第二十八章第五分章"无机酸盐、无机过氧酸盐及金属酸盐、金属过氧酸盐"品目 28.26 项下所列的氟铝酸盐。天然冰晶石归入品目 25.30。
税则号列	2826.3000

中文名称	氟硅酸钠
英文名称	Sodium fluorosilicate
别名	六氟合硅酸钠、氟硅化钠
CAS 号	16893-85-9
化学名	氟硅酸钠
化学式	Na_2SiF_6
相对分子质量	188.06
结构式	(结构式图) Si^{2-} 周围六个 F，Na^+ Na^+
外观与性状	白色粉末，无臭无味，密度2.68g/cm³，有吸潮性，微溶于水，不溶于乙醇。
用途	用途包括：制不透明玻璃及搪瓷产品、人造石料、防酸水泥、鼠毒、杀虫药，提取铍金属（电解法），电解精炼锡，凝结胶乳，作防腐剂。
海关归类思路	该物质为单独的已有化学定义的化合物，属于第二十八章第五分章"无机酸盐、无机过氧酸盐及金属酸盐、金属过氧酸盐"品目28.26项下所列的氟硅酸盐。
税则号列	2826.9010

中文名称	氯化钙
英文名称	Calcium chloride
别名	
CAS 号	10043-52-4
化学名	氯化钙
化学式	$CaCl_2$
相对分子质量	100.98
结构式	Cl—Ca—Cl
外观与性状	根据纯度不同呈白色、淡黄色或棕色的多孔块状或粉片状。微毒、无臭，吸湿性极强，暴露于空气中极易潮解。密度2.15g/cm³，熔点772℃。易溶于水。
用途	在建筑材料、医学和生物学等领域均有重要的应用。常用于致冷混合物、天气寒冷时的混凝土作业、作为公路抗尘土或铺面材料、催化剂、有机合成中作为脱水或浓缩剂（例如，从苯酚中提取胺）并用于干燥气体。
海关归类思路	该物质为单独的已有化学定义的化合物，属于第二十八章第五分章"无机酸盐、无机过氧酸盐及金属酸盐、金属过氧酸盐"品目28.27项下所列的氯化物。
税则号列	2827.2000

中文名称	氯化镁
英文名称	Magnesium chloride
别名	
CAS 号	7786-30-3
化学名	氯化镁
化学式	$MgCl_2$
相对分子质量	95.21
结构式	Cl^-　　Mg^{2+}　　Cl^-
外观与性状	半透明块状、圆筒状、片状或棱柱状或水合的无色针状。通常带有 6 分子的结晶水。密度 1.56 g/cm³（六水）、2.325 g/cm³（无水），熔点 118℃（分解，六水）、712℃（无水），沸点 1412℃。溶于水和乙醇。
用途	用于制极硬水泥（例如，浇成整块供作地板用）、棉或其他纺织品的上浆，医药上用作消毒剂或防腐剂及木材的防火剂。
海关归类思路	该物质为单独的已有化学定义的化合物，属于第二十八章第五分章"无机酸盐、无机过氧酸盐及金属酸盐、金属过氧酸盐"品目 28.27 项下所列的氯化物。此外，天然氯化镁（水氯镁石）不归入品目 28.27，而应归入品目 25.30。
税则号列	2827.3100

中文名称	氯化铝
英文名称	Aluminum chloride
别名	
CAS 号	7446-70-0
化学名	三氯化铝
化学式	$AlCl_3$
相对分子质量	133.34
结构式	Al^{3+}　　Cl^- Cl^-　　Cl^-
外观与性状	无色透明晶体或白色而微带浅黄色的结晶性粉末，无水盐暴露于空气中会发烟。密度 2.44g/cm³，熔点 190℃。易溶于水并强烈水解，也溶于乙醇和乙醚，同时放出大量的热。
用途	固体氯化物用于有机合成的催化剂、洗涤剂，并用于医药、农药、染料、香料、塑料、润滑油等行业。成水溶液时，用于保藏木材、酸浸羊毛及用作消毒剂等。
海关归类思路	该物质为单独的已有化学定义的化合物，属于第二十八章第五分章"无机酸盐、无机过氧酸盐及金属酸盐、金属过氧酸盐"品目 28.27 项下所列的氯化物。
税则号列	2827.3200

中文名称	氯化镍
英文名称	Nickel chloride
别名	
CAS 号	7718-54-9
化学名	二氯化镍
化学式	$NiCl_2$
相对分子质量	129.6
结构式	Cl—Ni（上方 Cl）
外观与性状	无水时为黄色鳞片或粉片状，水合时（结合 6 个水分子，$NiCl_2 \cdot 6H_2O$）为易潮解的绿色结晶体。密度 $3.55g/cm^3$，熔点 $1001℃$。极易溶于水。
用途	是化工合成中重要的镍源，用于电解（镀镍电解液）或用作染色的媒染剂和防毒面具中的吸附剂。
海关归类思路	该物质为单独的已有化学定义的化合物，属于第二十八章第五分章"无机酸盐、无机过氧酸盐及金属酸盐、金属过氧酸盐"品目 28.27 项下所列的氯化物。
税则号列	2827.3500

中文名称	氯化锂
英文名称	Lithium chloride
别名	
CAS 号	7447-41-8
化学名	氯化锂
化学式	LiCl
相对分子质量	42.39
结构式	Li^+ Cl^-
外观与性状	白色晶体，具有潮解性。密度 $2.07g/cm^3$，熔点 $614℃$，沸点 $1357℃$。易溶于水和乙醇、丙酮、吡啶等有机溶剂。
用途	是制造焊接材料、空调设备和制造金属锂的原料；用作分析试剂、热交换载体，也用作助焊剂、干燥剂；还用于制造烟火和制药工业。
海关归类思路	该物质为单独的已有化学定义的化合物，属于第二十八章第五分章"无机酸盐、无机过氧酸盐及金属酸盐、金属过氧酸盐"品目 28.27 项下所列的氯化物。
税则号列	2827.3910

中文名称	氧氯化锆
英文名称	Zirconium oxychloride
别名	二氯氧锆
CAS 号	7699-43-6
化学名	氧氯化锆
化学式	$ZrOCl_2$
相对分子质量	178.13
结构式	O=Zr(Cl)Cl
外观与性状	白色至淡黄色微结晶性粉末。常温下带 8 个结晶水，加热至 150℃时失去 6 个结晶水，210℃时失去全部结晶水。密度 1.344g/cm³。易溶于水、乙醇、甲醇，不溶于醚及其他有机溶剂，微溶于盐酸，水溶液呈酸性。
用途	用作油田地层泥土稳定剂、橡胶添加剂、涂料干燥剂、耐火材料、陶瓷、釉和纤维处理剂；还可用于制造二氧化锆、造纸工业废水凝集处理剂等。
海关归类思路	该物质为单独的已有化学定义的化合物，属于第二十八章第五分章"无机酸盐、无机过氧酸盐及金属酸盐、金属过氧酸盐"品目 28.27 项下所列的氯氧化物。
税则号列	2827.4910

中文名称	溴化钠
英文名称	Sodium bromide
别名	钠溴
CAS 号	7647-15-6
化学名	溴化钠
化学式	NaBr
相对分子质量	102.89
结构式	Na⁺　Br⁻
外观与性状	无色立方晶系晶体或白色颗粒状粉末。无臭，味咸而微苦。密度 3.203g/cm³，熔点 755℃，沸点 1390℃。易溶于水，水溶液呈中性，微溶于醇。
用途	感光工业中用于配制胶片感光液；医药工业中用于生产利尿剂和镇静剂，用于治疗神经衰弱、神经性失眠、精神兴奋等；香料工业中用于生产合成香料；印染工业中用作溴化剂；还用于有机合成等方面。
海关归类思路	该物质为单独的已有化学定义的化合物，属于第二十八章第五分章"无机酸盐、无机过氧酸盐及金属酸盐、金属过氧酸盐"品目 28.27 项下所列的溴化物。
税则号列	2827.5100

中文名称	碘化亚铊
英文名称	Thallium iodide
别名	
CAS 号	7790-30-9
化学名	碘化亚铊
化学式	ITl
相对分子质量	331.29
结构式	I—Tl
外观与性状	红色立方体结晶或黄色粉末。强烈的神经毒，引起中枢神经系统损害及周围神经病。密度 8.0g/cm³，熔点 440℃，沸点 824℃。微溶于水，不溶于酸，溶于王水及浓硫酸。
用途	用于制造药物、光谱分析、热定位的特种过滤器、与溴化铊组成混合结晶、传送极长波长的红外线辐射。
海关归类思路	该物质为单独的已有化学定义的化合物，属于第二十八章第五分章"无机酸盐、无机过氧酸盐及金属酸盐、金属过氧酸盐"品目 28.27 项下所列的碘化物。
税则号列	2827.6000

中文名称	次氯酸钙
英文名称	Calcium hypochlorite
别名	含氯石灰
CAS 号	7778-54-3
化学名	次氯酸钙
化学式	CaCl₂O₂
相对分子质量	142.98
结构式	$\underset{Cl}{\overset{Cl}{\diagdown}}O\text{-}Ca\text{-}O$
外观与性状	一种白色无定形粉状物，具有类似氯气的臭味。密度 2.35g/cm³。溶于水，对光、热及二氧化碳的作用敏感。
用途	主要用于造纸工业纸浆的漂白和纺织工业棉、麻、丝纤维织物的漂白；也用于城乡饮用水、游泳池水等的杀菌消毒；化学工业中用于乙炔的净化，三氯甲烷和其他有机化工原料的制造，以及用作羊毛防缩剂、脱臭剂等。
海关归类思路	该物质为单独的已有化学定义的化合物，属于第二十八章第五分章"无机酸盐、无机过氧酸盐及金属酸盐、金属过氧酸盐"品目 28.28 项下所列的次氯酸盐。
税则号列	2828.1000

中文名称	三硫化二锑
英文名称	Antimony（III）sulfide
别名	硫化锑
CAS 号	1345-04-6
化学名	三硫化二锑
化学式	Sb_2S_3
相对分子质量	339.71
结构式	Sb　　Sb S　　S　　S
外观与性状	一种红色或橙色粉末。密度 4.12g/cm³，熔点 550℃，沸点 1080～1090℃。不溶于水和醋酸，溶于浓盐酸、醇、硫化铵和硫化钾溶液。
用途	单独或与五硫化物或其他产品混合后用作橡胶工业中的颜料（锑朱红、锑绯红）。熔化的天然硫化锑可产生黑色的三硫化锑，用于制焰火、火柴头料、雷管（与氯酸钾混合）及照相用闪光灯粉（与氯酸钾混合）等。与碳酸钠混合进行热处理产生主要由三硫化锑及焦锑酸钠组成的"红锑"，用于医药领域。
海关归类思路	该物质为单独的已有化学定义的化合物，属于第二十八章第五分章"无机酸盐、无机过氧酸盐及金属酸盐、金属过氧酸盐"品目 28.30 项下所列的硫化物。
税则号列	2830.9020

中文名称	连二亚硫酸钠
英文名称	Sodium dithionite
别名	低亚硫酸钠、保险粉、次硫酸氢钠
CAS 号	7775-14-6
化学名	连二亚硫酸钠
化学式	$Na_2S_2O_4$
相对分子质量	174.11
结构式	
外观与性状	无水白色粉末，或呈水合（结合 2 个结晶水）的无色晶体。密度 2.3g/cm³，熔点 300℃。极易溶于水，不溶于醇。
用途	广泛用于印染工业，如棉织物助染剂和丝毛织物的漂白。还用于医药、选矿、铜版印刷。造纸工业中用作漂白剂等。食品级产品中用作漂白剂、防腐剂、抗氧化剂。对某些用途（例如，在纺织工业中用作漂白剂），连二亚硫酸必须用甲醛加以稳定，有时加入氧化锌或甘油，也可用丙酮加以稳定。
海关归类思路	该物质为单独的已有化学定义的化合物，属于第二十八章第五分章"无机酸盐、无机过氧酸盐及金属酸盐、金属过氧酸盐"品目 28.31 项下所列的连二亚硫酸盐。
税则号列	2831.1010

中文名称	连二亚硫酸钙
英文名称	Calcium dithionite
别名	
CAS 号	15512-36-4
化学名	连二亚硫酸钙
化学式	CaS_2O_4
相对分子质量	168.21
结构式	
外观与性状	一种无色或略带黄色的粉末，有强烈的硫磺味。
用途	可使过氧化氢产生羟基自由基，可用于制备生物基纳米材料和锂硫酸电池正极材料。
海关归类思路	该物质为单独的已有化学定义的化合物，属于第二十八章第五分章"无机酸盐、无机过氧酸盐及金属酸盐、金属过氧酸盐"品目28.31项下所列的连二亚硫酸盐。
税则号列	2831.1020

中文名称	亚硫酸氢钠
英文名称	Sodium bisulfite
别名	酸式亚硫酸钠
CAS 号	7631-90-5
化学名	亚硫酸氢钠
化学式	$NaHSO_3$
相对分子质量	104.06
结构式	
外观与性状	白色结晶性粉末，有二氧化硫的气味。暴露于空气中失去部分二氧化硫，同时被氧化成硫酸盐。密度1.48g/cm³，熔点150℃。极易溶于水，加热时易分解，微溶于乙醇、水溶液呈酸性。
用途	在有机合成中用作还原剂，用于制靛蓝、漂白羊毛及生丝、处理胶乳的硫化剂、鞣革工业、酿酒工业（作防腐剂以保存酒）以及在浮选中减低矿物的浮力。还可用作蔬菜脱水和保存剂，以及医药电镀、造纸等助漂净剂。
海关归类思路	该物质为单独的已有化学定义的化合物，属于第二十八章第五分章"无机酸盐、无机过氧酸盐及金属酸盐、金属过氧酸盐"品目28.32项下所列的亚硫酸盐。
税则号列	2832.1000

中文名称	硫酸钠
英文名称	Sodium sulfate
别名	中性硫酸钠、元明粉、无水芒硝
CAS 号	7757-82-6
化学名	硫酸钠
化学式	Na_2SO_4
相对分子质量	142.04
结构式	Na+ —O—S—O— Na+
外观与性状	无水或水合的粉状或大颗粒透明晶体。高纯度、颗粒细的无水物称为元明粉，十水硫酸钠称为芒硝。密度 2.68g/cm³，熔点 884℃，沸点 1404℃。不溶于乙醇，溶于水和甘油。
用途	可用作助染剂；在玻璃制造中作玻璃化用料的助熔剂（制造瓶玻璃、水晶及光学玻璃）；在鞣革中用于保藏生皮；用于造纸（制某种化学纸浆）；在纺织工业中作为上浆料；医学上作为泻药等。
海关归类思路	该物质为单独的已有化学定义的化合物，属于第二十八章第五分章"无机酸盐、无机过氧酸盐及金属酸盐、金属过氧酸盐"品目 28.33 项下所列的硫酸盐。天然的钠的硫酸盐应归入品目 25.30。
税则号列	2833.1100

中文名称	硫酸镁
英文名称	Magnesium sulfate
别名	泻盐
CAS 号	7487-88-9
化学名	硫酸镁
化学式	$MgSO_4$
相对分子质量	120.37
结构式	Mg++ —O—S—O—
外观与性状	无色结晶体，在空气中轻度风化。密度 2.66g/cm³，熔点 1124℃。易溶于水，微溶于乙醇、甘油、乙醚，不溶于丙酮。
用途	工业上用于制革、炸药、肥料、造纸、瓷器、印染料、铅酸蓄电池等工业。医药上常用于治疗惊厥、子痫、尿毒症、破伤风及高血压脑病等。农业上通常用于盆栽植物或缺镁的农作物，也可作为饲料加工中镁的补充剂。
海关归类思路	该物质为单独的已有化学定义的化合物，属于第二十八章第五分章"无机酸盐、无机过氧酸盐及金属酸盐、金属过氧酸盐"品目 28.33 项下所列的硫酸盐。天然的硫酸镁应归入品目 25.30。
税则号列	2833.2100

中文名称	硫酸镍
英文名称	Nickel sulfate
别名	镍矾
CAS 号	7786-81-4
化学名	硫酸镍
化学式	$NiSO_4$
相对分子质量	154.76
结构式	Ni⁺⁺ O-S-O 结构
外观与性状	无水黄色晶体或水合的祖母绿色晶体（带 7 个结晶水）或浅蓝色晶体（带 6 个结晶水）。密度 $3.68g/cm^3$，熔点 848℃。易溶于水，微溶于乙醇、甲醇，其水溶液呈酸性，微溶于酸、氨水。
用途	主要用于电镀工业，是电镀镍和化学镍的主要镍盐。硬化油生产中用作油脂加氢的催化剂。医药工业中用于生产维生素 C 的催化剂。印染工业中用于生产酞菁艳蓝络合剂，还用作还原染料的媒染剂。
海关归类思路	该物质为单独的已有化学定义的化合物，属于第二十八章第五分章"无机酸盐、无机过氧酸盐及金属酸盐、金属过氧酸盐"品目 28.33 项下所列的硫酸盐。
税则号列	2833.2100

中文名称	硫酸铝
英文名称	Aluminium sulfate hexadecahydrate
别名	十六水合硫酸铝、硫酸铝水合物
CAS 号	16828-11-8
化学名	硫酸铝
化学式	$Al_2(SO_4)_3 \cdot 16H_2O$
相对分子质量	630.39
结构式	结构图
外观与性状	白色无定形结晶或颗粒和粉末，有甜味。溶于水，不溶于醇。加热会失水，高温会分解为氧化铝和硫的氧化物。
用途	造纸工业中作为松香胶、蜡乳液等胶料的沉淀剂，水处理中作絮凝剂，还可作为泡沫灭火器的内留剂，制造明矾、铝白的原料，石油脱色剂、脱臭剂、某些药物的原料等。
海关归类思路	该物质为单独的已有化学定义的化合物，属于第二十八章第五分章"无机酸盐、无机过氧酸盐及金属酸盐、金属过氧酸盐"品目 28.33 项下所列的硫酸盐。
税则号列	2833.2200

中文名称	碱式硫酸铜
英文名称	Copper sulfate basic
别名	碱性硫酸铜
CAS 号	1344-73-6
化学名	碱式硫酸铜
化学式	$Cu_2(OH)_2SO_4$
相对分子质量	257.69
结构式	$\begin{array}{c} O \\ \| \\ {}^-O-S-O^- \\ \| \\ Cu^+O \quad Cu^+ \\ \| \qquad\quad \| \\ OH \qquad OH \end{array}$
外观与性状	绿色单斜晶体。在水中溶解度极小，能溶于稀酸和氨水。
用途	用作灭菌剂、杀虫剂，是农药波尔多液的有效成分。
海关归类思路	该物质为单独的已有化学定义的化合物，属于第二十八章第五分章"无机酸盐、无机过氧酸盐及金属酸盐、金属过氧酸盐"品目 28.33 项下所列的铜的硫酸盐。
税则号列	2833.2500

中文名称	硫酸钡
英文名称	Barium sulfate
别名	
CAS 号	7727-43-7
化学名	硫酸钡
化学式	$BaSO_4$
相对分子质量	233.39
结构式	$\begin{array}{c} Ba^{++}O \\ \qquad \| \\ {}^-O-S-O^- \\ \| \\ O \end{array}$
外观与性状	白色无定形粉末。密度 4.5g/cm³，熔点 1350℃，沸点 1580℃。性质稳定，难溶于水、酸、碱或有机溶剂。
用途	用作白色颜料、纺织品上浆填充料或用于制橡胶、涂料纸及纸板、封泥、色淀、色料等。它对 X 光线具有不可穿透性，因而用于射线摄影。
海关归类思路	该物质为单独的已有化学定义的化合物，属于第二十八章第五分章"无机酸盐、无机过氧酸盐及金属酸盐、金属过氧酸盐"品目 28.33 项下所列的钡的硫酸盐。人造或沉淀硫酸钡（BaSO₄），用硫酸或碱金属硫酸盐沉淀氯化钡溶液所得，归入品目 28.33。天然硫酸钡（重晶石）归入品目 25.11。
税则号列	2833.2700

中文名称	硫酸亚铁
英文名称	Ferrous sulfate
别名	绿矾、铁矾
CAS 号	7720-78-7
化学名	硫酸亚铁
化学式	$FeSO_4$
相对分子质量	151.9
结构式	Fe^{++}O ‖ $^-$O-S-O$^-$ ‖ O
外观与性状	暗淡蓝绿色单斜晶系晶体性粉末或颗粒。无臭，具有咸的收敛味。在干燥空气中会风化。在潮湿空气中易氧化成棕黄色碱式硫酸铁。
用途	用于制铁盐、氧化铁颜料、媒染剂、净水剂、防腐剂、消毒剂等，医药上常作抗贫血药。
海关归类思路	该物质为单独的已有化学定义的化合物，属于第二十八章第五分章"无机酸盐、无机过氧酸盐及金属酸盐、金属过氧酸盐"品目 28.33 项下所列的铁的硫酸盐（硫酸亚铁）。
税则号列	2833.2910

中文名称	硫酸铬
英文名称	Chromic sulfate
别名	
CAS 号	10101-53-8
化学名	硫酸铬
化学式	$Cr_2(SO_4)_3$
相对分子质量	392.18
结构式	Cr^{3+} ... Cr^{3+}
外观与性状	绿色粉末或深绿色片状结晶。有无水物和多种含不同结晶水的化合物，最多可达 18 个分子结晶水。色泽由绿到紫不等。含结晶水的可溶于水，无水物则不溶于水。
用途	用于印染、陶瓷、不溶性凝胶，以及制造含铬催化剂、油漆和油墨；用作分析试剂和媒染剂；用于鞣制面革。在照相定影液中用作照相胶卷的坚膜剂。
海关归类思路	该物质为单独的已有化学定义的化合物，属于第二十八章第五分章"无机酸盐、无机过氧酸盐及金属酸盐、金属过氧酸盐"品目 28.33 项下所列的铬的硫酸盐。
税则号列	2833.2920

中文名称	硫酸锌
英文名称	Zinc sulphate
别名	白矾
CAS 号	7733-02-0
化学名	硫酸锌
化学式	$ZnSO_4$
相对分子质量	161.45
结构式	Zn++O ⁻O–S–O⁻ O
外观与性状	为无色斜方晶体或白色粉末。密度 $1.95g/cm^3$。易溶于水。
用途	工业上是制造锌钡白和锌盐的主要原料，也可用作印染媒染剂、木材和皮革的保存剂，也是生产粘胶纤维和维尼纶纤维的重要辅助原料。医药上用作催吐剂。农业上可用于防治果树苗圃的病害，也是一种补充作物锌微量元素肥的常用肥料。
海关归类思路	该物质为单独的已有化学定义的化合物，属于第二十八章第五分章"无机酸盐、无机过氧酸盐及金属酸盐、金属过氧酸盐"品目 28.33 项下所列的锌的硫酸盐。
税则号列	2833.2930

中文名称	硫酸钴
英文名称	Cobalt sulfate
别名	
CAS 号	10124-43-3
化学名	硫酸钴
化学式	$CoSO_4$
相对分子质量	155
结构式	O ‖ ⁻O–S=O Co2+ O⁻ H2O
外观与性状	玫瑰红色结晶（带 7 个结晶水时），脱水后呈红色粉末。密度 $2.03g/cm^3$。溶于水和甲醇，微溶于乙醇。
用途	用于电解法电镀钴；作为陶瓷色料（钴颜料）、催化剂；还用于配制沉淀树脂酸钴（干燥剂）。
海关归类思路	该物质为单独的已有化学定义的化合物，属于第二十八章第五分章"无机酸盐、无机过氧酸盐及金属酸盐、金属过氧酸盐"品目 28.33 项下所列的钴的硫酸盐。
税则号列	2833.2990

中文名称	明矾
英文名称	Aluminium potassium sulfate dodecahydrate
别名	钾矾、十二水硫酸铝钾
CAS 号	7784-24-9
化学名	硫酸铝钾十二水合物
化学式	$AlH_{24}KO_{20}S_2$
相对分子质量	474.4
结构式	
外观与性状	无色透明呈立方八面结晶或单斜立方结晶。溶于水，易溶于热水，溶于稀酸，不溶于醇、丙酮。
用途	用作造纸松香胶沉降剂、浊水净化助沉剂、照相纸坚膜剂、泡沫橡胶助发泡剂、印染媒染剂等。
海关归类思路	该物质为单独的已有化学定义的化合物，属于第二十八章第五分章"无机酸盐、无机过氧酸盐及金属酸盐、金属过氧酸盐"品目28.33项下所列的铝的硫酸盐（矾）。
税则号列	2833.3010

中文名称	过硫酸铵
英文名称	Ammonium persulfate
别名	过二硫酸二铵
CAS 号	7727-54-0
化学名	过硫酸铵
化学式	$(NH_4)_2S_2O_8$
相对分子质量	228.2
结构式	
外观与性状	为无色晶体，受潮时逐渐分解放出含臭氧的氧，加热则分解出氧气而成为焦硫酸铵。易溶于水，水溶液呈酸性，并在室温中逐渐分解，在较高温度时很快分解放出氧气，并生成硫酸氢铵。
用途	化学工业中用作制造过硫酸盐和双氧水的原料、有机高分子聚合时的助聚剂、氯乙烯单体聚合时的引发剂。油脂、肥皂业中用作漂白剂。还用于金属板蚀割时的腐蚀剂及石油工业采油等方面。食品级用作小麦改质剂、啤酒酵母防霉剂。
海关归类思路	该物质为单独的已有化学定义的化合物，属于第二十八章第五分章"无机酸盐、无机过氧酸盐及金属酸盐、金属过氧酸盐"品目28.33项下所列的铵的过硫酸盐。
税则号列	2833.4000

中文名称	次磷酸钙
英文名称	Calcium hypophosphite
别名	次磷酸二氢钙
CAS 号	7789-79-9
化学名	次磷酸钙
化学式	Ca（PH$_2$O$_2$）$_2$
相对分子质量	170.06
结构式	PHPH Ca
外观与性状	无色晶体或白色粉末。溶于水，不溶于醇。
用途	用作阻燃剂，也用作化学镀、食品添加剂和动物营养剂，以及制造医药品，并可作为抗氧化剂、分析试剂。
海关归类思路	该物质为单独的已有化学定义的化合物，属于第二十八章第五分章"无机酸盐、无机过氧酸盐及金属酸盐、金属过氧酸盐"品目 28.35 项下所列的钙的次磷酸盐。
税则号列	2835.1000

中文名称	磷酸氢二钠
英文名称	Sodium phosphate dibasic
别名	磷酸二钠、双代磷酸钠
CAS 号	7558-79-4
化学名	磷酸氢二钠
化学式	Na$_2$HPO$_4$
相对分子质量	141.96
结构式	HO—P=O（O$^-$，O$^-$） Na$^+$ Na$^+$
外观与性状	无水（白色粉末）或结成晶体（带 2 个、7 个或 12 个结晶水）。可溶于水，不溶于醇。
用途	用作软水剂、织物增重剂、防火剂，并用于釉药、焊药、医药、颜料、食品工业及制取其他磷酸盐用作工业水质处理剂、印染洗涤剂、品质改良剂、中和剂、抗生素培养剂、生化处理剂等。
海关归类思路	该物质为单独的已有化学定义的化合物，属于第二十八章第五分章"无机酸盐、无机过氧酸盐及金属酸盐、金属过氧酸盐"品目 28.35 项下所列的钠的磷酸盐。
税则号列	2835.2200

中文名称	磷酸氢二钾
英文名称	Potassium phosphate dibasic
别名	磷酸二钾
CAS 号	7758-11-4
化学名	磷酸氢二钾
化学式	K_2HPO_4
相对分子质量	174.18
结构式	 K⁺ 略 $HO-P-O^-$ K⁺
外观与性状	白色结晶或无定形白色粉末。密度 $2.34g/cm^3$。易溶于水，水溶液呈微碱性，微溶于醇，有吸湿性。
用途	用作防冻剂的缓蚀剂、抗生素培养基的营养剂、发酵工业的磷钾调节剂、饲料添加剂等。还用作水质处理剂和微生物、菌类培养剂等。在食品工业中用于配制面食制品用碱水的原料、发酵用剂、调味剂、膨松剂、乳制品的温和碱性剂、酵母食料。
海关归类思路	该物质为单独的已有化学定义的化合物，属于第二十八章第五分章"无机酸盐、无机过氧酸盐及金属酸盐、金属过氧酸盐"品目 28.35 项下所列的钾的磷酸盐。
税则号列	2835.2400

中文名称	磷酸钙
英文名称	Calcium phosphate
别名	磷酸三钙、三元磷酸钙、沉淀磷酸钙
CAS 号	7758-87-4
化学名	磷酸钙
化学式	$Ca_3(PO_4)_2$
相对分子质量	310.18
结构式	 Ca^{2+} 结构 Ca^{2+} Ca^{2+} 结构
外观与性状	白色晶体或无定形粉末。密度 $3.14g/cm^3$，熔点 1391℃。微溶于水，易溶于稀盐酸和硝酸，不溶于乙醇和丙酮。
用途	用作媒染剂、澄清糖浆、浸洗金属、制玻璃及陶器。也用于制磷及药剂（例如，乳磷酸盐、甘油磷酸盐）。在食品工业中用作抗结块剂、营养增补剂、增香剂、缓冲剂、pH 值调节剂。也可作家禽饲料添加剂等。
海关归类思路	该物质为单独的已有化学定义的化合物，属于第二十八章第五分章"无机酸盐、无机过氧酸盐及金属酸盐、金属过氧酸盐"品目 28.35 项下所列的钙的磷酸盐。天然磷酸钙应归入品目 25.10。
税则号列	2835.2600

中文名称	磷酸三钠
英文名称	Trisodium phosphate
别名	磷酸钠、正磷酸钠
CAS 号	7601-54-9
化学名	磷酸三钠
化学式	Na_3O_4P
相对分子质量	163.94
结构式	
外观与性状	无色至白色结晶或结晶性粉末，无水物或含 1~12 个分子的结晶水，无臭。易溶于水，不溶于乙醇。在干燥空气中易潮解风化，生成磷酸二氢钠和碳酸氢钠。
用途	用作软水剂、洗涤剂、锅炉防垢剂、印染时的固色剂、织物的丝光增强剂、金属腐蚀阻化剂或防锈剂。搪瓷工业中用作助熔剂、脱色剂。制革业中用作生皮去脂剂和脱胶剂。
海关归类思路	该物质属于钠离子与磷酸根离子形成的磷酸盐，该物质为单独的已有化学定义的化合物，属于第二十八章第五分章"无机酸盐、无机过氧酸盐及金属酸盐、金属过氧酸盐"品目 28.35 项下所列的磷酸盐。
税则号列	2835.2910

中文名称	碳酸钠
英文名称	Sodium carbonate
别名	纯碱、苏打、洗涤碱
CAS 号	497-19-8
化学名	碳酸钠
化学式	Na_2CO_3
相对分子质量	105.99
结构式	
外观与性状	白色粉末，溶液呈碱性。密度 2.53g/cm³，熔点 851℃。易溶于水。
用途	作为一种重要的有机化工原料，用于生产氢氧化钠、钠盐及靛蓝，以及用于钨、铋、锑、钒的冶炼中；作为助熔剂应用于平板玻璃、玻璃制品和陶瓷釉的生产中；还广泛用于生活洗涤、酸类、食品加工等。
海关归类思路	该物质为单独的已有化学定义的化合物，属于第二十八章第五分章"无机酸盐、无机过氧酸盐及金属酸盐、金属过氧酸盐"品目 28.36 项下所列的钠的碳酸盐。
税则号列	2836.2000

中文名称	碳酸氢钠
英文名称	Sodium bicarbonate
别名	小苏打、碱式碳酸钠
CAS 号	144-55-8
化学名	碳酸氢钠
化学式	$NaHCO_3$
相对分子质量	84.01
结构式	
外观与性状	白色粉末或单斜晶系结晶性粉末。受热易分解，约在50℃时开始反应生成CO_2，在100℃时全部变为碳酸钠。密度2.159g/cm³。易溶于水，其水溶液呈弱碱性，不溶于乙醇。
用途	用于医药（治疗肾结石及膀胱结石，或制助消化药片治疗胃酸过多）和瓷器工业；也用于制汽水饮料、发酵粉、灭火剂（泡沫或干粉）等。
海关归类思路	该物质为单独的已有化学定义的化合物，属于第二十八章第五分章"无机酸盐、无机过氧酸盐及金属酸盐、金属过氧酸盐"品目28.36项下所列的钠的碳酸盐。天然碳酸钠（泡碱等）归入品目25.30。
税则号列	2836.3000

中文名称	碳酸氢钾
英文名称	Potassium bicarbonate
别名	重碳酸钾、碱式碳酸钾
CAS 号	298-14-6
化学名	碳酸氢钾
化学式	$KHCO_3$
相对分子质量	100.12
结构式	
外观与性状	无色透明单斜晶系结晶或白色结晶。密度2.17g/cm³。易溶于水，其水溶液呈弱碱性，不溶于乙醇，溶于碳酸钾溶液。
用途	用作生产碳酸钾、醋酸钾、亚砷酸钾等的原料；在医药上用于治疗低钾症；也可用作食品工业的发酵粉，以及用作灭火剂、分析试剂和发泡剂等。
海关归类思路	该物质为单独的已有化学定义的化合物，属于第二十八章第五分章"无机酸盐、无机过氧酸盐及金属酸盐、金属过氧酸盐"品目28.36项下所列的钾的碳酸盐。
税则号列	2836.4000

中文名称	碳酸钙
英文名称	Calcium carbonate
别名	
CAS 号	471-34-1
化学名	碳酸钙
化学式	$CaCO_3$
相对分子质量	100.09
结构式	
外观与性状	白色晶体或粉末。密度 $2.6\sim2.7g/cm^3$，熔点 1329℃。几乎不溶于水。
用途	作为原料用于厚膜电容材料、光学玻璃及医药工业；食品加工业中可作为膨松剂、面粉处理剂、抗结剂、酸度调节剂、营养强化剂、固化剂等；饲料加工业中可作为营养强化剂；也用作塑料、纸张、橡胶、涂料、油墨等的白色填充剂。
海关归类思路	该物质为单独的已有化学定义的化合物，属于第二十八章第五分章"无机酸盐、无机过氧酸盐及金属酸盐、金属过氧酸盐"品目 28.36 项下所列的钙的碳酸盐。该品目项下的碳酸钙主要是用二氧化碳处理钙盐溶液制得的沉淀碳酸钙。天然碳酸钙（如石灰石及白垩）应归入第二十五章相应品目下。
税则号列	2836.5000

中文名称	碳酸钡
英文名称	Barium carbonate
别名	
CAS 号	513-77-9
化学名	碳酸钡
化学式	$BaCO_3$
相对分子质量	197.34
结构式	
外观与性状	白色粉末。密度 $4.43g/cm^3$，熔点 1740℃。难溶于水，易溶于强酸。
用途	电子工业中用于生产 PTC 热敏电子元件、芯片式元器件、半导体电容等；化学工业中用于生产钡盐、颜料、烟火（绿色光）和信号弹、光学玻璃、杀鼠药、陶器、瓷器，并用作填料和水澄清剂等。
海关归类思路	该物质为单独的已有化学定义的化合物，属于第二十八章第五分章"无机酸盐、无机过氧酸盐及金属酸盐、金属过氧酸盐"品目 28.36 项下所列的钡的碳酸盐。该品目项下的碳酸钡主要是用碳酸钠及硫化钡制得的沉淀碳酸钡。天然碳酸钡（毒重石）应归入品目 25.11。
税则号列	2836.6000

中文名称	碳酸锂
英文名称	Lithium carbonate
别名	
CAS 号	554-13-2
化学名	碳酸锂
化学式	Li_2CO_3
相对分子质量	73.89
结构式	Li⁺ Li⁺ 结构图
外观与性状	无色单斜晶系结晶体或白色粉末，无气味，不受空气影响。密度 2.11g/cm³，熔点 723℃。微溶于水，不溶于醇及丙酮。
用途	用于玻璃制造和陶瓷生产过程中的添加剂和助熔剂；在医药工业上可用作安眠药和镇静剂（治疗狂躁症）；在润滑剂、充电电池、空调等行业领域都有着广泛的应用。
海关归类思路	该物质为单独的已有化学定义的化合物，属于第二十八章第五分章"无机酸盐、无机过氧酸盐及金属酸盐、金属过氧酸盐"品目 28.36 项下所列的锂的碳酸盐。
税则号列	2836.9100

中文名称	碳酸镁
英文名称	Magnesium carbonate
别名	
CAS 号	546-93-0
化学名	碳酸镁
化学式	$MgCO_3$
相对分子质量	84.31
结构式	Mg⁺⁺ 结构图
外观与性状	白色至黄色的固体结晶或晶体粉末。密度 3.00g/cm³，熔点 2200℃。微溶于水。
用途	可用作橡胶的补强剂、填充剂，或用作绝热、耐高温的防火保温材料，也是制作镁盐、颜料、油漆、日用化妆品等的原料；食品生产中可用作面粉改良剂、面包膨松剂等。
海关归类思路	该物质为单独的已有化学定义的化合物，属于第二十八章第五分章"无机酸盐、无机过氧酸盐及金属酸盐、金属过氧酸盐"品目 28.36 项下所列的镁的碳酸盐。该品目项下的碳酸镁主要是通过碳酸钠与硫酸镁的复分解反应制得的沉淀碳酸镁。天然碳酸镁（菱镁矿）应归入品目 25.19。
税则号列	2836.9910

中文名称	碳酸铵
英文名称	Ammonium carbonate
别名	无
CAS 号	10361-29-2
化学名	碳酸铵
化学式	$(NH_4)_2CO_3$
相对分子质量	175.1
结构式	HO—C(=O)—OH NH₃
外观与性状	无色立方晶体，常含1个分子结晶水。易溶于水，水溶液呈碱性。不溶于乙醇、二硫化碳及浓氨水。在空气中不稳定，会逐渐变成碳酸氢铵及氨基甲酸铵。
用途	用于点滴分析锂、镭和钍及碳酸盐合成等；用作发酵粉、各种铵盐的原料、缓冲剂、印染助剂、肥料以及分析试剂等；食用碳酸铵可作缓冲剂、中和剂、膨松剂及发酵促进剂。
海关归类思路	该物质为单独的已有化学定义的化合物，属于第二十八章第五分章"无机酸盐、无机过氧酸盐及金属酸盐、金属过氧酸盐"品目28.36项下的铵的碳酸盐。
税则号列	2836.9940

中文名称	氰化钠
英文名称	Sodium cyanide
别名	山萘钠
CAS 号	143-33-9
化学名	氰化钠
化学式	NaCN
相对分子质量	49.01
结构式	N≡—Na
外观与性状	白色结晶颗粒或粉末，易潮解，有微弱的苦杏仁气味。剧毒，皮肤伤口接触、吸入、吞食微量可中毒死亡。密度 1.595g/cm³，熔点 563.7℃，沸点 1496℃。易溶于水。
用途	用于冶炼金、银，或用于镀金及镀银、摄影、石版印刷或作杀寄生虫药及杀虫剂等；也用于制氰化氢、其他氰化物及靛蓝；还用于浮选法（尤其用于分离方铅矿及闪锌矿、黄铁矿及黄铜矿）。
海关归类思路	该物质为单独的已有化学定义的化合物，属于第二十八章第五分章"无机酸盐、无机过氧酸盐及金属酸盐、金属过氧酸盐"品目28.37项下所列的氰化物。
税则号列	2837.1110

中文名称	氰化钾
英文名称	Potassium cyanide
别名	山萘钾
CAS 号	151-50-8
化学名	氰化钾
化学式	CKN
相对分子质量	65.12
结构式	N≡—K
外观与性状	白色圆球形硬块，粒状或结晶性粉末，剧毒。密度 1.857g/cm³，熔点 634℃。易溶于水、乙醇、甘油，微溶于甲醇。
用途	用途与氰化钠相似。用于冶炼金、银，或用于镀金及镀银、摄影、石版印刷或作杀寄生虫药及杀虫剂等；也用于制氰化氢、其他氰化物及靛蓝；还用于浮选法（尤其用于分离方铅矿及闪锌矿、黄铁矿及黄铜矿）。
海关归类思路	该物质为单独的已有化学定义的化合物，属于第二十八章第五分章"无机酸盐、无机过氧酸盐及金属酸盐、金属过氧酸盐"品目 28.37 项下所列的氰化物。
税则号列	2837.1910

中文名称	氰化锌
英文名称	Zinc cyanide
别名	
CAS 号	557-21-1
化学名	氰化锌
化学式	Zn（CN）$_2$
相对分子质量	117.42
结构式	N≡—Zn N
外观与性状	白色粉末或斜方系有光泽柱状晶体。密度 1.85g/cm³，熔点 800℃。不溶于水，微溶于热水、乙醇、乙醚，溶于稀无机酸、氨水。
用途	主要用于电镀，作为氰化镀锌和氰化镀锌铁合金电解液中锌离子的来源；也用于医药及农药制造，或用于有机合成。
海关归类思路	该物质为单独的已有化学定义的化合物，属于第二十八章第五分章"无机酸盐、无机过氧酸盐及金属酸盐、金属过氧酸盐"品目 28.37 项下所列的氰化物。
税则号列	2837.1990

中文名称	偏硅酸钠
英文名称	Sodium metasilicate
别名	偏矽酸、硅酸二钠
CAS 号	6834-92-0
化学名	偏硅酸钠
化学式	Na_2O_3Si
相对分子质量	122.06
结构式	Na^+ O ^-O-Si O^- Na^+
外观与性状	白色方形结晶。易溶于水及稀碱液，不溶于醇和酸。水溶液呈碱性。
用途	用于制造洗涤剂、织物处理剂和纸张脱墨剂等。
海关归类思路	该物质属于钠离子与硅酸根形成的硅酸盐，为单独的已有化学定义的化合物，属于第二十八章第五分章"无机酸盐、无机过氧酸盐及金属酸盐、金属过氧酸盐"品目28.39项下所列的硅酸盐。
税则号列	2839.1100

中文名称	硅酸钠
英文名称	Sodium silicate
别名	
CAS 号	1344-09-8
化学名	硅酸钠
化学式	Na_2SiO_3
相对分子质量	122.06
结构式	Na^+ $O^-Si^-O^-$ Na^+
外观与性状	无色正交双锥结晶或白色至灰白色块状物或粉末。在100℃时失去6个分子结晶水。熔点1088℃。易溶于水，其水溶液俗称水玻璃。溶于稀氢氧化钠溶液，不溶于乙醇和酸。
用途	硅酸钠对矿石的脉石有抗絮凝作用，因而用作浮选调节剂；也用作硅酸盐皂的填料、纸板或煤的黏合剂、防火材料；用于保存鸡蛋、制不腐胶粘剂；在制耐蚀水泥、封泥或人造石料时作为硬化剂；用于制洗涤剂、酸浸金属或作为防垢产品。
海关归类思路	该物质为单独的已有化学定义的化合物，属于第二十八章第五分章"无机酸盐、无机过氧酸盐及金属酸盐、金属过氧酸盐"品目28.39项下所列的硅酸盐。
税则号列	2839.1910

中文名称	硅酸锆
英文名称	Zirconium silicate
别名	
CAS 号	14940-68-2
化学名	硅酸锆
化学式	$ZrSiO_4$
相对分子质量	183.31
结构式	
外观与性状	黄色或橙色粉末。密度 4.56g/cm³，熔点 2550℃。不溶于水、酸、碱及王水。
用途	化学性质稳定、不受陶瓷烧成气氛的影响，且能显著改善陶瓷的坯釉结合性能、提高陶瓷釉面硬度，故在陶瓷生产中广泛应用。在电视行业的彩色显像管、玻璃行业的乳化玻璃、搪瓷釉料生产中也得到了进一步的应用。在耐火材料、玻璃窑炉锆捣打料、浇注料、喷涂料中应用广泛。
海关归类思路	该物质为单独的已有化学定义的化合物，属于第二十八章第五分章"无机酸盐、无机过氧酸盐及金属酸盐、金属过氧酸盐"品目 28.39 项下所列的硅酸盐。
税则号列	2839.9000

中文名称	四硼酸钠
英文名称	Sodium tetraborate
别名	四硼酸二钠、精制硼砂
CAS 号	1330-43-4
化学名	四硼酸二钠
化学式	$Na_2B_4O_7$
相对分子质量	183.31
结构式	
外观与性状	白色粉末。密度 2.37g/cm³，熔点 741℃，沸点 1575℃。溶于水、甘油，不溶于乙醇。
用途	用于硬化亚麻布及纸张；焊接金属（作硬焊料的助熔剂）；用作搪瓷的助熔剂；用于制玻璃化色料、特种玻璃（光学玻璃、电灯泡玻璃）、胶水或擦亮剂；精炼金；用于制硼酸盐及蒽醌染料。
海关归类思路	该物质为单独的已有化学定义的化合物，属于第二十八章第五分章"无机酸盐、无机过氧酸盐及金属酸盐、金属过氧酸盐"品目 28.40 项下所列的硼酸盐。
税则号列	2840.1100

中文名称	硼酸锌
英文名称	Zinc borate
别名	
CAS 号	10361-94-1
化学名	硼酸锌
化学式	$Zn_3B_2O_6$
相对分子质量	313.79
结构式	
外观与性状	白色三斜晶体或无定形粉末。密度 4.22 g/cm³（晶体）、3.04 g/cm³（粉末），熔点 980℃。微溶于水，晶体不溶于盐酸，无定形粉末则溶于盐酸。
用途	作为含卤素等阻燃剂的部分或完全环保替代品，广泛应用于塑料和橡胶的加工，以及纸张、纤维织物、壁纸、地毯、涂料的生产中；也可作为防腐剂用于木材等的防虫防菌处理，以及作为陶瓷产品的助熔剂。
海关归类思路	该物质为单独的已有化学定义的化合物，属于第二十八章第五分章"无机酸盐、无机过氧酸盐及金属酸盐、金属过氧酸盐"品目 28.40 项下所列的硼酸盐。
税则号列	2840.2000

中文名称	重铬酸钠
英文名称	Sodium dichromate
别名	红矾钠
CAS 号	10588-01-9
化学名	重铬酸钠
化学式	$Na_2Cr_2O_7$
相对分子质量	261.97
结构式	
外观与性状	红色至橘红色结晶。有吸湿性，可带两个结晶水。密度2.44g/cm³。100℃时失去结晶水，约400℃时开始分解。易溶于水，不溶于乙醇，水溶液呈酸性。
用途	工业用途较广泛，可用于：鞣革（铬鞣）；染色（媒染剂及氧化剂）；在有机合成中作氧化剂；摄影、印刷、焰火制造；脂肪净化或脱色；制重铬酸盐电池及重铬酸盐明胶（这种重铬酸盐明胶在光线的影响下转变成不溶于热水的产品）；浮选工序（减低浮力）；防腐剂。
海关归类思路	该物质属于钠离子与金属酸根重铬酸根形成的盐，为单独的已有化学定义的化合物，属于第二十八章第五分章"无机酸盐、无机过氧酸盐及金属酸盐、金属过氧酸盐"品目 28.41 项下所列的金属酸盐（重铬酸钠）。
税则号列	2841.3000

中文名称	锰酸锂
英文名称	Lithium manganate
别名	
CAS 号	12057-17-9
化学名	锰酸锂
化学式	$LiMn_2O_4$
相对分子质量	180.81
结构式	
外观与性状	暗灰色粉末。密度 4.1g/cm³。易溶于水。
用途	锰酸锂主要包括尖晶石型锰酸锂和层状结构锰酸锂，其中尖晶石型锰酸锂结构稳定，易于实现工业化生产，市场产品均为此种结构。主要用于制造手机和笔记本电脑及其他便携式电子设备的锂离子电池，用作锂离子电池的正极材料。
海关归类思路	该物质为单独的已有化学定义的化合物，属于第二十八章第五分章"无机酸盐、无机过氧酸盐及金属酸盐、金属过氧酸盐"品目 28.41 项下所列的金属酸盐（锰酸盐）。
税则号列	2841.6910

中文名称	钼酸铵
英文名称	Ammonium molybdate
别名	
CAS 号	13106-76-8
化学名	钼酸铵
化学式	$(NH_4)_2MoO_4$
相对分子质量	169.01
结构式	
外观与性状	淡绿色或浅黄色，遇热分解。密度 3.1g/cm³。
用途	石化工业中用作催化剂，冶金工业中用于制钼粉、钼条、钼丝、钼坯、钼片等，也可作为微量元素肥料，以及制造陶瓷色料、颜料或防火材料的原料。
海关归类思路	该物质为单独的已有化学定义的化合物，属于第二十八章第五分章"无机酸盐、无机过氧酸盐及金属酸盐、金属过氧酸盐"品目 28.41 项下所列的金属酸盐（钼酸盐）。
税则号列	2841.7010

中文名称	仲钨酸铵
英文名称	Ammonium paratungstate
别名	偏钨酸铵
CAS 号	11120-25-5
化学名	仲钨酸铵
化学式	$(NH_4)_2WO_4$
相对分子质量	283.91
结构式	
外观与性状	一般有十一水合物（针状结晶）和五水合物（片状结晶）两种。微溶于水。遇热易分解，在250℃下完全分解并生成三氧化钨。
用途	仲钨酸铵是钨最常见的重要化合物，也是钨冶炼中用途最广泛的一种中间产物，常用于制造金属钨及其他含钨的化合物。
海关归类思路	该物质为单独的已有化学定义的化合物，属于第二十八章第五分章"无机酸盐、无机过氧酸盐及金属酸盐、金属过氧酸盐"品目28.41项下所列的金属酸盐（钨酸盐）。
税则号列	2841.8010

中文名称	钨酸钠
英文名称	Sodium tungstate
别名	
CAS 号	7790-75-2
化学名	钨酸钠
化学式	Na_2WO_4
相对分子质量	293.82
结构式	
外观与性状	无色结晶或白色斜方晶系结晶。密度$3.25g/cm^3$，熔点698℃。溶于水，呈微碱性。不溶于乙醇，微溶于氨。
用途	用于制造金属钨、钨酸、钨酸盐等的原料，也用于颜料、染料和油墨等领域，纺织工业上还用作织物加重剂，提高物质的防火和防水性能。
海关归类思路	该物质为单独的已有化学定义的化合物，属于第二十八章第五分章"无机酸盐、无机过氧酸盐及金属酸盐、金属过氧酸盐"品目28.41项下所列的金属酸盐（钨酸盐）。
税则号列	2841.8020

中文名称	钨酸钙
英文名称	Calcium tungstate
别名	
CAS 号	7790-75-2
化学名	钨酸钙
化学式	$CaWO_4$
相对分子质量	287.92
结构式	
外观与性状	白色粉末，正方晶系结构。密度 $6.062g/cm^3$。微溶于水、氯化铵溶液。在热盐酸中分解。
用途	主要用作钨系列化工产品的原料，用于生产仲钨酸铵、三氧化钨、钨铁、合金钢、硬质合金、钨材、钨丝及钨合金等钨制品；也用于荧光涂料、摄影用光屏管、医药、X射线照片、闪烁计数器、激光器、日光灯等。
海关归类思路	该物质为单独的已有化学定义的化合物，属于第二十八章第五分章"无机酸盐、无机过氧酸盐及金属酸盐、金属过氧酸盐"品目28.41项下所列的金属酸盐（钨酸盐）。
税则号列	2841.8030

中文名称	钴酸锂
英文名称	Lithium cobaltate
别名	氧化锂钴
CAS 号	12190-79-3
化学名	钴酸锂
化学式	$LiCoO_2$
相对分子质量	97.88
结构式	
外观与性状	灰黑色粉末，密度 $2.0\sim2.6g/cm^3$，不溶于水。
用途	主要用于制造手机、笔记本电脑及其他便携式电子设备的锂离子电池，用作锂离子电池的正极材料。
海关归类思路	该物质为单独的已有化学定义的化合物，属于第二十八章第五分章"无机酸盐、无机过氧酸盐及金属酸盐、金属过氧酸盐"品目28.41项下所列的金属酸盐（钴酸盐）。
税则号列	2841.9000

中文名称	高铼酸钾
英文名称	Potassium perrhenate
别名	过铼酸钾
CAS 号	10466-65-6
化学名	高铼酸钾
化学式	$KReO_4$
相对分子质量	289.3
结构式	$$\begin{array}{c} O \\ \| \\ O=Re-O^- \quad K^+ \\ \| \\ O \end{array}$$
外观与性状	白色晶状粉末。密度 $4.89g/cm^3$，熔点 550℃，沸点 1360~1370℃。微溶于冷水，溶于热水，不溶于乙醇。
用途	常用于分离提纯铼，用于航空航天、石油催化及高温合金等领域，也是制取含铼化合物的原料，还可以用作氧化剂和分析试剂。
海关归类思路	该物质为单独的已有化学定义的化合物，属于第二十八章第五分章"无机酸盐、无机过氧酸盐及金属酸盐、金属过氧酸盐"品目 28.41 项下所列的金属酸盐（高铼酸盐）。
税则号列	2841.9000

中文名称	硫氰酸铵
英文名称	Ammonium thiocyanate
别名	
CAS 号	1762-95-4
化学名	硫氰酸铵
化学式	CH_4N_2S
相对分子质量	76.12
结构式	N≡—SH NH_3
外观与性状	无色结晶体，易潮解，在空气和光线的作用下变成红色，遇热分解。密度 $1.31g/cm^3$。易溶于水和乙醇，溶于甲醇和丙酮，几乎不溶于三氯甲烷和乙酸乙酯。
用途	用于电镀、摄影、印染（尤其用于防止上浆后的丝织品变质）；并用于配制混合致冷剂、氰化物或六氰合亚铁酸盐（Ⅱ）、硫脲、胍、塑料、胶粘剂、除草剂等。
海关归类思路	该物质为单独的已有化学定义的化合物，属于第二十八章第五分章"无机酸盐、无机过氧酸盐及金属酸盐、金属过氧酸盐"品目 28.42 项下所列的其他无机酸盐（非金属无机酸盐中的硫氰酸盐）。
税则号列	2842.9019

中文名称	磷酸铁锂
英文名称	Ferrous lithium phosphate
别名	磷酸锂铁
CAS 号	15365-14-7
化学名	磷酸铁锂
化学式	$FeLiO_4P$
相对分子质量	157.76
结构式	
外观与性状	粉末状。
用途	主要用于制造手机和笔记本电脑及其他便携式电子设备的锂离子电池作正极材料。
海关归类思路	属于品目 28.42 项下的其他无机酸盐。
税则号列	2842.9040

中文名称	硝酸银
英文名称	Silver nitrate
别名	银丹
CAS 号	7761-88-8
化学名	硝酸银
化学式	$AgNO_3$
相对分子质量	169.87
结构式	
外观与性状	无色透明斜方晶系片状晶体，易溶于水和氨水，溶于乙醚和甘油，微溶于无水乙醇，几乎不溶于浓硝酸。其水溶液呈弱酸性。
用途	用于照相乳剂、镀银、制镜、印刷、医药、染毛发，以及检验氯离子、溴离子和碘离子等，也用于电子工业。
海关归类思路	该商品为金的无机化合物，属于品目 28.43 项下的贵金属的无机化合物，子目 2843.21 项下的银化合物。
税则号列	2843.2100

中文名称	氰化银
英文名称	Silver cyanide
别名	
CAS 号	506-64-9
化学名	氰化银
化学式	AgCN
相对分子质量	133.89
结构式	Ag——≡N
外观与性状	白色或淡灰色粉末，无臭，无味。溶于氨水、乙醇、硫代硫酸钠溶液、热的浓硝酸，不溶于水，曝光后变暗色，属于剧毒化学品。
用途	用作贵金属电镀试剂及添加剂、分析试剂等。
海关归类思路	该商品为银的无机化合物，属于品目 28.43 项下的贵金属的无机化合物，子目 2843.2 项下的银化合物。
税则号列	2843.2900

中文名称	氰化亚金
英文名称	Gold (I) cyanide
别名	
CAS 号	506-65-0
化学名	氰化亚金
化学式	CAuN
相对分子质量	222.98
结构式	Au——≡N
外观与性状	黄色粉末。密度 7.14g/cm^3。
用途	化学试剂。
海关归类思路	该商品为金的无机化合物，属于品目 28.43 项下的贵金属的无机化合物，子目 2843.30 项下的金化合物。
税则号列	2843.3000

中文名称	奥沙利铂有关物质 D
英文名称	Oxaliplatin related compound D
别名	奥沙利铂左旋异构体
CAS 号	61758-77-8
化学名	［SP-4-2-（1S-反式）］-（1,2-环己烷二胺）［乙二酸］铂
化学式	$C_8H_{12}N_2O_4Pt$
相对分子质量	395.27
结构式	
外观与性状	粉末状。
用途	医药中间体。
海关归类思路	该商品为铂的有机化合物，属于品目 28.43 项下的贵金属的有机化合物，子目 2843.90 项下的其他贵金属化合物。
税则号列	2843.9000

中文名称	重水
英文名称	Deuterium oxide
别名	氘化水
CAS 号	7789-20-0
化学名	氧化氘
化学式	D_2O
相对分子质量	20.03
结构式	
外观与性状	无色无臭的液体。熔点 3.82℃，沸点 101.4℃，密度 1.105g/mL。
用途	主要应用于原子能技术中，用作核裂变动力反应堆中的中子减速剂和载热剂等。
海关归类思路	该商品为氘的无机化合物，氘为氢的非放射性同位素（不归入品目 28.44），故该商品属于品目 28.45 项下的品目 28.44 以外的同位素的无机化合物，在子目 2845.10 项下具体列名。
税则号列	2845.1000

中文名称	氘
英文名称	Deuterium
别名	重氢
CAS 号	7782-39-0
化学名	氘
化学式	D_2
相对分子质量	4.03
结构式	D—D
外观与性状	常温下为无色无臭的气体。
用途	在军事、核能和光纤制造上均有广泛的应用，并在化学和生物学的研究工作中作示踪原子。
海关归类思路	氘为氢的非放射性同位素（不归入品目 28.44），故该商品属于品目 28.45 项下的品目 28.44 以外的同位素。
税则号列	2845.9000

中文名称	七水氯化亚铈
英文名称	Cerium（Ⅲ）chloride heptahydrate
别名	
CAS 号	18618-55-8
化学名	七水氯化亚铈
化学式	$CeCl_3H_{14}O_7$
相对分子质量	372.58
结构式	H_2O H_2O H_2O $\quad$ Cl Cl-Ce H_2O H_2O $\quad$ Cl $\quad$ H_2O H_2O
外观与性状	无色至黄色斜方结晶。熔点 848℃，沸点 1727℃，密度 3.97g/cm³。能溶于水、丙酮和酸。
用途	制备金属铈和铈盐，用作催化剂等。
海关归类思路	该商品为铈的无机化合物，铈为稀土金属，故该商品属于品目 28.46 项下的稀土金属的无机化合物，子目 2846.10 项下的铈的化合物。
税则号列	2846.1090

中文名称	碳酸铈
英文名称	Cerium（Ⅲ）carbonate
别名	
CAS 号	537-01-9
化学名	碳酸铈
化学式	$C_3Ce_2O_9$
相对分子质量	460.26
结构式	
外观与性状	白色粉末或细小棱柱形结晶。
用途	主要用于制备稀土发光材料、汽车尾气净化催化剂、抛光材料及彩色工程塑料用颜色，也可用于化学试剂。
海关归类思路	该商品为铈的无机化合物，铈为稀土金属，故该商品属于品目 28.46 项下的稀土金属的无机化合物，子目 2846.10 项下的铈的化合物。
税则号列	2846.1030

中文名称	氧化镧
英文名称	Lanthanum oxide
别名	
CAS 号	1312-81-8
化学名	氧化镧
化学式	La_2O_3
相对分子质量	325.81
结构式	
外观与性状	白色斜方晶系或无定形粉末。溶于酸、乙醇、氯化铵，不溶于水、酮。
用途	用于制造精密光学玻璃、光导纤维。也用于电子工业作陶瓷电容器、压电陶瓷掺入剂。还用作制硼化镧的原料、石油分离精制催化剂。
海关归类思路	该商品为镧的无机化合物，镧为稀土金属，故该商品属于品目 28.46 项下的稀土金属的无机化合物。
税则号列	2846.9012

中文名称	硝酸镧
英文名称	Lanthanum nitrate
别名	
CAS 号	10099-59-9
化学名	硝酸镧
化学式	$La(NO_3)_3$
相对分子质量	324.92
结构式	
外观与性状	白色粒状晶体，易潮解，易溶于水和乙醇。属于危险化学品。人吸入镧及其化合物烟尘可出现头痛和恶心等症状，严重者会引致死亡。
用途	用于制光学玻璃、荧光粉、陶瓷电容器添加剂、石油精制加工催化剂。
海关归类思路	该商品为镧的无机化合物，镧为稀土金属，故该商品属于品目28.46项下的稀土金属的无机化合物。
税则号列	2846.9091

中文名称	氟化钇
英文名称	Yttrium fluoride
别名	
CAS 号	13709-49-4
化学名	氟化钇
化学式	F_3Y
相对分子质量	145.9
结构式	
外观与性状	白色粉末，密度4.01g/mL，熔点1152℃，沸点2230℃。不溶于水，难溶于盐酸、硝酸和硫酸，但能溶于高氯酸。在空气中有吸湿性，较稳定。
用途	用于制备稀土晶体激光材料、上转换发光材料、氟化物玻璃光导纤维和氟化物旋光玻璃。在照明光源中用于制造弧光灯炭电极。是电解制取金属钇的原料。
海关归类思路	该商品为钇的无机化合物，钇为稀土金属，故该商品属于品目28.46项下的稀土金属的无机化合物。
税则号列	2846.9036

中文名称	对氯汞苯甲酸
英文名称	4-Chloromercuribenzoic acid
别名	4-氯汞苯甲酸
CAS 号	59-85-8
化学名	对氯汞苯甲酸
化学式	$C_7H_5ClHgO_2$
相对分子质量	357.16
结构式	
外观与性状	白色结晶性粉末，不溶于水，能溶于乙醇，高热分解会产生有毒汞化物和氯化物气体。
用途	用于蛋白质中巯基的定量滴定分析，也用于制造碘苯甲酸。
海关归类思路	该物质属于汞的有机化合物，为品目 28.52 项下商品。其具有化学定义，属于子目 2852.10 项下商品。
税则号列	2852.1000

中文名称	六甲基乙烷
英文名称	2,2,3,3-Tetramethylbutane
别名	四甲基丁烷
CAS 号	594-82-1
化学名	2,2,3,3-四甲基丁烷
化学式	C_8H_{18}
相对分子质量	114.23
结构式	
外观与性状	无色固体。熔点 94~97℃，沸点 106.5℃，密度 0.82g/cm³。
用途	用作化学试剂、色谱分析对比样品。
海关归类思路	该商品为饱和烃，仅含碳和氢且分子结构中无环，属于品目 29.01 项下的无环烃，子目 2901.10 项下的饱和无环烃。
税则号列	2901.1000

中文名称	乙烯
英文名称	Ethylene
别名	
CAS 号	74-85-1
化学名	乙烯
化学式	C_2H_4
相对分子质量	28.05
结构式	═══════
外观与性状	为稍带乙醚气味的无色气体，具有强烈麻醉性。熔点-169.4℃，沸点-104℃。不溶于水，微溶于乙醇，溶于乙醚、丙酮、苯。
用途	重要化工原料。乙烯是合成纤维、合成橡胶、合成塑料、医药、染料、农药、化工新材料和日用化工产品的基本原料。乙烯还可以用作水果的催熟剂。
海关归类思路	该商品仅含碳和氢且分子结构中无环，属于品目 29.01 项下的无环烃。其分子结构中含有不饱和基（烯基），为子目 2901.21 项下的不饱和无环烃（乙烯）。品目 29.01 的乙烯，按体积计算纯度必须在 95％及以上。低于此纯度的乙烯应归入品目 27.11。
税则号列	2901.2100

中文名称	丙烯
英文名称	Propylene
别名	甲基乙烯
CAS 号	115-07-1
化学名	丙烯
化学式	C_3H_6
相对分子质量	42.08
结构式	
外观与性状	无色气体。熔点-185℃，沸点-48℃。微溶于水，容于乙醇、乙醚。
用途	重要化工原料。用以生产多种重要有机化工原料，如丙烯腈、异丙醇、丙三醇、丙酮、聚丙烯等；在炼油工业中是制取叠合汽油的原料；还可以生成合成树脂、合成纤维、合成橡胶及多种精细化学品等。
海关归类思路	该商品仅含碳和氢且分子结构中无环，属于品目 29.01 项下的无环烃。其分子结构中含有不饱和基（烯基），为子目 2901.22 项下的不饱和无环烃（丙烯）。品目 29.01 的丙烯，按体积计算纯度必须在 95％及以上。低于此纯度的丙烯应归入品目 27.11。
税则号列	2901.2200

中文名称	正丁烯
英文名称	1-Butene
别名	α-丁烯、乙基乙烯
CAS 号	106-98-9
化学名	1-丁烯
化学式	C_4H_8
相对分子质量	56.11
结构式	
外观与性状	无色气体。熔点-185.4℃，沸点-6.3℃。不溶于水，微溶于苯，易溶于乙醇、乙醚。
用途	重要化工原料。1-丁烯是合成仲丁醇、脱氢制丁二烯的原料，用作标准气及配制特种标准混合气，用于制丁二烯、异戊二烯等。
海关归类思路	该商品仅含碳和氢且分子结构中无环，属于品目29.01项下的无环烃。其分子结构中含有不饱和基（烯基），为子目2901.23项下的不饱和无环烃（丁烯）。品目29.01的这类不饱和无环烃必须为单独的已有化学定义的化合物。品目29.01不包括品目27.11的粗气态烃。
税则号列	2901.2310

中文名称	1,3-丁二烯
英文名称	1,3-Butadiene
别名	联乙烯
CAS 号	106-99-0
化学名	1,3-丁二烯
化学式	C_4H_6
相对分子质量	54.09
结构式	
外观与性状	无色气体，有特殊气味。熔点-108.9℃，沸点-4.5℃。稍溶于水，溶于乙醇、甲醇，易溶于丙酮、乙醚、三氯甲烷等。
用途	重要化工原料。是生产合成橡胶（丁苯橡胶、顺丁橡胶、丁腈橡胶、氯丁橡胶）的主要原料，也用于生产乙叉降冰片烯（乙丙橡胶第三单体）、1,4-丁二醇、己二腈（尼龙66单体）、环丁砜、蒽醌、四氢呋喃等。
海关归类思路	该商品仅含碳和氢且分子结构中无环，属于品目29.01项下的无环烃。其分子结构中含有不饱和基（烯基），为子目2901.24项下的不饱和无环烃（1,3-丁二烯）。
税则号列	2901.2410

中文名称	2-甲基-1-丁烯
英文名称	2-Methyl-1-butene
别名	
CAS 号	563-46-2
化学名	2-甲基-1-丁烯
化学式	C_5H_{10}
相对分子质量	70.13
结构式	
外观与性状	无色、易挥发液体。熔点-137.5℃，沸点-31.2℃。不溶于水，溶于乙醇、乙醚、苯等多数有机溶剂。
用途	用于有机合成，主要用于脱氢或氧化脱氢制异戊二烯，也可用作提高无铅汽油辛烷值的添加剂。
海关归类思路	该商品仅含碳和氢且分子结构中无环，属于品目29.01项下的无环烃。其分子结构中含有不饱和基（烯基），为子目2901.2项下的不饱和无环烃。
税则号列	2901.2910

中文名称	乙炔
英文名称	Acetylene
别名	电石气、风煤
CAS 号	74-86-2
化学名	乙炔
化学式	C_2H_2
相对分子质量	26.04
结构式	
外观与性状	无色有毒气体。微溶于水，溶于乙醇、丙酮、三氯甲烷、苯，混溶于乙醚。
用途	乙炔可用以照明、焊接及切断金属（氧炔焰），也是制造乙醛、醋酸、苯、合成橡胶、合成纤维等的基本原料。乙炔主要作工业用途，用在化工行业，特别是烧焊金属方面（乙炔燃烧时能产生高温，氧炔焰的温度可以达到3200℃左右）。
海关归类思路	该商品仅含碳和氢且分子结构中无环，属于品目29.01项下的无环烃。其分子结构中含有不饱和基（炔基），为子目2901.2项下的不饱和无环烃。
税则号列	2901.2920

中文名称	顺式-9-二十三烯
英文名称	cis-9-Tricosene
别名	诱虫烯、家蝇诱
CAS 号	27519-02-4
化学名	顺式-9-二十三烯
化学式	$C_{23}H_{46}$
相对分子质量	322.61
结构式	
外观与性状	油状物，可溶于水、烃类、醇类、酮类、酯类。对光稳定。
用途	用作雌、雄家蝇的性引诱剂，干扰交配，有时作为毒物和杀虫剂混用。
海关归类思路	该商品仅含碳和氢且分子结构中无环，属于品目 29.01 项下的无环烃。其分子结构中含有不饱和基（炔基），为子目 2901.2 项下的不饱和无环烃。
税则号列	2901.2990

中文名称	环己烷
英文名称	Cyclohexane
别名	六氢代苯
CAS 号	110-82-7
化学名	环己烷
化学式	C_6H_{12}
相对分子质量	84.16
结构式	
外观与性状	常温下为无色液体，具有刺激性气味。不溶于水，溶于乙醇、丙酮和苯。
用途	主要用于制造环己醇、环己酮，在涂料工业中广泛用作溶剂，也用于有机合成。
海关归类思路	该商品仅含碳和氢且分子结构中含有环，属于品目 29.02 项下的环烃，为子目 2902.11 项下的环烷烃（环己烷）。
税则号列	2902.1100

中文名称	α-蒎烯
英文名称	alpha-Pinene
别名	
CAS 号	80-56-8
化学名	α-蒎烯
化学式	$C_{10}H_{16}$
相对分子质量	136.23
结构式	
外观与性状	无色透明液体，具有松萜特有的气味。不溶于水，溶于乙醇、乙醚、醋酸等有机溶剂，易溶于松香。
用途	用作漆、蜡等的溶剂和制莰烯、松油醇、龙脑、合成樟脑、合成树脂等的原料。可用作香料。
海关归类思路	该商品仅含碳和氢且分子结构中含有环，属于品目 29.02 项下的环烃。其含有烯基，为子目 2902.1 项下的环烯烃。
税则号列	2902.1910

中文名称	反,反-4-正丙基-4′-正丙基-1,1′-联二环己烷
英文名称	trans,trans-4-n-Propyl-4′-n-propyl-1,1′-bicyclohexyl
别名	
CAS 号	98321-58-5
化学名	反,反-4-正丙基-4′-正丙基-1,1′-联二环己烷
化学式	$C_{18}H_{34}$
相对分子质量	250.5
结构式	
外观与性状	
用途	
海关归类思路	该商品仅含碳和氢且分子结构中含有环，属于品目 29.02 项下的环烃，为子目 2902.1 项下的环烷烃。
税则号列	2902.1920

中文名称	（＋）-柠檬烯
英文名称	（＋）-Limonene
别名	D-柠檬烯
CAS 号	5989-27-5
化学名	（＋）-柠檬烯
化学式	$C_{10}H_{16}$
相对分子质量	136.23404
结构式	
外观与性状	无色油状液体，呈愉快新鲜橙子香气。熔点-74.3℃，沸点177℃。混溶于乙醇和大多数非挥发性油，微溶于甘油，不溶于水和丙二醇。
用途	常用其右旋体。可用作配制人造橙花、甜花、柠檬、香柠檬油的原料，也可作为香料用于化妆、皂用及日用化学品香精。
海关归类思路	该商品仅含碳和氢且分子结构中含有环，属于品目29.02项下的环烃。分子含有萜烯基，为子目2902.1项下的环萜烯。
税则号列	2902.1990

中文名称	苯
英文名称	Benzene
别名	安息油
CAS 号	71-43-2
化学名	苯
化学式	C_6H_6
相对分子质量	78.11
结构式	
外观与性状	常温下为一种无色、有甜味、油状的透明液体，其密度小于水，具有强烈的特殊气味。熔点5.5℃，沸点80.1℃，密度0.8765g/cm³。不溶于水，易溶于有机溶剂。
用途	用作溶剂。在工业上最重要的用途是作化工原料，可以合成一系列苯的衍生物，是合成染料、塑料、橡胶、纤维、农药等的原料。
海关归类思路	该商品仅含碳和氢且分子结构中含有环，属于品目29.02项下的环烃，为子目2902.20项下的苯。归入品目29.02的苯，按重量计纯度必须在95%及以上，低于此纯度的苯应归入品目27.07。
税则号列	2902.2000

中文名称	甲苯
英文名称	Toluene
别名	
CAS 号	108-88-3
化学名	甲苯
化学式	C_7H_8
相对分子质量	92.14
结构式	
外观与性状	无色澄清液体,有苯样气味。沸点 110.6℃。不溶于水,可混溶于苯、醇、醚等多数有机溶剂。
用途	用作溶剂和高辛烷值汽油添加剂,也是有机化工的重要原料。甲苯衍生的一系列中间体,广泛用于染料、医药、农药、香料等精细化学品的生产,也用于合成材料工业。
海关归类思路	该商品仅含碳和氢且分子结构中含有环,属于品目 29.02 项下的环烃,为子目 2902.30 项下的甲苯。归入品目 29.02 的甲苯,按重量计纯度必须在 95% 及以上,低于此纯度的甲苯应归入品目 27.07。
税则号列	2902.3000

中文名称	邻二甲苯
英文名称	o-Xylene
别名	
CAS 号	95-47-6
化学名	1,2-二甲苯
化学式	C_8H_{10}
相对分子质量	106.17
结构式	
外观与性状	无色透明液体,有类似甲苯的臭味。熔点-25℃,沸点 144.4℃。不溶于水,可混溶于乙醇、乙醚、三氯甲烷等多数有机溶剂。
用途	主要用作化工原料和溶剂。可用于生产苯酐、染料、杀虫剂和原料药(如维生素等)。亦可用作航空汽油添加剂。
海关归类思路	该商品仅含碳和氢且分子结构中含有环,属于品目 29.02 项下的环烃。苯分子中的两个氢原子被两个甲基所取代,且两个甲基在苯环的邻位上,为子目 2902.41 项下的邻二甲苯。归入品目 29.02 的二甲苯必须按重量计含 95% 及以上的二甲苯异构体,所有异构体一律计入,低于此纯度的二甲苯应归入品目 27.07。
税则号列	2902.4100

中文名称	间二甲苯
英文名称	m-Xylene
别名	
CAS 号	108-38-3
化学名	2,4-Xylene
化学式	C_8H_{10}
相对分子质量	106.17
结构式	
外观与性状	无色透明液体，有强烈芳香气味。沸点139℃。不溶于水，可混溶于乙醇、乙醚、三氯甲烷等多数有机溶剂。
用途	一是用作异构化的原料，生产对二甲苯和邻二甲苯；二是用作溶剂或调和汽油的组分；三是用于生产树脂和精细化工产品。
海关归类思路	该商品仅含碳和氢且分子结构中含有环，属于品目29.02项下的环烃。苯分子中的两个氢原子被两个甲基所取代，且两个甲基在苯环的间位上，为子目2902.42项下的间二甲苯。归入品目29.02的二甲苯必须按重量计含95%及以上的二甲苯异构体，所有异构体一律计入，低于此纯度的二甲苯应归入品目27.07。
税则号列	2902.4200

中文名称	对二甲苯
英文名称	p-Xylene
别名	
CAS 号	106-42-3
化学名	1,4-二甲苯
化学式	C_8H_{10}
相对分子质量	106.17
结构式	
外观与性状	无色透明液体，具有芳香气味。熔点13.2℃，沸点138.5℃。不溶于水，可混溶于乙醇、乙醚、三氯甲烷等多数有机溶剂。
用途	用于生产对苯二甲酸，进而生产对苯二甲酸乙二醇酯、丁二醇酯等聚酯树脂。也用作涂料、染料和农药等的原料。
海关归类思路	该商品仅含碳和氢且分子结构中含有环，属于品目29.02项下的环烃。苯分子中的两个氢原子被两个甲基所取代，且两个甲基在苯环的对位上，为子目2902.43项下的对二甲苯。归入品目29.02的二甲苯必须按重量计含95%及以上的二甲苯异构体，所有异构体一律计入，低于此纯度的二甲苯应归入品目27.07。
税则号列	2902.4300

中文名称	苯乙烯
英文名称	Styrene
别名	乙烯基苯
CAS 号	100-42-5
化学名	苯乙烯
化学式	C_8H_8
相对分子质量	104.15
结构式	
外观与性状	无色、有特殊香气的油状液体。不溶于水，溶于乙醇、乙醚。
用途	作为合成橡胶和塑料的单体，用于生产丁苯橡胶、聚苯乙烯等，也是生产离子交换树脂及医药品的原料之一，还可用于制药、染料、农药以及选矿等行业。
海关归类思路	该商品仅含碳和氢且分子结构中含有环，属于品目 29.02 项下的环烃，为子目 2902.50 项下的苯乙烯。
税则号列	2902.5000

中文名称	乙苯
英文名称	Ethylbenzene
别名	
CAS 号	100-41-4
化学名	乙苯
化学式	C_8H_{10}
相对分子质量	106.17
结构式	
外观与性状	无色液体，具有芳香气味。沸点 136.2℃。不溶于水，可混溶于乙醇、乙醚等多数有机溶剂。
用途	用作溶剂和有机合成等。主要用于生产苯乙烯，在医药上用作合霉素和氯霉素的中间体，也用于香料。
海关归类思路	该商品仅含碳和氢且分子结构中含有环，属于品目 29.02 项下的环烃，为子目 2902.60 项下的乙苯。
税则号列	2902.6000

中文名称	异丙基苯
英文名称	Cumene
别名	异丙苯
CAS 号	98-82-8
化学名	异丙基苯
化学式	C_9H_{12}
相对分子质量	120.19
结构式	
外观与性状	无色液体，具有特殊芳香气味。沸点 152.3℃。不溶于水，可混溶于乙醇、乙醚等多数有机溶剂。
用途	用作有机合成原料，生产苯酚、丙酮、α-甲基苯乙烯，以及氢过氧化异丙基苯，也可用作提高燃料油辛烷值的添加剂、合成香料和聚合引发剂的原料。
海关归类思路	该商品仅含碳和氢且分子结构中含有环，属于品目 29.02 项下的环烃，为子目 2902.70 项下的异丙基苯。
税则号列	2902.7000

中文名称	1,2,3,4-四氢萘
英文名称	1,2,3,4-Tetrahydronaphthalene
别名	萘满
CAS 号	119-64-2
化学名	1,2,3,4-四氢萘
化学式	$C_{10}H_{12}$
相对分子质量	132.2
结构式	
外观与性状	无色液体，有刺激气味。沸点 207℃。能与乙醇、丁醇、醚、丙酮、苯、三氯甲烷和石油醚混合，溶于甲醇，不溶于水。
用途	用于制造杀虫剂丁维因的中间体甲萘酚。还用于生产润滑剂，降低高黏度油的黏性。广泛用作树脂、蜡、油脂、油漆、塑料的溶剂。
海关归类思路	该商品仅含碳和氢且分子结构中含有环，属于品目 29.02 项下的环烃。
税则号列	2902.9010

中文名称	三氯甲烷
英文名称	Chloroform
别名	三氯甲烷
CAS 号	67-66-3
化学名	三氯甲烷
化学式	$CHCl_3$
相对分子质量	119.38
结构式	（结构式图）
外观与性状	无色透明液体，极易挥发，有特殊气味。沸点61.3℃。不溶于水，溶于醇、醚、苯。
用途	有机合成原料，主要用于生产氟利昂、染料和药物，在医学上常用作麻醉剂。也可用作抗生素、香料、油脂、树脂、橡胶的溶剂和萃取剂。与四氯化碳混合可制成不冻的防火液体。
海关归类思路	该商品是烃分子结构中的一个或多个氢原子被相同数量的卤素原子（氯）取代而得，属于品目29.03项下的烃的卤化衍生物。其分子结构不含环和不饱和键，为子目2903.13项下的无环烃的饱和氯化衍生物（三氯甲烷）。
税则号列	2903.1300

中文名称	氯甲烷
英文名称	Methyl chloride
别名	一氯甲烷、甲基氯
CAS 号	74-87-3
化学名	氯甲烷
化学式	CH_3Cl
相对分子质量	50.49
结构式	$H_3C—Cl$
外观与性状	无色气体，可压缩成具有醚臭和甜味的无色液体。有麻醉作用。易燃，微溶于水，溶于乙醇、苯、四氯化碳，与三氯甲烷、乙醚和冰醋酸混溶。
用途	用于生产甲基氯硅烷、四甲基铅、甲基纤维素等，少量用于生产季铵化合物、农药，在异丁橡胶生产中用作溶剂。
海关归类思路	该商品是烃分子结构中的一个或多个氢原子被相同数量的卤素原子（氯）取代而得，属于品目29.03项下的烃的卤化衍生物。其分子结构不含环和不饱和键，为子目2903.11项下的无环烃的饱和氯化衍生物（一氯甲烷）。该物质属于甲烷的氯化衍生物。
税则号列	2903.1100

中文名称	1,2-二氯乙烷
英文名称	1,2-Dichloroethane
别名	
CAS 号	107-06-2
化学名	1,2-二氯乙烷
化学式	$C_2H_4Cl_2$
相对分子质量	98.96
结构式	
外观与性状	无色透明油状液体，具有类似三氯甲烷的气味，味甜。沸点 83.5℃。微溶于水，能与乙醇、三氯甲烷和乙醚混溶。
用途	有机合成原料，用于制造氯乙烯、乙二酸和乙二胺，还可用作溶剂、谷物熏蒸剂、洗涤剂、萃取剂、金属脱油剂等。
海关归类思路	该商品是烃分子结构中的一个或多个氢原子被相同数量的卤素原子（氯）取代而得，属于品目 29.03 项下的烃的卤化衍生物。其分子结构不含环和不饱和键，为子目 2903.15 项下的无环烃的饱和氯化衍生物（1,2-二氯乙烷）。
税则号列	2903.1500

中文名称	四氯乙烯
英文名称	Tetrachloroethylene
别名	全氯乙烯
CAS 号	127-18-4
化学名	四氯乙烯
化学式	C_2Cl_4
相对分子质量	165.83
结构式	
外观与性状	无色透明液体，具有类似三氯甲烷的气味。沸点 121.2℃。不溶于水，可混溶于乙醇、乙醚等多数有机溶剂。
用途	主要用作有机溶剂、干洗剂、金属脱脂溶剂，也用作驱肠虫药。也可用作脂肪类萃取剂、灭火剂和烟幕剂等，还可用于合成三氯乙烯和含氟有机化合物等。
海关归类思路	该商品是烃分子结构中的一个或多个氢原子被相同数量的卤素原子（氯）取代而得，属于品目 29.03 项下的烃的卤化衍生物。其分子结构不含环，含不饱和键，为子目 2903.23 项下的无环烃的不饱和氯化衍生物（四氯乙烯）。
税则号列	2903.2300

中文名称	碘甲烷
英文名称	Iodomethane
别名	甲基碘
CAS 号	74-88-4
化学名	一碘甲烷
化学式	CH_3I
相对分子质量	141.94
结构式	$I—CH_3$
外观与性状	室温下为密度大的挥发性液体，有特臭气味，见光变成棕色。沸点 42.5℃。微溶于水，溶于乙醇、乙醚。
用途	用作甲基化试剂，以及用作杀菌剂、除草剂、杀虫剂或杀线虫剂及灭火器组分。用作土壤消毒剂，作为溴甲烷（被《蒙特利尔公约》禁止使用）的替代品。由于折射率的缘故，碘甲烷在显微镜方面也有应用。
海关归类思路	该商品是烃分子结构中的一个或多个氢原子被相同数量的卤素原子（碘）取代而得，属于品目 29.03 项下的烃的卤化衍生物。其分子结构不含环，为子目 2903.3 项下的无环烃的碘化衍生物。
税则号列	2903.3990

中文名称	2,2-二氯-1,1,1-三氟乙烷
英文名称	1,1-Dichloro-2,2,2-trifluoroethane
别名	氟利昂-123
CAS 号	306-83-2
化学名	2,2-二氯-1,1,1-三氟乙烷
化学式	$C_2HCl_2F_3$
相对分子质量	152.93
结构式	
外观与性状	无色液体，有特殊气味。沸点 27.6℃。
用途	主要用于制冷系统或用作发泡剂（主要是聚氨酯发泡剂）以及清洗剂。
海关归类思路	该商品是烃分子结构中的多个氢原子被相同数量的卤素原子（氟、氯）取代而得，属于品目 29.03 项下的烃的卤化衍生物。其分子结构不含环，为子目 2903.72 项下的含有两种不同卤素的无环烃卤化衍生物（二氯三氟乙烷）。
税则号列	2903.7200

中文名称	二溴二氟甲烷
英文名称	Difluorodibromomethane
别名	
CAS 号	75-61-6
化学名	二溴二氟甲烷
化学式	CBr_2F_2
相对分子质量	209.82
结构式	
外观与性状	无色液体。熔点 –142~141℃，沸点 22~23℃，密度 2.297g/mL。
用途	作为反应物与羰基化合物通过 Wittig 烯化反应转化成二氟亚甲基或氟亚甲基衍生物，还可作为二氟卡宾的前体。
海关归类思路	该商品是烃分子结构中的多个氢原子被相同数量的卤素原子（氟、溴）取代而得，属于品目 29.03 项下的烃的卤化衍生物。其分子结构不含环，且所有氢原子被相同数量的卤素原子取代，为子目 2903.7 项下的含有两种不同卤素的无环烃卤化衍生物，子目 2903.78 项下的其他全卤化衍生物。
税则号列	2903.7800

中文名称	二氯一氟甲烷
英文名称	Dichloromonofluoromethane
别名	氟利昂-21
CAS 号	75-43-4
化学名	二氯一氟甲烷
化学式	$CHCl_2F$
相对分子质量	102.92
结构式	
外观与性状	略带类似三氯甲烷气味的非易燃气体。熔点 –135℃，沸点 8.9℃。不溶于水，溶于乙醇、乙醚。
用途	主要用作溶剂、制冷剂、气溶胶喷射剂。
海关归类思路	该商品是烃分子结构中的多个氢原子被相同数量的卤素原子（氟、氯）取代而得，属于品目 29.03 项下的烃的卤化衍生物。其分子结构不含环，为子目 2903.7 项下的含有两种不同卤素的无环烃卤化衍生物。
税则号列	2903.7910

中文名称	2,5-二氯甲苯
英文名称	1,4-Dichloro-2-methylbenzene
别名	
CAS 号	19398-61-9
化学名	1,4-二氯-2-甲苯
化学式	$C_7H_6Cl_2$
相对分子质量	161.03
结构式	
外观与性状	无色透明液体，有刺激性气味。熔点 3.25℃，沸点 201.8℃，密度 1.254g/mL。能与乙醇、乙醚、三氯甲烷混溶，不溶于水。
用途	用于溶剂、有机合成中间体（医药中间体）等。
海关归类思路	该商品是烃分子结构中的多个氢原子被相同数量的卤素原子（氯）取代而得，属于品目 29.03 项下的烃的卤化衍生物。其分子结构含芳环，为子目 2903.9 项下的芳烃卤化衍生物。
税则号列	2903.9990

中文名称	间苯二磺酸
英文名称	Benzene-1,3-disulphonic acid
别名	
CAS 号	98-48-6
化学名	1,3-苯二磺酸
化学式	$C_6H_6O_6S_2$
相对分子质量	238.23824
结构式	
外观与性状	结晶体，极易潮解。在水中溶解。
用途	染料和医药的中间体。
海关归类思路	该商品是烃中的一个或多个氢原子被相同数量的磺酸基所取代的化合物，属于品目 29.04 项下的烃的磺化衍生物。分子结构不含其他基团，为子目 2904.10 项下的仅含磺基的烃衍生物。
税则号列	2904.1000

中文名称	硝基苯
英文名称	Nitrobenzene
别名	硝化苯、密斑油、苦杏仁油
CAS 号	1912-24-9
化学名	硝基苯
化学式	$C_6H_5NO_2$
相对分子质量	123.11
结构式	
外观与性状	无色或微黄色具有苦杏仁味的油状液体。难溶于水，密度比水大，易溶于乙醇、乙醚、苯和油。遇明火、高热会燃烧、爆炸。
用途	用于合成中间体及用作生产苯胺的原料。用于生产染料、香料、炸药等有机合成工业。
海关归类思路	该商品是烃分子中一个或多个氢原子被相同数量的硝基所取代的化合物，属于品目29.04 项下的烃的硝化衍生物。分子结构不含其他基团，为子目 2904.20 项下的仅含硝基的烃衍生物。
税则号列	2904.2010

中文名称	邻硝基甲苯
英文名称	2-Nitrotoluene
别名	
CAS 号	88-72-2
化学名	2-硝基甲苯
化学式	$C_7H_7NO_2$
相对分子质量	137.14
结构式	
外观与性状	黄色油状透明液体。熔点-9.5℃，沸点221.7℃，密度1.163 g/mL。不溶于水，溶于三氯甲烷和苯，可与乙醇、乙醚混溶。能随水蒸气挥发。
用途	用作染料、农药的中间体，也用于生产涂料、塑料和医药等。
海关归类思路	该商品是烃分子中一个或多个氢原子被相同数量的硝基所取代的化合物，属于品目29.04 项下的烃的硝化衍生物。分子结构不含其他基团，为子目 2904.20 项下的仅含硝基的烃衍生物。
税则号列	2904.2020

中文名称	甲醇
英文名称	Methanol
别名	木醇、木粗、木精
CAS 号	67-56-1
化学名	甲醇
化学式	CH_4O
相对分子质量	32.04
结构式	H_3C—OH
外观与性状	外观为无色、透明、易燃、易挥发的有毒液体。熔点-98℃，沸点65℃，密度0.791 g/mL。溶于水，可混溶于醇类、乙醚等多数有机溶剂。
用途	可作为基础的有机化工原料、溶剂和优质燃料。常用于制造甲醛和农药等，并用作有机物的萃取剂和酒精的变性剂等。
海关归类思路	该商品是无环烃中的一个氢原子被羟基取代后而得，属于品目29.05项下的无环醇。其分子结构含一个羟基，不含不饱和基，为子目2905.11项下的饱和一元醇（甲醇）。
税则号列	2905.1100

中文名称	异丙醇
英文名称	Isopropyl alcohol
别名	火酒
CAS 号	67-63-0
化学名	2-丙醇
化学式	C_3H_8O
相对分子质量	60.1
结构式	HO—〈
外观与性状	无色有强烈气味的可燃液体。熔点-88.5℃，沸点82.3℃，密度0.79g/mL。能与水、乙醇、乙醚和三氯甲烷混溶，不溶于盐溶液。
用途	重要的化工产品和原料。作为化工原料，可用于生产丙酮、过氧化氢、甲基异丁基酮，作为溶剂，可用于生产涂料、油墨、萃取剂、气溶胶剂等。还可用作防冻剂、清洁剂、调和汽油的添加剂。
海关归类思路	该商品是无环烃中的一个氢原子被羟基取代后而得，属于品目29.05项下的无环醇。其分子结构含一个羟基，不含不饱和基，为子目2905.12项下的饱和一元醇（异丙醇）。
税则号列	2905.1220

中文名称	正丁醇
英文名称	1-Butanol
别名	酪醇
CAS 号	71-36-3
化学名	1-丁醇
化学式	$C_4H_{10}O$
相对分子质量	74.12
结构式	HO⌒⌄⌃
外观与性状	一种无色、有酒气味的液体。熔点-88.9℃，沸点117.2℃，密度0.81g/mL。微溶于水，溶于乙醇、醚等多数有机溶剂。
用途	用于有机合成制取酯类、塑料增塑剂、医药、喷漆，也用作溶剂、食用香料等。
海关归类思路	该商品是无环烃中的一个氢原子被羟基取代后而得，属于品目29.05项下的无环醇。其分子结构含一个羟基，不含不饱和基，为子目2905.13项下的饱和一元醇（正丁醇）。
税则号列	2905.1300

中文名称	异丁醇
英文名称	2-Methyl-1-propanol
别名	
CAS 号	78-83-1
化学名	2-甲基-1-丙醇
化学式	$C_4H_{10}O$
相对分子质量	74.12
结构式	HO⌒⌄⌃
外观与性状	无色可燃液体。熔点-108℃，沸点107.9℃，密度0.81g/mL。溶于水，易溶于乙醇、乙醚。
用途	用作有机合成的原料（生产丁酸异丁酯、乳酸异丁酯等），还可用作高级溶剂（硝酸纤维素、乙基纤维素、聚乙烯醇缩丁醛、多种油类、橡胶、天然树脂的溶剂）、食用香料等。
海关归类思路	该商品是无环烃中的一个氢原子被羟基取代后而得，属于品目29.05项下的无环醇。其分子结构含一个羟基，不含不饱和基，为子目2905.14项下的饱和一元醇（其他丁醇）。
税则号列	2905.1410

中文名称	叔丁醇
英文名称	2-Methyl-2-propanol
别名	三甲基甲醇
CAS 号	75-65-0
化学名	2-甲基-2-丙醇
化学式	$C_4H_{10}O$
相对分子质量	74.12
结构式	
外观与性状	樟脑气味的无色结晶。熔点 25.7℃，沸点 82.4℃，密度 0.78g/cm³。能与水、醇、酯、醚、脂肪烃、芳香烃等混溶，可溶于大多数有机溶剂。
用途	常代替正丁醇作为涂料和医药的溶剂，也用作内燃机燃料添加剂（防止化油器结冰）及抗爆剂，或作为有机合成的中间体及生产叔丁基化合物的烷基化原料。
海关归类思路	该商品是无环烃中的一个氢原子被羟基取代后而得，属于品目 29.05 项下的无环醇。其分子结构含一个羟基，不含不饱和基，为子目 2905.14 项下的饱和一元醇（其他丁醇）。
税则号列	2905.1430

中文名称	正辛醇
英文名称	1-Octanol
别名	伯辛醇
CAS 号	111-87-5
化学名	1-辛醇
化学式	$C_8H_{18}O$
相对分子质量	130.23
结构式	
外观与性状	无色油状液体。熔点 -16℃，沸点 196℃，密度 0.83g/mL。不溶于水，溶于乙醇、乙醚、三氯甲烷。
用途	可用作化工原料生产增塑剂、萃取剂、稳定剂，也用作溶剂和香料的中间体，或用作香料。
海关归类思路	该商品是无环烃中的一个氢原子被羟基取代后而得，属于品目 29.05 项下的无环醇。其分子结构含一个羟基，不含不饱和基，为子目 2905.16 项下的饱和一元醇（辛醇）。
税则号列	2905.1610

中文名称	橙花醇
英文名称	Nerol
别名	
CAS 号	112-95-5
化学名	3,7-二甲基-2,6-辛二烯-1-醇
化学式	$C_{10}H_{18}O$
相对分子质量	154.25
结构式	
外观与性状	无色油状液体，具有玫瑰香气。熔点–15℃，沸点225℃，密度0.88g/mL。易溶于无水乙醇、乙醚、石油醚、三氯甲烷，难溶于水。
用途	一种贵重的香料。用于配制玫瑰型和橙花型等花香香精，在饮食、食品、日化高档香精的调配中被广泛使用。同时也是合成另一些重要香料的中间品。
海关归类思路	该商品是无环烃中的一个氢原子被羟基取代后而得，属于品目29.05项下的无环醇。其分子结构含一个羟基，含不饱和基（烯基），为子目2905.22项下的不饱和一元醇（无环萜烯醇）。
税则号列	2905.2210

中文名称	香茅醇
英文名称	Citronellol
别名	
CAS 号	106-22-9
化学名	3,7-二甲基-6-辛烯-1-醇
化学式	$C_{10}H_{20}O$
相对分子质量	156.27
结构式	
外观与性状	无色油状液体。右旋香茅醇沸点244.4℃，密度0.859g/mL，左旋香茅醇沸点108℃，密度0.859g/mL。略微溶于水，溶于乙醇和乙醚。
用途	用于食用香料、配制香精等。
海关归类思路	该商品是无环烃中的一个氢原子被羟基取代后而得，属于品目29.05项下的无环醇。其分子结构含一个羟基，含不饱和基（烯基），为子目2905.22项下的不饱和一元醇（无环萜烯醇）。
税则号列	2905.2220

中文名称	芳樟醇
英文名称	Linalool
别名	沉香醇、芫荽醇、伽罗木醇、里那醇
CAS 号	78-70-6
化学名	芳樟醇
化学式	$C_{10}H_{18}O$
相对分子质量	154.25
结构式	HO
外观与性状	无色液体。沸点 198℃，密度 0.862g/mL。几乎不溶于水，不溶于甘油，混溶于乙醇和乙醚。
用途	重要的香料，用于花香型香精、香水、香皂和芳香工业等。还可用作制药工业中的中间体。
海关归类思路	该商品是无环烃中的一个氢原子被羟基取代后而得，属于品目 29.05 项下的无环醇。其分子结构含一个羟基，含不饱和基（烯基），为子目 2905.22 项下的不饱和一元醇（无环萜烯醇）。
税则号列	2905.2230

中文名称	乙二醇
英文名称	Ethylene glycol
别名	甘醇
CAS 号	107-21-1
化学名	1,2-乙二醇
化学式	$C_2H_6O_2$
相对分子质量	62.07
结构式	HO OH
外观与性状	无色、无臭、有甜味的黏稠液体。熔点-12.9℃，沸点 197.3℃，密度 1.1155g/mL。与水、乙醇、丙酮、醋酸甘油等混溶，微溶于醚等，不溶于石油烃及油类。
用途	用作生产合成树脂、表面活性剂及炸药，也用作防冻剂、聚酯树脂、醇酸树脂、增塑剂、防冻剂，也用于化妆品和炸药。
海关归类思路	该商品是无环烃中的氢原子被羟基取代后而得，属于品目 29.05 项下的无环醇。其分子结构含两个羟基，为子目 2905.31 项下的二元醇（1,2-乙二醇）。
税则号列	2905.3100

中文名称	丙二醇
英文名称	1,2-Propanediol
别名	1,2-二羟基丙烷、α-丙二醇
CAS 号	57-55-6
化学名	1,2-丙二醇
化学式	$C_3H_8O_2$
相对分子质量	76.09
结构式	HO $\diagup\diagup$ OH
外观与性状	无色黏稠稳定的吸水性液体，几乎无味无臭。熔点-27℃，沸点241℃，密度1.04g/mL。与水、乙醇及多种有机溶剂混溶。
用途	用作树脂、增塑剂、表面活性剂、乳化剂和破乳剂的原料，也可用作防冻剂和热载体。
海关归类思路	该商品是无环烃中的氢原子被羟基取代后而得，属于品目29.05项下的无环醇。其分子结构含两个羟基，为子目2905.32项下的二元醇（1,2-丙二醇）。
税则号列	2905.3200

中文名称	1,3-丙二醇
英文名称	1,3-Propanediol
别名	1,3-二羟基丙烷
CAS 号	504-63-2
化学名	1,3-丙二醇
化学式	$C_3H_8O_2$
相对分子质量	76.09
结构式	HO $\diagup\diagdown\diagup$ OH
外观与性状	无色或淡黄色黏稠液体。熔点-27℃，沸点210℃，密度1.05g/mL。与水混溶，可混溶于乙醇、乙醚。
用途	用作有机合成、多种药物及新型抗氧剂的合成等。也可作为抗冻剂及溶剂。
海关归类思路	该商品是无环烃中的氢原子被羟基取代后而得，属于品目29.05项下的无环醇。其分子结构含两个羟基，为子目2905.3项下的二元醇（其他二元醇）。
税则号列	2905.3990

中文名称	1,4-丁烯二醇
英文名称	1,4-Buenedilo
别名	1,4-二羟基-2-丁烯
CAS 号	110-64-5
化学名	1,4-丁烯二醇
化学式	$C_4H_8O_2$
相对分子质量	88.11
结构式	HO⌒⌒⌒OH
外观与性状	无色液体。沸点84℃，密度1.07g/mL。易溶于水、乙醇、丙酮，几乎不溶于低级脂肪烃或芳烃。
用途	主要用作醇酸树脂的增塑剂、合成树脂的交联剂、杀菌剂等，也可用于制尼龙、医药、1,4-丁二醇等。
海关归类思路	该商品是无环烃中的氢原子被羟基取代后而得，属于品目29.05项下的无环醇。其分子结构含两个羟基，为子目2905.3项下的二元醇（其他二元醇）。
税则号列	2905.3990

中文名称	三羟甲基丙烷
英文名称	Trimethylolpropane
别名	
CAS 号	77-99-6
化学名	2-乙基-2-（羟基甲基）丙烷-1,3-二醇
化学式	$C_6H_{14}O_3$
相对分子质量	134.17
结构式	
外观与性状	外观为白色结晶或粉末。熔点56℃，沸点160℃。可溶于水。
用途	用于合成醇酸树脂、聚酯等。
海关归类思路	该商品是无环烃中的氢原子被羟基取代后而得，属于品目29.05项下的无环醇。其分子结构含三个羟基，为子目2905.41项下的其他多元醇（三羟甲基丙烷）。
税则号列	2905.4100

中文名称	季戊四醇
英文名称	Pentaerythritol
别名	
CAS 号	115-77-5
化学名	季戊四醇
化学式	$C_5H_{12}O_4$
相对分子质量	136.15
结构式	
外观与性状	白色粉末状结晶。熔点 253℃，沸点 278℃，密度 1.399g/cm³。溶于水，微溶于乙醇，不溶于苯、四氯化碳、乙醚、石油醚等。
用途	主要用于醇酸树脂的生产，也用作制造油墨、润滑剂、增塑剂、表面活性剂、炸药和药物的原料。
海关归类思路	该商品是无环烃中的氢原子被羟基取代后而得，属于品目 29.05 项下的无环醇。其分子结构含多个羟基，为子目 2905.42 项下的其他多元醇（季戊四醇）。
税则号列	2905.4200

中文名称	甘露醇
英文名称	Mannitol
别名	甘露糖醇、D-木蜜醇
CAS 号	87-78-5
化学名	甘露醇
化学式	$C_6H_{14}O_6$
相对分子质量	182.17
结构式	
外观与性状	白色结晶性粉末。熔点 166℃，沸点 290℃，密度 1.52g/cm³。溶于水、吡啶和苯胺，不溶于醚。
用途	医药上是良好的利尿药和组织脱水药，也用作药片的赋形剂及固体、液体的稀释剂。在食品工业上用作口香糖、年糕等食品的防粘剂，也可用作糖尿病患者用食品中低热值、低糖的甜味剂。
海关归类思路	该商品是无环烃中的氢原子被羟基取代后而得，属于品目 29.05 项下的无环醇。其分子结构含多个羟基，为子目 2905.43 项下的其他多元醇（甘露糖醇）。
税则号列	2905.4300

中文名称	山梨醇
英文名称	Sorbitol
别名	山梨糖醇
CAS 号	50-70-4
化学名	山梨醇
化学式	$C_6H_{14}O_6$
相对分子质量	182.17
结构式	HO OH HO HO HO OH
外观与性状	白色无臭结晶性粉末。熔点95℃，沸点296℃。易溶于水，微溶于乙醇和乙酸。
用途	通常用作糖替代品。食品工业中作为甜味剂、保湿剂、乳化剂、增稠剂或膳食补充剂形式的添加剂。也被用于化妆品、纸和药品中。
海关归类思路	该商品是无环烃中的氢原子被羟基取代后而得，属于品目29.05项下的无环醇。其分子结构含多个羟基，为子目2905.44项下的其他多元醇（山梨糖醇）。
税则号列	2905.4400

中文名称	甘油
英文名称	Glycerin
别名	
CAS 号	56-81-5
化学名	丙三醇
化学式	$C_3H_8O_3$
相对分子质量	92.09
结构式	OH HO OH
外观与性状	无色黏稠液体。熔点18.6℃，沸点290℃，密度1.26g/mL。与水混溶，不溶于三氯甲烷、醚、二硫化碳、苯、油类。
用途	用作溶剂、润滑剂、化妆品配制、医药及抗冻剂，也用于有机合成等。
海关归类思路	该商品是无环烃中的氢原子被羟基取代后而得，属于品目29.05项下的无环醇。其分子结构含多个羟基，为子目2905.45项下的其他多元醇（丙三醇）。
税则号列	2905.4500

中文名称	木糖醇
英文名称	Xylitol
别名	
CAS 号	87-99-0
化学名	戊五醇
化学式	$C_5H_{12}O_5$
相对分子质量	152.15
结构式	
外观与性状	白色晶体或结晶性粉末。熔点94℃，密度1.52g/cm³。
用途	作为甜味剂，用于制备糖果、口香糖、牙膏和漱口水。
海关归类思路	该商品是无环烃中的氢原子被羟基取代后而得，属于品目29.05项下的无环醇。其分子结构含多个羟基，为子目2905.4项下的其他多元醇。
税则号列	2905.4910

中文名称	薄荷醇
英文名称	Menthol
别名	薄荷脑、对烷-3-醇
CAS 号	15356-70-4
化学名	2-异丙基-5-甲基环己醇
化学式	$C_{10}H_{20}O$
相对分子质量	156.27
结构式	
外观与性状	白色结晶固体。熔点44℃，沸点216.4℃。微溶于水，溶于乙醇、乙醚、丙酮、三氯甲烷。
用途	可用作牙膏、香水、饮料和糖果等的赋香剂。在医药上用作刺激药，作用于皮肤或黏膜，有清凉止痒作用；内服可用于头痛及鼻、咽、喉炎症等。
海关归类思路	该商品是环烷烃中的氢原子被羟基取代后而得，属于品目29.06项下的环醇，为子目2906.11项下的环烷醇（薄荷醇）。
税则号列	2906.1100

中文名称	甲基环己醇
英文名称	Methylcyclohexanol
别名	
CAS 号	25639-42-3
化学名	甲基环己醇
化学式	$C_7H_{14}O$
相对分子质量	114. 18546
结构式	
外观与性状	易燃液体。沸点 171℃，密度 0.92g/mL。微溶于水，与乙醇、醋酸乙酯、亚麻仁油、芳烃、乙醚、丙酮、三氯甲烷等有机溶剂混溶。
用途	作为化工原料用于制备己二酸、己二胺、己内酰胺，还用于生产不饱和聚酯树脂、增塑剂等。又可作为织物的整理剂、皮革柔软剂。还可作为橡胶、醋酸纤维的溶剂。
海关归类思路	该商品是环烷烃中的氢原子被羟基取代后而得，属于品目 29.06 项下的环醇，为子目 2906.12 项下的环烷醇（环己醇）。
税则号列	2906.1200

中文名称	3β-羟基-5,24-胆甾二烯
英文名称	3beta-Hydroxy-5,24-cholestadiene
别名	链甾醇、去氢胆甾醇
CAS 号	313-04-2
化学名	3β-羟基-5,24-胆甾二烯
化学式	$C_{27}H_{44}O$
相对分子质量	384.64
结构式	
外观与性状	白色粉末。
用途	作为实验试剂用于测试甾醇与人类蛋白 Mincle 的相互作用；也用于制备单层脂。
海关归类思路	该商品是环烯烃中的氢原子被羟基取代后而得，属于品目 29.06 项下的环醇，为子目 2906.13 项下的环烯醇（固醇）。
税则号列	2906.1310

中文名称	肌醇
英文名称	Inositol
别名	肌糖、纤维醇
CAS 号	87-89-8
化学名	六羟基环己烷
化学式	$C_6H_{12}O_6$
相对分子质量	
结构式	
外观与性状	白色结晶或结晶性粉末。熔点 222℃，密度 1.75g/cm³。溶于水和乙酸。
用途	用于食品强化剂等，可促进细胞新陈代谢、助长发育、增进食欲。也可用于治疗肝脂肪过多症、肝硬化症。
海关归类思路	该商品是环烯烃中的氢原子被羟基取代后而得，属于品目 29.06 项下的环醇，为子目 2906.13 项下的环烷醇（肌醇）。
税则号列	2906.1320

中文名称	α-松油醇
英文名称	alpha-Terpineol
别名	α-萜品醇
CAS 号	98-55-5
化学名	α,α-4-三甲基-3-环己烯-1-甲醇
化学式	$C_{10}H_{18}O$
相对分子质量	154.25
结构式	
外观与性状	无色液体。熔点 12~14℃，沸点 214~224℃，密度 0.93g/cm³。微溶于水和甘油。
用途	用作配制香料的原料。也用于仪表和电讯工业中，是玻璃器皿上色彩的优良溶剂。
海关归类思路	该商品是环烯烃中的氢原子被羟基取代后而得，属于品目 29.06 项下的环醇，为子目 2906.1 项下的环烯醇。
税则号列	2906.1910

中文名称	苯甲醇
英文名称	Benzyl alcohol
别名	苄醇
CAS 号	100-51-6
化学名	苯甲醇
化学式	C_7H_8O
相对分子质量	108.14
结构式	
外观与性状	无色透明黏稠液体，有芳香味。熔点-15.3℃，沸点205.7℃，密度1.04g/mL。微溶于水，易溶于醇、醚、芳烃。
用途	用作药膏的防腐剂，纤维、尼龙丝及塑料薄膜的干燥剂，聚氯乙烯的稳定剂，照相显影剂，醋酸纤维、墨水、涂料、油漆、环氧树脂涂料、染料、酪蛋白、虫胶及明胶等的溶剂，制取苄基酯或醚的中间体。也用于制取香料和调味剂，以及作为肥皂、香水、化妆品和其他产品中的添加剂。
海关归类思路	该商品是芳香烃中苯环侧链上的氢原子被羟基取代后而得，属于品目29.06项下的环醇，为子目2906.21项下的芳香醇（苄醇）。
税则号列	2906.2100

中文名称	苯酚
英文名称	Phenol
别名	石炭酸、羟基苯
CAS 号	108-95-2
化学名	苯酚
化学式	C_6H_6O
相对分子质量	94.11124
结构式	
外观与性状	纯品为白色或无色易潮解的结晶。熔点40℃，沸点182℃，密度1.07g/cm³。常温下微溶于水，易溶于有机溶液；当温度高于65℃时，能跟水以任意比例互溶。
用途	在制药业中用作防腐剂，也用于制炸药、合成树脂、塑料、增塑剂及染料。
海关归类思路	该商品为芳香烃中苯环中的一个氢原子被羟基取代所得，属于品目29.07项下的酚。分子结构含有一个羟基，为子目2907.11项下的一元酚（苯酚）。归入品目29.07的苯酚，按重量计纯度必须在90%及以上，低于此纯度的苯酚应归入品目27.07。
税则号列	2907.1110

中文名称	3-甲酚
英文名称	m-Cresol
别名	间甲酚
CAS 号	108-39-4
化学名	3-甲酚
化学式	C_7H_8O
相对分子质量	108.14
结构式	
外观与性状	无色或淡黄色可燃液体。熔点 10.9℃，沸点 202.8℃，密度 1.03g/mL。微溶于水，可混溶于乙醇、乙醚、氢氧化钠水溶液等。
用途	主要用作分析试剂，也用于有机合成生产杀菌剂、防霉剂、显影剂的原料。
海关归类思路	该商品为芳香烃中苯环中的一个氢原子被羟基取代所得，属于品目 29.07 项下的酚。分子结构含有一个羟基，为子目 2907.12 项下的一元酚（甲酚，具体为间甲酚）。归入品目 29.07 的单独或混合甲酚以重量计须含有 95% 及以上的甲酚（所含甲酚异构体全部计入），低于此纯度的甲酚应归入品目 27.07。
税则号列	2907.1211

中文名称	2-甲基苯酚
英文名称	o-Cresol
别名	邻甲酚
CAS 号	95-48-7
化学名	2-甲基苯酚
化学式	C_7H_8O
相对分子质量	108.14
结构式	
外观与性状	无色或略带淡红色结晶。熔点 30.9℃，沸点 190.8℃，密度 1.027g/cm^3。溶于苛性碱液及多数有机溶剂。
用途	作为有机合成的原料，用于生产合成树脂、农药二甲四氯除草剂、医药上的消毒剂、香料、化学试剂及抗氧剂等。
海关归类思路	该商品为芳香烃中苯环中的一个氢原子被羟基取代所得，属于品目 29.07 项下的酚。分子结构含有一个羟基，为子目 2907.12 项下的一元酚（甲酚，具体为邻甲酚）。归入品目 29.07 的单独或混合甲酚以重量计须含有 95% 及以上的甲酚（所含甲酚异构体全部计入），低于此纯度的甲酚应归入品目 27.07。
税则号列	2907.1212

中文名称	4-正壬基酚
英文名称	4-Nonyl-pheno
别名	
CAS 号	104-40-5
化学名	4-正壬基酚
化学式	$C_{15}H_{24}O$
相对分子质量	220.35
结构式	
外观与性状	浅黄色黏稠液体，略有苯酚气味。沸点 180.5℃，密度 0.95g/mL。溶于苯、苯胺、庚烷、脂肪醇、乙二醇等，几乎不溶于水或稀碱溶液。
用途	作为化工原料，用于制备合成洗涤剂、增湿剂、润滑油添加剂、增塑剂等。
海关归类思路	该商品为芳香烃中苯环中的一个氢原子被羟基取代所得，属于品目 29.07 项下的酚。分子结构含有一个羟基，为子目 2907.13 项下的一元酚（壬基酚）。
税则号列	2907.1310

中文名称	2-异丙基苯酚
英文名称	2-Isopropylphenol
别名	邻异丙基苯酚、茴香酚
CAS 号	88-69-7
化学名	2-异丙基苯酚
化学式	$C_9H_{12}O$
相对分子质量	136.19
结构式	
外观与性状	常温下为液体。熔点 12~16℃，沸点 212~213℃，密度 1.012g/mL。溶于苯、醚、醇，不溶于水。
用途	作为化工原料（中间体），用于合成农药和某些精细化工产品，是氨基甲酸酯类杀虫剂叶蝉散的关键中间体。
海关归类思路	该商品为芳香烃中苯环中的一个氢原子被羟基取代所得，属于品目 29.07 项下的酚。分子结构含有一个羟基，为子目 2907.1 项下的一元酚。
税则号列	2907.1910

中文名称	1,3-苯二酚
英文名称	Resorcinol
别名	间苯二酚、二羟酚、雷琐酚
CAS 号	108-46-3
化学名	1,3-苯二酚
化学式	$C_6H_6O_2$
相对分子质量	110.11
结构式	
外观与性状	呈结晶片状或针状，无色，但与空气接触后变成棕色，略具苯酚气味。熔点 110.7℃，沸点 276.5℃，密度 $1.27g/cm^3$。易溶于水、乙醇、乙醚，微溶于三氯甲烷。
用途	重要的有机化工产品和合成中间体，用于制合成染料及炸药，并用于医药及摄影。
海关归类思路	该商品为芳香烃中苯环中的氢原子被羟基取代所得，属于品目 29.07 项下的酚。分子结构苯环上含有多个羟基，为子目 2907.21 项下的多元酚（间苯二酚）。
税则号列	2907.2100

中文名称	1,4-苯二酚
英文名称	Hydroquinone
别名	对苯二酚
CAS 号	123-31-9
化学名	1,4-苯二酚
化学式	$C_6H_6O_2$
相对分子质量	110.11
结构式	
外观与性状	呈耀眼的结晶小粉片。熔点 172℃，沸点 287℃，密度 $1.32g/cm^3$。易溶于热水，能溶于冷水、乙醇及乙醚，微溶于苯。
用途	用于制造有机染料、医药及用于摄影，特别是在橡胶制造中作氧化剂。
海关归类思路	该商品为芳香烃中苯环中的氢原子被羟基取代所得，属于品目 29.07 项下的酚。分子结构苯环上含有多个羟基，为子目 2907.22 项下的多元酚（对苯二酚）。
税则号列	2907.2210

中文名称	邻苯二酚
英文名称	Pyrocatechol
别名	邻苯二酚、儿茶酚
CAS 号	120-80-9
化学名	邻苯二酚
化学式	$C_6H_6O_2$
相对分子质量	110.11
结构式	 HO HO
外观与性状	无色晶体。熔点 105℃，沸点 245℃，密度 1.34g/cm³。溶于水、乙醇、乙醚、苯、三氯甲烷、碱液。
用途	可作为重要的医药中间体，用来制造小檗碱（黄连素）和异丙肾上腺素等，还可用于制造染料、农药、感光材料、电镀材料、扰氧剂、光稳定剂、防腐剂和促进剂。
海关归类思路	该商品为芳香烃中苯环中的氢原子被羟基取代所得，属于品目 29.07 项下的酚。分子结构苯环上含有多个羟基，为子目 2907.2 项下的多元酚（邻苯二酚）。
税则号列	2907.2910

中文名称	2-特丁基对苯二酚
英文名称	tert-Butylhydroquinone
别名	
CAS 号	1948-33-0
化学名	2-特丁基对苯二酚
化学式	$C_{10}H_{14}O_2$
相对分子质量	166.22
结构式	 OH HO
外观与性状	白色至淡灰色结晶或结晶性粉末。熔点 125℃，沸点 273℃，密度 1.34g/cm³。几乎不溶于水，溶于乙醇、乙酸、乙酯、乙醚。
用途	一种油溶性抗氧化剂，能阻止或延迟食品中油脂氧化变质，是国际上公认最好的食品抗氧化剂之一。
海关归类思路	该商品为芳香烃中苯环中的氢原子被羟基取代所得，属于品目 29.07 项下的酚。分子结构苯环上含有多个羟基，为子目 2907.2 项下的多元酚。
税则号列	2907.2990

中文名称	4-氯苯酚
英文名称	4-Chlorophenol
别名	对氯苯酚、4-氯-1-羟基苯
CAS 号	106-48-9
化学名	4-氯苯酚
化学式	$C_6H_5Cl_2$
相对分子质量	128.56
结构式	
外观与性状	纯品为白色晶体。熔点 43℃，沸点 220℃，密度 1.26g/cm³。几乎不溶于水，溶于苯、乙醇、乙醚、甘油、三氯甲烷。
用途	作为合成中间体，主要用于农药、医药、染料、塑料等工业，也用作乙醇变色剂、精炼矿物油选择性溶剂等。
海关归类思路	该商品为酚中一个氢原子被卤素原子（氯）取代而得，属于品目 29.08 项下的酚的卤化衍生物，为子目 2908.1 项下的仅含卤素取代基的酚的衍生物。
税则号列	2908.1910

中文名称	4-(1-甲氧基-1-甲基乙基)-1-甲基-环己烯
英文名称	4-(1-methoxy-1-methylethyl)-1-methyl-cyclohexen
别名	
CAS 号	14576-08-0
化学名	4-(1-甲氧基-1-甲基乙基)-1-甲基-环己烯
化学式	$C_{11}H_{20}O$
相对分子质量	168.28
结构式	
外观与性状	液体状。沸点 200.5℃，密度 0.884g/mL。
用途	用作化工中间体。
海关归类思路	该商品为醇羟基中的氢原子被烃基取代所得，属于品目 29.09 项下的醚。其分子结构上含环烯基，为子目 2909.20 项下的环烯醚。
税则号列	2909.2000

中文名称	乙二醇单丁醚
英文名称	2-Butoxyethanol
别名	
CAS 号	111-76-2
化学名	乙二醇单丁醚
化学式	$C_6H_{14}O_2$
相对分子质量	118. 17416
结构式	
外观与性状	无色易燃液体。熔点-40℃，沸点171.1℃。与丙酮、苯、四氯化碳、乙醇、正庚烷和水混溶。
用途	是优良的溶剂，也是优良的表面活性剂，可清除金属、织物、玻璃、塑料等表面的油垢，广泛用于油漆、油墨、皮革、印染、医药、电子工业。
海关归类思路	该商品是多元醇中某一醇羟基的氢原子被一个烷基取代而得，属于品目29.09项下的醚醇，子目2909.44项下的乙二醇单丁醚。
税则号列	2909.4400

中文名称	乙二醇单甲醚
英文名称	2-Methoxyethanol
别名	2-甲氧基乙醇
CAS 号	109-86-4
化学名	乙二醇单甲醚
化学式	$C_3H_8O_2$
相对分子质量	76. 09
结构式	
外观与性状	无色透明液体。熔点-85.1℃，沸点124.5℃，密度0.96g/mL。与水、乙醇、乙醚、乙二醇、丙酮和二甲基甲酰胺混溶。
用途	主要用作油脂、硝化纤维素、合成树脂、醇溶性染料和乙基纤维素的溶剂，以及用作清漆快干剂和涂层稀释剂。
海关归类思路	该商品是多元醇中某一醇羟基的氢原子被一个烷基取代而得，属于品目29.09项下的醚醇，子目2909.44项下的乙二醇单甲醚。
税则号列	2909.4400

中文名称	3-苯氧基苄醇
英文名称	3-Phenoxybenzyl alcohol
别名	3-苯氧基苯甲醇
CAS 号	13826-35-2
化学名	3-苯氧基苄醇
化学式	$C_{13}H_{12}O_2$
相对分子质量	200.23
结构式	
外观与性状	无色油状液体。熔点 4~7℃，沸点 135℃，密度 1.149g/mL。不溶于水。
用途	作为中间体用于制造农药、药品等，是氯菊酯、苯醚菊酯和醚菊酯等杀虫剂的中间体。
海关归类思路	该商品为酚醇中的酚羟基的氢原子被一个芳基取代而得，属于品目 29.09 项下的醚醇，子目 2909.4 项下的醚醇。
税则号列	2909.4910

中文名称	3,4-二甲氧基苯酚
英文名称	3,4-Dimethoxyphenol
别名	
CAS 号	2033-89-8
化学名	3,4-二甲氧基苯酚
化学式	$C_8H_{10}O_3$
相对分子质量	154.16
结构式	
外观与性状	红色晶体粉末。熔点 79~82℃，沸点 167℃。
用途	医药中间体等。
海关归类思路	该商品为酚醇中醇羟基的氢原子被一个烷基取代所得，属于品目 29.09 项下的醚酚，子目 2909.50 项下的醚酚。
税则号列	2909.5000

中文名称	环氧乙烷
英文名称	Ethylene oxide
别名	氧丙环、恶烷、氧化乙烯
CAS 号	75-21-8
化学名	环氧乙烷
化学式	C_2H_4O
相对分子质量	44.05
结构式	
外观与性状	在室温下为无色气体，低温时为无色易流动液体。有醚臭，高浓度时有刺激性臭。溶于有机溶剂，可与水以任何比例混合。
用途	用于制造乙二醇、乙醇胺、二乙醇胺、乙二醇醚，也可用于生产非离子型表面活性剂，还可用于生产除草剂。
海关归类思路	该商品分子结构含三节环环氧化物，属于品目 29.10 项下的三节环环氧化物，子目 2910.10 项下的环氧乙烷。
税则号列	2910.1000

中文名称	1,2-环氧丙烷
英文名称	1,2-Epoxypropane
别名	氧化丙烯、甲基环氧乙烷
CAS 号	75-56-9
化学名	1,2-环氧丙烷
化学式	C_3H_6O
相对分子质量	58.08
结构式	
外观与性状	无色、易燃、易挥发的液体，具有醚的气味。熔点-104.4℃，沸点33.9℃，密度0.83g/mL。溶于水、乙醇、乙醚等多数有机溶剂。
用途	重要的有机化工原料，最大用途是制造聚多元醇（聚醚），也用于制增塑剂及表面活性剂等，或用作硝酸纤维、醋酸纤维、树胶、树脂的溶剂及用作杀虫剂。
海关归类思路	该商品分子结构含三节环环氧化物，属于品目 29.10 项下的三节环环氧化物，为子目 2910.20 项下的甲基环氧乙烷。
税则号列	2910.2000

中文名称	1-氯-2,3-环氧丙烷
英文名称	1-Chloro-2,3-epoxypropane
别名	表氯醇
CAS 号	106-89-8
化学名	1-氯-2,3-环氧丙烷
化学式	$C_3H_5C_{10}$
相对分子质量	92.52
结构式	
外观与性状	无色油状液体。不溶于水，溶于乙醇等多种有机溶剂。
用途	用作溶剂及有机合成原料等。用于制备甘油、环氧树脂、氯醇橡胶、电绝缘制品等。也用作纤维素质、纤维素醚和树脂的溶剂等。
海关归类思路	该商品分子结构含三节环环氧化物，且其中一个氢原子被氯原子取代，属于品目29.10项下的三节环环氧化物的卤化衍生物，为子目2910.30项下的1-氯-2,3-环氧丙烷。
税则号列	2910.3000

中文名称	1,1-二甲氧基乙烷
英文名称	1,1-Dimethoxyethane
别名	二甲缩醛
CAS 号	534-15-6
化学名	1,1-二甲氧基乙烷
化学式	$C_4H_{10}O_2$
相对分子质量	90.12
结构式	
外观与性状	无色液体。熔点-113.2℃，沸点61.8℃，密度0.85g/mL。溶于水、乙醇、乙醚、三氯甲烷等多数有机溶剂。
用途	作为中间体，用于医药和有机合成。
海关归类思路	该商品属于品目29.11项下的缩醛。
税则号列	2911.0000

中文名称	乙二醛
英文名称	Glyoxal
别名	草酸醛
CAS 号	107-22-2
化学名	乙二醛
化学式	$C_2H_2O_2$
相对分子质量	58.04
结构式	
外观与性状	无色或黄色有潮解性的结晶或液体，蒸汽为绿色。溶于乙醇、醚，溶于水。化学性质活泼，能与氨、酰胺、醛、含羧基的化合物进行加成或缩合反应。
用途	用于医药、纺织、建材、造纸、日用化工、涂料和粘接材料等方面；用作有机合成的原料，可合成咪唑；还用于除虫剂、除臭剂、尸体防腐剂、砂型固化剂等。
海关归类思路	该物质化学结构上含有两个醛基，属于品目 29.12 项下的醛基化合物，为子目 2912.1 项下的不含其他含氧基的无环醛。
税则号列	2912.1900

中文名称	苯甲醛
英文名称	Benzaldehyde
别名	安息香醛、苯醛
CAS 号	100-52-7
化学名	苯甲醛
化学式	C_7H_6O
相对分子质量	106.12
结构式	
外观与性状	无色至淡黄色液体，有苦杏仁气味。微溶于水，可混溶于乙醇、乙醚、苯、三氯甲烷。
用途	作为医药、染料、香料和树脂工业的重要原料，用于生产月桂醛、月桂酸、苯乙醛和苯甲酸苄酯等。可作为食用香料用于杏仁、浆果、奶油、樱桃、椰子等香精中。还可用作溶剂、增塑剂和低温润滑剂等。
海关归类思路	该物质化学结构上含有醛基、苯基，属于品目 29.12 项下的醛基化合物，为子目 2912.2 项下的不含其他含氧基的环醛（含苯基）。
税则号列	2912.2100

中文名称	铃兰醛
英文名称	Lily aldehyde
别名	百合醛
CAS 号	80-54-6
化学名	3-（4-叔丁基苯基）-2-异丁醛；对叔丁基-α-甲基氢化肉桂醛；α-甲基对叔丁基苯丙醛；2-（4-叔丁基苄基）丙醛；对叔丁基 2-甲基氢化肉桂醛；对叔丁基苯甲基丙醛
化学式	$C_{14}H_{20}O$
相对分子质量	204.31
结构式	
外观与性状	无色透明液体，具有甜润的百合香味，对皮肤的刺激性小，对碱稳定。溶于乙醇、油，不溶于水。
用途	常用作肥皂、洗涤剂的香料，还可用作花香型化妆品的香料，也可作农药和杀菌剂中间体。
海关归类思路	该物质属于品目 29.12 项下的醛，其化学结构上含有芳族醛（含苯基），为不含其他含氧基的环醛（含苯基）。
税则号列	2912.2910

中文名称	香草醛
英文名称	Vanillin
别名	香兰素、香荚兰素
CAS 号	121-33-5
化学名	3-甲氧基-4-羟基苯甲醛
化学式	$C_8H_8O_3$
相对分子质量	152.15
结构式	
外观与性状	白色至微黄色结晶或结晶状粉末，具有香荚兰豆香气及浓郁的奶香，微甜。溶于热水、甘油和酒精，在冷水及植物油中不易溶解。香气稳定，在较高温度下不易挥发。在空气中易氧化，遇碱性物质易变色。
用途	为重要的合成香料，广泛用于日用化工品，用作食用、烟用或酒用香精。
海关归类思路	该物质化学结构中含有甲氧基、羟基和醛基，属于品目 29.12 项下的醛基化合物，为子目 2912.4 项下的醛醚。
税则号列	2912.4100

中文名称	乙基香草醛
英文名称	Ethyl vanillin
别名	乙基香兰素、乙基香荚兰素
CAS 号	121-32-4
化学名	3-乙氧基-4-羟基苯甲醛
化学式	$C_9H_{10}O_3$
相对分子质量	166.17
结构式	
外观与性状	白色至微黄色结晶或结晶状粉末，具有强烈的香荚兰豆香气。溶于乙醇、乙醚、丙二醇、三氯甲烷和碱液，微溶于水，水溶液呈碱性。
用途	为重要的合成香料，广泛用于食品、巧克力、冰激凌、饮料以及日用化妆品中起增香和定香作用，还可用于饲料添加剂、电镀行业的增亮剂、制药行业的中间体等。
海关归类思路	该物质化学结构中含有乙氧基、羟基和醛基，属于品目 29.12 项下的醛基化合物，为子目 2912.4 项下的醛醚。
税则号列	2912.4200

中文名称	3-羟基丁醛
英文名称	3-Hydroxybutyraldehyde
别名	丁醇醛
CAS 号	107-89-1
化学名	3-羟基丁醛
化学式	$C_4H_8O_2$
相对分子质量	88.11
结构式	
外观与性状	无色黏稠液体。溶于水、丙酮、乙醇、乙醚。熔点-88℃，沸点79℃。
用途	用作有机合成中间体，用于制取丁烯醛、防老剂、香料、矿物浮选剂、药物镇静剂和安眠药等。
海关归类思路	该物质化学结构中含有醇基和醛基，属于品目 29.12 项下的醛基化合物。其含有醇基，属于子目 2912.4 项下的醛醇。
税则号列	2912.4910

中文名称	间苯氧基苯甲醛
英文名称	3-Phenoxy-benzaldehyd
别名	二苯乙基-3-乙醛
CAS 号	39515-51-0
化学名	3-苯氧基苯甲醛
化学式	$C_{13}H_{10}O_2$
相对分子质量	198.22
结构式	
外观与性状	淡黄色液体，沸点 169~169.5℃，熔点 13℃。不溶于水，溶于醇、苯、甲苯等有机溶剂。
用途	可作为除虫菊酯类杀虫剂的中间体，主要用于合成除虫菊酯类农药，如溴氰菊酯、氰戊菊酯、氯氰菊酯等。
海关归类思路	该物质化学结构中含有醛基，属于品目 29.12 项下的醛基化合物。其含有苯氧基，属于子目 2912.4 项下的醛醚。
税则号列	2912.4990

中文名称	四聚乙醛
英文名称	2,4,6,8-Tetramethyl-1,3,5,7-tetroxocane；Acetaldehyde tetramer；Metaldehyde
别名	蜗牛敌、密达、蜗火星、梅塔、灭蜗灵
CAS 号	108-62-3
化学名	2,4,6,8-四甲基-1,3,5,7-四氧杂环辛烷
化学式	$C_8H_{16}O_4$
相对分子质量	176.24
结构式	
外观与性状	白色针状结晶。难溶于水，能溶于苯和三氯甲烷，受热或遇酸易解聚。在土壤中的半衰期为 1.4~6.6 天，不光解，不水解。
用途	低毒杀蜗牛剂。
海关归类思路	该物质属于品目 29.12 项下的醛基化合物，为子目 2912.50 项下的环聚醛（乙醛的四环聚合物）。
税则号列	2912.5000

中文名称	多聚甲醛
英文名称	Paraformaldehyde；Polyoxymethylene
别名	聚蚁醛、聚合甲醛、仲甲醛、固体甲醛、聚合蚁醛
CAS 号	30525-89-4
化学名	多聚甲醛
化学式	HO—（CH$_2$O）n—H，$n=10\sim100$
相对分子质量	62.068
结构式	x—O—O—O—x
外观与性状	白色结晶性粉末或粉片，具有明显的甲醛味。熔点120~170℃，加热分解。不溶于乙醇，溶于稀酸、稀碱，微溶于冷水，较易溶于热水。
用途	主要用于除草剂的生产，还用于制取合成树脂与胶粘剂。用于制药工业及药房、衣服和被褥等的消毒，也可用作熏蒸消毒剂、杀菌剂和杀虫剂。
海关归类思路	该物质为多聚甲醛，属于品目29.12项下具体列名的商品。
税则号列	2912.6000

中文名称	三氯乙醛
英文名称	Trichloroacetaldehyde；Chloral
别名	氯醛
CAS 号	75-87-6
化学名	2,2,2-三氯乙醛
化学式	C$_2$HOCl$_3$
相对分子质量	147.39
结构式	
外观与性状	无色油状液体，有强烈的辛辣刺激性气味。熔点-57.5℃，沸点97.8℃。易溶于水、乙醇和乙醚。有强毒性、强刺激性、腐蚀性和麻醉性。
用途	重要的化工原料，用途广泛，是制备医药（如氯霉素、金霉素及甲砜霉）、农药（如滴滴涕、敌百虫、敌敌畏、二溴磷、三氯乙酸钙、溴螨酯、除草剂、三氯乙醛代脲）和其他有机化工产品（如三氯甲烷、三氯乙酸、二甲基甲酰胺等）的重要原料。
海关归类思路	该物质属于醛类（品目29.12项下的乙醛）的卤化衍生物，其化学结构上乙醛分子中非醛基的三个氢原子被氯原子所取代。
税则号列	2913.0000

中文名称	丙酮
英文名称	Acetone；Propanone
别名	二甲基酮、二甲基甲酮、醋酮、木酮
CAS 号	67-64-1
化学名	2-丙酮
化学式	C_3H_6O
相对分子质量	58.08
结构式	
外观与性状	无色透明易流动液体，有芳香气味，极易挥发。与水混溶，可混溶于乙醇、乙醚、三氯甲烷、油类、烃类等多数有机溶剂。
用途	基本的有机原料和低沸点溶剂，是制造醋酐、三氯甲烷、有机玻璃、环氧树脂、聚异戊二烯橡胶等的重要原料，也用作溶剂及提取剂。
海关归类思路	该物质化学结构上含有酮基，属于品目29.14项下的酮基化合物，为不含其他含氧基的无环酮。
税则号列	2914.1100

中文名称	丁酮
英文名称	Butanone；Ethyl methyl ketone
别名	甲基乙基（甲）酮、甲乙酮
CAS 号	78-93-3
化学名	2-丁酮
化学式	C_4H_8O
相对分子质量	72.11
结构式	
外观与性状	无色液体，有类似丙酮的气味。溶于水、乙醇、乙醚，可混溶于油类。
用途	主要用作溶剂，如用于润滑油脱蜡、涂料工业及多种树脂溶剂、植物油的萃取过程及精制过程的共沸精馏。还是制备医药、染料、洗涤剂、香料、抗氧化剂以及某些催化剂的中间体，在电子工业中用作集成电路光刻后的显影剂。
海关归类思路	该物质化学结构上含有酮基，为品目29.14项下的酮基化合物，属于不含其他含氧基的无环酮。
税则号列	2914.1200

中文名称	4-甲基-2-戊酮
英文名称	4-Methyl-2-pentanone；Isobutyl methyl ketone
别名	甲基异丁基甲酮、六碳酮、异己酮
CAS 号	108-10-1
化学名	4-甲基-2-戊酮
化学式	$C_6H_{12}O$
相对分子质量	100.16
结构式	
外观与性状	无色稳定可燃液体，有愉快气味。能与醇、苯、乙醚及多数有机溶剂混溶，微溶于水。
用途	优良的中沸点溶剂。用作选矿剂、油品脱蜡用溶剂及彩色影片的成色剂，也用作四环素及除虫菊酯类和 DDT 的溶剂。对一些无机盐也是有效的分离剂，也用于有机合成工业，还可用作乙烯型树脂的抗凝剂和稀释剂。
海关归类思路	该物质化学结构上含有酮基，属于品目 29.14 项下的酮基化合物，为子目 2914.1 项下的不含其他含氧基的无环酮。
税则号列	2914.1300

中文名称	芷香酮
英文名称	Ionone
别名	紫罗兰酮
CAS 号	8013-90-9
化学名	4-（2,6,6-三甲基-2-环辛烯-1-基）-3-丁烯-2-酮
化学式	$C_{13}H_{20}O$
相对分子质量	192.3
结构式	
外观与性状	无色至微黄色油状液体，有花香香气，香气似紫罗兰花，还有木香气息，并伴有果香香韵。不溶于水和甘油，溶于乙醇、丙二醇、大多数非挥发性油和矿物油。
用途	是紫罗兰、金合欢、桂花、兰花等花香型香料的主体香料，也适用于悬钩子、草莓、樱桃、葡萄、凤梨等浆果香或果香及坚果、花香等食用香精。可少量用于酒香及烟草香精中。纯度较低的可用于皂用香精。
海关归类思路	该物质化学结构上含有酮基，属于品目 29.14 项下的酮基化合物。其含有环烯基，属于子目 2914.2 项下的不含其他含氧基的环烯酮。
税则号列	2914.2300

中文名称	DL-樟脑
英文名称	DL-Camphor
别名	DL-2-莰酮、DL-2-冰片酮
CAS 号	21368-68-3
化学名	DL-1,7,7-三甲基二环［2.2.1］庚-2-酮
化学式	$C_{10}H_{16}O$
相对分子质量	152.23
结构式	
外观与性状	白色结晶性粉末或无色半透明的硬块，有刺激性特臭，味初辛，后清凉，在常温下易挥发，在乙醇、脂肪油或挥发油中易溶，在水中极微溶解。
用途	可配制薄荷香精，用于冷饮、糖果、焙烤食品和调味料；用作赛璐珞、照相软片、无烟火药、人造象牙的原料；用作医药原料，配制兴奋剂、局部麻醉剂、清凉油、樟脑酊等；用作防蛀剂、防腐剂、农药杀虫剂、橡胶添加剂等。
海关归类思路	该物质化学结构中含有酮基，属于品目29.14项下的酮基化合物。为一种双环萜烯酮类化合物，属于子目2914.2项下的不含其他含氧基的环萜烯酮。
税则号列	2914.2910

中文名称	苯乙酮
英文名称	Acetophenone
别名	甲基苯基甲酮、乙酰苯
CAS 号	98-86-2
化学名	1-苯乙酮
化学式	C_8H_8O
相对分子质量	120.15
结构式	
外观与性状	无色或浅黄色油状液体，有水果香味。微溶于水，易溶于多种有机溶剂，能与蒸气一同挥发。
用途	主要用作制药及其他有机合成的原料，也用于配制香料；用于制香皂和香烟，也可用作纤维素醚、纤维素酯和树脂等的溶剂以及塑料的增塑剂等。
海关归类思路	该物质属于品目29.14项下的酮。其分子结构中的苯环直接与羰基相连，属于子目2914.3项下的不含其他含氧基的芳香酮，是最简单的芳香酮。
税则号列	2914.3910

中文名称	双炔酰菌胺
英文名称	Mandipropamid
别名	
CAS 号	374726-62-2
化学名	（RS）-N-2-（4-氯苯基）-N-［2-（3-甲氧基-4-丙炔-2-基氧基苯基）乙基］-2-丙炔-2-基氧基乙酰胺
化学式	$C_{23}H_{22}ClNO_4$
相对分子质量	411.88
结构式	
外观与性状	浅褐色无味粉末，熔点 96.4～97.3℃，在水中的溶解度（25℃）为 4.2mg/L，常温贮存稳定。
用途	为酰胺类杀菌剂，其作用机理为抑制磷脂的生物合成，对绝大多数由卵菌引起的叶部和果实病害均有很好的防效。对处于萌发阶段的孢子具有较高的活性，并可抑制菌丝成长和孢子形成。可以通过叶片被迅速吸收，并停留在叶表蜡质层中，对叶片起保护作用。
海关归类思路	该物质化学结构中含苯环、羧基酰胺基，属于品目 29.24 项下的羧基酰胺基化合物。其苯环中的一个氢原子被氯取代，为子目 2924.2 项下的环酰胺的卤化衍生物。
税则号列	2924.2990

中文名称	1-（甲胺基）蒽醌（分散红 9）
英文名称	Disperse red 9；Solvent red 111；1-（Methylamino）anthraquinone
别名	溶剂红 111、透明红 GS、烟雾红
CAS 号	82-38-2
化学名	1-（甲胺基）蒽醌
化学式	$C_{15}H_{11}NO_2$
相对分子质量	237.25
结构式	
外观与性状	红色粉末。溶于丙酮、乙醇、乙二醇乙醚、亚麻仁油，微溶于苯、四氯化碳。于浓硫酸中呈棕色，稀释后转呈橙色。
用途	用于各种塑料、油脂、蜡、油墨等的着色，也是重要的合成染料、有机颜料的中间体。
海关归类思路	该物质属于有机合成着色料中的分散染料。根据第三十二章注释一（一），该章不包括单独的已有化学定义的化学元素及化合物（品目 32.03 及 32.04 的货品……除外）。
税则号列	3204.1100、3212.9000（零售包装）

中文名称	辅酶 Q10
英文名称	Coenzyme Q10；Ubidecarenone
别名	泛醌 10、癸烯醌
CAS 号	303-98-0
化学名	2-（3,7,11,15,19,23,27,31,35,39-癸甲基-2,6,10,14,18,22,26,30,34,38-四十癸烯基）-5,6-二甲氧基-3-甲基-p-苯醌
化学式	$C_{59}H_{90}O_4$
相对分子质量	863.34
结构式	
外观与性状	黄色或浅黄色结晶性粉末，无臭无味。在光照下，酸性、碱性、高温、氧化性的环境中都不稳定，在弱极性溶剂和脂类物质中溶解度较大。
用途	主要用于轻中度心力衰竭的辅助治疗，也可用于食品、化妆品、膳食补充剂等行业。
海关归类思路	该物质化学结构中含有甲氧基、醌基，属于品目 29.14 项下的醌基化合物，为含有其他含氧基的醌类化合物。
税则号列	2914.6200

中文名称	2,3-二氯-1,4-萘醌
英文名称	2,3-Dichloro-1,4-napthaquinone
别名	二氯萘醌
CAS 号	117-80-6
化学名	2,3-二氯-1,4-萘醌
化学式	$C_{10}H_4O_2Cl_2$
相对分子质量	227.04
结构式	
外观与性状	黄色针状结晶，无气味。熔点 194~195℃，沸点 275℃，在 32℃ 以上时能缓慢升华。不溶于水，微溶于乙醇、乙醚、苯。对光和酸稳定，遇碱水解。
用途	非内吸性杀菌剂，主要用于种子处理和叶面喷洒，但不能用于豆科植物种子处理。也可用作水田除草剂的原料，木、棉纤维、橡胶等的防霉剂，还可用作染料中间体等。
海关归类思路	该物质属于品目 29.14 项下的醌基化合物，其化学结构中萘醌的两个氢原子被氯原子所取代，为子目 2914.7 项下的醌的卤化衍生物。
税则号列	2914.7900

中文名称	甲酸
英文名称	Formic acid
别名	蚁酸
CAS 号	64-18-6
化学名	甲酸
化学式	CH_2O_2
相对分子质量	46.03
结构式	HO—CH=O
外观与性状	无色有刺激性气味的液体。与水混溶，不溶于烃类，可混溶于醇。能与水、乙醇、乙醚和甘油任意混溶，和大多数的极性有机溶剂混溶，在烃中也有一定的溶解性。酸性很强，有腐蚀性，能刺激皮肤起泡。弱电解质，熔点 8.6℃，沸点 100.8℃。
用途	甲酸是基本有机化工原料之一，广泛用于农药、皮革、纺织、印染、医药和橡胶工业等，还可制取各种溶剂、增塑剂、橡胶凝固剂、动物饲料添加剂及新工艺合成胰岛素等。
海关归类思路	该物质属于饱和无环一元羧酸，为最简单的羧酸。
税则号列	2915.1100

中文名称	甲酸亚铊
英文名称	Thallium（Ⅰ）formate
别名	蚁酸亚铊
CAS 号	992-98-3
化学名	甲酸亚铊
化学式	CHO_2Tl
相对分子质量	249.4
结构式	O=CH—O—Tl
外观与性状	无色结晶，吸湿性极强。熔点 101℃。可燃，燃烧产生有毒铊氧化物烟雾。
用途	属于危险化学品。
海关归类思路	该物质属于品目 29.15 项下的饱和无环一元羧酸盐，为子目 2915.12 项下的甲酸盐。
税则号列	2915.1200

中文名称	甲酸环己酯
英文名称	Cyclohexyl formate
别名	
CAS 号	4351-54-6
化学名	甲酸环己酯
化学式	$C_7H_{12}O_2$
相对分子质量	128.17
结构式	
外观与性状	外观为无色液体，易燃，具有刺激性，不溶于水。沸点 162.5℃，闪点 51℃。与氧化剂可发生反应。流速过快容易产生和积聚静电。其蒸汽与空气可形成爆炸性混合物，遇到明火、高热能引起燃烧爆炸。
用途	主要用作有机溶剂，也可用于调制李子、香蕉、樱桃、朗姆酒香精等。
海关归类思路	该物质化学结构上含有 1 个酯基，属于品目 29.15 项下的饱和一元羧酸的酯，为子目 2915.13 项下的甲酸酯。
税则号列	2915.1300

中文名称	乙酸
英文名称	Acetic acid
别名	醋酸、冰醋酸
CAS 号	64-19-7
化学名	乙酸
化学式	$C_2H_4O_2$
相对分子质量	60.1
结构式	
外观与性状	无色透明液体，有刺激性气味。与水、乙醇、苯和乙醚混溶，不溶于二硫化碳。
用途	用于合成醋酸乙烯、醋酸纤维、醋酸酯、金属醋酸盐及卤代醋酸，也是制药、染料、农药及有机合成的重要原料。
海关归类思路	该物质属于品目 29.15 项下的饱和无环一元羧酸，为子目 2915.21 项下的乙酸。
税则号列	2915.2190

中文名称	乙酸酐
英文名称	Acetic anhydride
别名	醋酐、醋酸酐、乙酐
CAS 号	108-24-7
化学名	乙酸酐
化学式	$C_4H_6O_3$
相对分子质量	102.09
结构式	
外观与性状	无色透明液体，有强烈的刺激气味。有酸味，有毒，可催泪，易挥发，易燃。稍溶于水，在水中缓慢水解成乙酸，溶于苯、三氯甲烷，与乙醚混溶，遇乙醇分解。
用途	是重要的乙酰化剂，能使醇、酚、氨和胺等分别形成乙酸酯和乙酰胺类化合物。广泛用于合成纤维、塑料、染料、香料、医药等行业，可制造纤维素三乙酸酯、甘油三乙酸酯、乙酰丙酮、乙酰苯、乙酰水杨酸、甲基乙烯酮、乙酰胺、乙酰氯、香料和染料等。还可作为医药原料，制备阿司匹林等。
海关归类思路	该物质属于品目 29.15 项下的饱和无环一元羧酸的酸酐，为子目 2915.2 项下的乙酸的酸酐。
税则号列	2915.2400

中文名称	水合乙酸钠
英文名称	Sodium acetate hydrate
别名	
CAS 号	41484-91-7
化学名	水合乙酸钠
化学式	$NaOOCCH_3 \cdot xH_2O$ ($x \leqslant 3$)
相对分子质量	
结构式	
外观与性状	无色透明或白色颗粒结晶，在空气中可被风化，可燃。易溶于水，微溶于乙醇，不溶于乙醚。
用途	广泛应用于废水处理、印染、医药、化学制剂、工业催化剂、煤化工和制备储能材料等领域。用作有机合成的酯化剂以及摄影药品、医药、印染媒染剂、缓冲剂、化学试剂、肉类防腐、颜料、鞣革等原料。
海关归类思路	该物质为乙酸盐，属于品目 29.15 项下的饱和无环一元羧酸盐，为子目 2915.2 项下的乙酸盐。
税则号列	2915.2910

中文名称	乙酸乙酯
英文名称	Ethyl acetate
别名	醋酸乙酯
CAS 号	141-78-6
化学名	乙酸乙酯
化学式	$C_4H_8O_2$
相对分子质量	88.11
结构式	
外观与性状	无色透明的液体，有强烈的醚似的气味，清灵、微带果香的酒香，易扩散，不持久。熔点-83.6℃，沸点77.06 ℃。微溶于水，溶于醇、酮、醚、三氯甲烷等多数有机溶剂。
用途	乙酸乙酯具有优异的溶解性、快干性，用途广泛，是一种非常重要的有机化工原料和极好的工业溶剂，被广泛用于醋酸纤维、乙基纤维、氯化橡胶、乙烯树脂、乙酸纤维树脂、合成橡胶等的生产过程中，亦可用作油漆、染料、药物和香料等的原料。
海关归类思路	该物质化学结构上含有 1 个酯基，属于品目 29.15 项下的饱和无环一元羧酸的酯。为乙酸和乙醇反应形成的酯，属于子目 2915.31 项下的乙酸酯（乙酸乙酯）。
税则号列	2915.3100

中文名称	乙酸乙烯酯
英文名称	Vinyl acetate
别名	醋酸乙烯酯
CAS 号	108-05-4
化学名	乙酸乙烯酯
化学式	$C_4H_6O_2$
相对分子质量	86.09
结构式	
外观与性状	无色液体，具有甜的醚味。微溶于水，溶于醇、丙酮、苯、三氯甲烷。易燃，其蒸气与空气可形成爆炸性混合物，遇明火、高热能引起燃烧爆炸。
用途	主要用于生产聚乙烯醇树脂和合成纤维。其单体能共聚，可生产用于多种用途的黏合剂；还能与氯乙烯、丙烯腈、丁烯酸、丙烯酸、乙烯单体共聚接枝、嵌段等制成不同性能的高分子合成材料。
海关归类思路	该物质化学结构上含有酯基，属于品目 29.15 项下的饱和无环一元羧酸，为子目 2915.3 项下的乙酸酯。
税则号列	2915.3200

中文名称	乙酸正丁酯
英文名称	n-Butyl acetate
别名	醋酸正丁酯、乙酸丁酯
CAS 号	123-86-4
化学名	乙酸正丁酯
化学式	$C_6H_{12}O_2$
相对分子质量	116.16
结构式	
外观与性状	无色带有浓烈水果香味的透明液体，能与乙醇、乙醚任意混溶，能溶于多数有机溶剂，微溶于水。其蒸气有微弱的麻醉作用，空气中允许浓度为 0.2g/L。具有强烈的水果香气，稀释后则有令人愉快的菠萝、香蕉似的香气，持久性极差。
用途	是一种优良的有机溶剂，广泛用于硝化纤维清漆生产，在人造革、织物及塑料加工过程中用作溶剂，在各种石油加工和制药过程中用作萃取剂，也用于香料复配及杏、香蕉、梨、菠萝等各种香味剂的成分。
海关归类思路	该物质化学结构上含有酯基，属于品目 29.15 项下的饱和无环一元羧酸的酯，为子目 2915.3 项下的乙酸酯。
税则号列	2915.3300

中文名称	氯乙酸钠
英文名称	Sodium monochloracetate
别名	一氯乙酸钠、一氯醋酸钠
CAS 号	3926-62-3
化学名	一氯乙酸钠
化学式	$C_2H_2ClNaO_2$
相对分子质量	116.48
结构式	
外观与性状	白色粉末或结晶。熔点 199℃，闪点 270℃。易溶于水，微溶于甲醇，不溶于丙酮。受高热分解产生有毒的腐蚀性烟气。
用途	氯乙酸钠是一种重要的精细化工产品，广泛用于石油化工、有机化工、合成制药、农药、染料用化工、金属加工等工业生产。
海关归类思路	该物质为乙酸的氯化衍生物，属于品目 29.15 项下的饱和无环一元羧酸的卤化衍生物，为子目 2915.40 项下的一氯乙酸的盐。
税则号列	2915.4000

中文名称	2,2-二甲基丙酸甲酯
英文名称	2,2-Dimethylpropanoic acid methyl ester
别名	三甲基乙酸甲酯、叔戊酸甲酯
CAS 号	598-98-1
化学名	2,2-二甲基丙酸甲酯
化学式	$C_6H_{12}O_2$
相对分子质量	116.16
结构式	
外观与性状	透明液体，微溶于水，可混溶于乙醇、乙醚。闪点 6.7℃，易燃，具有刺激性。常温常压下稳定。
用途	主要用作工业香料，可用于香皂、洗发香波等，也用作医药中间体。
海关归类思路	该物质化学结构上含有 1 个酯基，属于品目 29.15 项下的饱和无环一元羧酸的酯，为子目 2915.60 项下的戊酸的酯。
税则号列	2915.6000

中文名称	12-羟基硬脂酸
英文名称	12-Hydroxyoctadecanoic acid
别名	12-羟基十八烷酸
CAS 号	106-14-9
化学名	12-羟基十八烷酸
化学式	$C_{18}H_{36}O_3$
相对分子质量	300.48
结构式	
外观与性状	白色片状或针状结晶，熔点 76~79℃，不溶于水，溶于乙醇、乙醚、石油醚、三氯甲烷、吡啶等有机溶剂。可燃，低毒。
用途	主要用于配制防锈润滑脂，也可用于油墨、涂料、化妆品、有机表面活性剂等的原料。
海关归类思路	该物质化学结构上含有醇基、羧基，属于品目 29.18 项下的含附加含氧基的羧酸，为子目 2918.1 项下的含醇基但不含其他含氧基的羧酸。
税则号列	2918.1900

中文名称	丙烯酸
英文名称	Acrylic acid
别名	乙烯基甲酸
CAS 号	79-10-7
化学名	2-丙烯酸
化学式	$C_3H_4O_2$
相对分子质量	72.06
结构式	
外观与性状	无色液体，有刺激性气味。能溶于水、乙醇和乙醚。酸性较强，有腐蚀性。化学性质活泼，易聚合而成透明白色粉末。
用途	可用于有机合成和高分子合成，而绝大多数是用于后者，并且更多的是与其他单体，如乙酸乙烯、苯乙烯、甲基丙烯酸甲酯等进行共聚，制得各种性能的合成树脂、功能高分子材料和各种助剂等。
海关归类思路	该物质化学结构上含有乙烯基、羧基，属于品目 29.16 项下不饱和（含乙烯基）无环一元羧酸，为简单的不饱和羧酸。
税则号列	2916.1100

中文名称	丙烯酸甲酯
英文名称	Methyl acrylate
别名	
CAS 号	96-33-3
化学名	丙烯酸甲酯
化学式	$C_4H_6O_2$
相对分子质量	86.09
结构式	
外观与性状	无色透明液体，有辛辣气味，溶于乙醇、乙醚、丙酮及苯，微溶于水。
用途	是一种重要的有机合成单体和原料，为聚丙烯腈纤维（腈纶）的第二单体，可作塑料和胶粘剂的原料。与丙烯酸丁酯共聚的乳液，能很好地改善皮革的质量，使皮革柔软、光亮、耐磨，广泛用于皮革工业和制药工业。
海关归类思路	该物质化学结构上含有烯烃基、酯基，属于品目 29.16 项下的不饱和（含烯烃基）无环一元羧酸，为丙烯酸的酯。
税则号列	2916.1210

中文名称	丙烯酸乙酯
英文名称	Ethyl acrylate
别名	
CAS 号	140-88-5
化学名	丙烯酸乙酯
化学式	$C_5H_8O_2$
相对分子质量	100.12
结构式	
外观与性状	无色液体，易挥发。与乙醇、乙醚混溶，溶于三氯甲烷，稍溶于水。
用途	丙烯酸乙酯是制备氨基甲酸酯类杀虫剂丙硫克百威的中间体。它还可用作防护涂料、胶粘剂和纸张浸渍剂的原料，其聚合物能作皮革的防裂剂，与乙烯的共聚物是一种热熔性胶粘剂，还可作为合成橡胶的原料。
海关归类思路	该物质化学结构上含有烯烃基、1 个酯基，属于品目 29.16 项下的不饱和（含烯烃基）无环一元羧酸，为子目 2916.12 项下的丙烯酸的酯。
税则号列	2916.1220

中文名称	丙烯酸正丁酯
英文名称	n-Butyl acrylate
别名	
CAS 号	141-32-2
化学名	丙烯酸正丁酯
化学式	$C_7H_{12}O_2$
相对分子质量	128.17
结构式	
外观与性状	无色液体。不溶于水，可混溶于乙醇、乙醚。
用途	主要用作聚合物和树脂的单体及有机合成中间体，广泛用于涂料、胶粘剂、腈纶纤维改性、塑料改性、纤维及织物加工、纸张处理剂、皮革加工以及丙烯酸类橡胶等方面。
海关归类思路	该物质化学结构上含有烯烃基、1 个酯基，属于品目 29.16 项下的不饱和（含烯烃基）无环一元羧酸，为子目 2916.12 项下的丙烯酸的酯。
税则号列	2916.1230

中文名称	丙烯酸异辛酯
英文名称	Isooctyl acrylate；2-Ethylhexyl acrylate
别名	
CAS 号	103-11-7
化学名	丙烯酸-2-乙基己酯
化学式	$C_{11}H_{20}O_2$
相对分子质量	184.28
结构式	
外观与性状	无色液体，不溶于水，可混溶于乙醇、乙醚。
用途	为常见的高分子聚合物的单体，与其他单体进行共聚、交联、接枝等到丙烯酸类树脂产品，供制备涂料、纺织、造纸、皮革、建筑黏合剂等工业用的各种树脂。
海关归类思路	该物质化学结构上含有烯烃基、酯基，属于品目 29.16 项下的不饱和（含烯烃基）无环一元羧酸酯，为丙烯酸的酯。
税则号列	2916.1240

中文名称	甲基丙烯酸
英文名称	Methacrylic acid
别名	异丁烯酸
CAS 号	79-41-4
化学名	2-甲基丙烯酸
化学式	$C_4H_6O_2$
相对分子质量	86.09
结构式	
外观与性状	无色结晶或透明液体，有刺激性气味。溶于水、乙醇、乙醚等多数有机溶剂。
用途	是一种重要的化工原料，可进行聚合和酯化等反应。用于制备甲基丙烯酸甲酯、涂料、合成橡胶、胶粘剂、织物处理剂、树脂、高分子材料添加剂和功能高分子材料等。
海关归类思路	该物质化学结构上含烯烃基、羧基，属于品目 29.16 项下的不饱和（含烯烃基）无环一元羧酸。
税则号列	2916.1300

中文名称	甲基丙烯酸甲酯
英文名称	Methyl methacrylate
别名	异丁烯酸甲酯
CAS 号	80-62-6
化学名	2-甲基丙烯酸甲酯
化学式	$C_5H_8O_2$
相对分子质量	100.12
结构式	
外观与性状	无色易挥发液体，具有强辣味。易燃，溶于乙醇、乙醚、丙酮等多种有机溶剂，微溶于乙二醇和水。
用途	主要用作聚甲基丙烯酸甲酯（有机玻璃）的单体，与其他乙烯基单体共聚得到不同性质的产品，也用于制造其他树脂、塑料、黏合剂、涂料、润滑剂、木材浸润剂、电机线圈浸透剂、离子交换树脂、纸张上光剂、纺织印染助剂、皮革处理剂和绝缘灌注材料等。
海关归类思路	该物质化学结构上含烯烃基、酯基，属于品目 29.16 项下的不饱和（含烯烃基）无环一元羧酸酯。
税则号列	2916.1400

中文名称	季戊四醇四油酸酯
英文名称	Pentaerythritol tetraoleate
别名	四油酸季戊四醇酯
CAS 号	19321-40-5
化学名	［3-［（Z）-十八碳-9-烯酰］氧-2,2-双［［（Z）-十八碳-9-烯酰］甲氧基］丙基］（Z）-十八碳-9-烯酯
化学式	$C_{77}H_{140}O_8$
相对分子质量	1193.93
结构式	
外观与性状	无色或黄色透明液体，不溶于水，溶于乙醚、石油醚、三氯甲烷等。
用途	可用于生产液压油、链锯油和水上游艇用发动机油等，可作为油性剂在钢板冷轧制液、钢管拉拔油及其他金属加工液中使用，还可作为纺织皮革助剂的中间体和纺织油剂。
海关归类思路	该物质化学结构上含链烯基、酯基，为油酸（一元羧酸）与季戊四醇的酯化物，属于品目 29.16 项下的不饱和无环一元羧酸的酯。
税则号列	2916.1500

中文名称	氯菊酯
英文名称	Permethrin
别名	二氯苯醚菊酯、苄氯菊酯、除虫精
CAS 号	52645-53-1
化学名	(3-苯氧基苯基)甲基-3-(2,2-二氯乙烯基)-2,2-二甲基环丙烷羧酸酯
化学式	$C_{21}H_{20}Cl_2O_3$
相对分子质量	391.29
结构式	
外观与性状	外观为固体状。30℃时，在丙酮、甲醇、乙醚、二甲苯中溶解度>50%，在乙二醇中<3%，在水中<0.03mg/L。在酸性和中性条件下稳定，在碱性介质中分解。
用途	为高效低毒杀虫剂，用于防治棉花、水稻、蔬菜、果树、茶树等多种作物害虫，也用于防治卫生害虫及牲畜害虫。
海关归类思路	该物质化学结构中含有环烯基、1个酯基，属于品目29.16项下的不饱和无环一元羧酸酯。分子中有两个氢被氯所取代，为子目2916.20项下的环烯一元羧酸酯的卤化衍生物。
税则号列	2916.2090

中文名称	四氟甲醚菊酯
英文名称	Dimeflrthrin
别名	
CAS 号	271241-14-6
化学名	2,2-二甲基-3-(2-甲基-1-丙烯基)环丙烷羧酸 2,3,5,6-四氟-4-(甲氧基甲基)苄酯
化学式	$C_{19}H_{22}F_4O_3$
相对分子质量	374.37
结构式	
外观与性状	原药外观为浅黄色透明液体，具有特异气味。易与丙酮、乙醇、己烷、二甲基亚砜混合。
用途	为一种新型的菊酯类卫生杀虫剂，对丙烯菊酯、炔丙菊酯有抗性的蚊虫有较高防效。
海关归类思路	该物质化学结构中含有环烯基、1个酯基，属于品目29.16项下的不饱和无环一元羧酸的酯。分子中有四个氢原子被氟所取代，为子目2916.20项下的环烯一元羧酸酯的卤化衍生物。
税则号列	2916.2090

中文名称	炔丙菊酯
英文名称	Prallethrin
别名	右旋丙炔菊酯
CAS 号	23031-36-9
化学名	右旋反式-2,2-二甲基-3-（2-甲基-1-丙烯基）环丙烷羧酸-S-2-甲基-3-（2-炔丙基）-4-氧代环戊-2-烯基酯
化学式	$C_{19}H_{24}O_3$
相对分子质量	300.39
结构式	
外观与性状	清亮淡黄至琥珀色黏稠液体。易溶于大多数有机溶剂，难溶于水。
用途	主要用于加工蚊香、电热蚊香、液体蚊香和喷雾剂，防治家蝇、蚊虫、虱、蟑螂等家庭害虫。
海关归类思路	该物质化学结构中含有环烯基、1 个酯基，属于品目 29.16 项下的不饱和无环一元羧酸，为子目 2916.20 项下的环烯一元羧酸酯（环烯一元羧酸与酮醇生成的酯）。
税则号列	2916.2090

中文名称	苯甲酸甲酯
英文名称	Benzoic acid methyl ester
别名	安息香酸甲酯
CAS 号	93-58-3
化学名	苯甲酸甲酯
化学式	$C_8H_8O_2$
相对分子质量	136.15
结构式	
外观与性状	无色透明液体，有强烈的花香和果香香气，有依兰和晚香玉似的香韵，并有酚的气息。能与甲醇、乙醇、乙醚混溶，不溶于水。
用途	可用于配制玫瑰型、老鹳草型等香精，可用作纤维素酯、纤维素醚、树脂、橡胶等的溶剂，还可用于疏水聚酯纤维染色的助染剂，可缩短染色时间，降低染色温度，提高染后织物耐洗度。
海关归类思路	该物质化学结构中含有苯环、酯基，属于品目 29.16 项下的不饱和无环一元羧酸，为芳香（苯环）一元羧酸酯。
税则号列	2916.3100

中文名称	苯甲酰氯
英文名称	Benzoyl chloride
别名	氯化苯甲酰
CAS 号	93-58-3
化学名	a-氯-苯甲酰
化学式	C_7H_5ClO
相对分子质量	140.57
结构式	
外观与性状	无色透明易燃液体，暴露在空气中即发烟。有特殊的刺激性臭味，蒸气刺激眼黏膜而催泪。溶于乙醚、三氯甲烷、苯和二硫化碳。
用途	主要用于染料中间体、引发剂、紫外线吸收剂、橡塑助剂、医药等用途，用于制备染料、香料、有机过氧化物、药品和树脂的重要中间体。
海关归类思路	该物质化学结构中含有苯环、酰卤基，属于品目 29.16 项下的环（苯环）一元羧酸的酰卤化物，为子目 2916.3 项下的芳香（苯环）一元羧酸的酰卤化物。
税则号列	2916.3200

中文名称	布洛芬
英文名称	Ibuprofen；Brufen
别名	异丁苯丙酸
CAS 号	15687-27-1
化学名	4-异丁基-a-甲基苯乙酸
化学式	$C_{13}H_{18}O_2$
相对分子质量	206.28
结构式	
外观与性状	白色结晶性粉末，有异臭，无味。熔点 75～77℃。不溶于水，易溶于乙醇、三氯甲烷、乙醚、丙酮，在氢氧化钠或碳酸钠试液中易溶。
用途	具有抗炎、镇痛、解热作用，为非甾体类消炎镇痛药，适用于治疗风湿性关节炎、类风湿性关节炎、骨关节炎、强直性脊椎炎和神经炎等。
海关归类思路	该物质化学结构中含有苯环、1 个羧基，属于品目 29.16 项下的不饱和无环一元羧酸，为子目 2916.3 项下的芳香一元羧酸。
税则号列	2916.3920

中文名称	二水草酸
英文名称	Ethandionic acid dihydrate
别名	草酸二水合物
CAS 号	6153-56-6
化学名	二水合乙二酸
化学式	$C_2H_6O_6$
相对分子质量	126.07
结构式	 H_2O HO—C(=O)—C(=O)—OH H_2O
外观与性状	无色透明单斜晶系结晶。可溶于水，属于强酸，稍溶于乙醚和乙醇，不溶于苯、三氯甲烷和石油醚。易风化失水而成无水草酸。
用途	在医药工业中，用于制造金霉素、土霉素、四环素、链霉素、冰片、维生素 B_{12}、苯巴比妥等药物；在印染工业中，用作显色助染剂、漂白剂、医药中间体；在塑料工业中，用于生产聚氯乙烯、氨基塑料、脲醛塑料等。
海关归类思路	该物质化学结构中含有 2 个羧基，属于品目 29.17 项下的多元羧酸，为子目 2917.1 项下的无环二元羧酸。
税则号列	2917.1110

中文名称	己二酸
英文名称	Adipic acid
别名	肥酸
CAS 号	124-04-9
化学名	1,6-己二酸
化学式	$C_6H_{10}O_4$
相对分子质量	146.14
结构式	 O=C—OH ... —OH
外观与性状	白色结晶性粉末或结晶体，有骨头烧焦的气味。微溶于水，易溶于酒精、乙醚等大多数有机溶剂。
用途	主要用作尼龙-66 和工程塑料的原料，也用于生产各种酯类产品，还可用作医药、酵母提纯、杀虫剂、黏合剂、合成革、合成染料和香料的原料。
海关归类思路	该物质化学结构中含有 2 个羧基，属于品目 29.17 项下的多元（二元）羧酸，为子目 2917.12 项下的无环多元羧酸（己二酸）。
税则号列	2917.1200

中文名称	癸二酸
英文名称	Seracic acid
别名	皮脂酸、辛二甲酸
CAS 号	111-20-6
化学名	1,10-癸二酸
化学式	$C_{10}H_{18}O_4$
相对分子质量	202.25
结构式	
外观与性状	白色片状结晶。微溶于水，难溶于苯、石油醚、四氯化碳，易溶于乙醇和乙醚。口服有害，对眼睛、呼吸系统及皮肤有刺激性作用。
用途	主要用于制取癸二酸的酯类，如癸二酸二丁酯、癸二酸二异辛酯，也可用作生产尼龙 1010、尼龙 910、尼龙 810 等的原料。可用于生产醇酸树脂和聚氨基甲酸酯橡胶、纤维素树脂、乙烯基树脂及合成橡胶的增塑剂、软化剂和溶剂的原料。
海关归类思路	该物质属于品目 29.17 项下的多元羧酸。其化学结构上含有两个羧基，不含环基，属于子目 2917.1 项下的无环多元（二元）羧酸。
税则号列	2917.1310

中文名称	马来酸酐
英文名称	Malic anhydride
别名	顺酐、马来酐、苹果酸酐
CAS 号	108-31-6
化学名	2,5-呋喃二酮
化学式	$C_4H_2O_3$
相对分子质量	98.06
结构式	
外观与性状	室温下为有酸味的无色针状或片状结晶。溶于水、丙酮、苯、三氯甲烷等多数有机溶剂，溶于乙醇并生成酯，有刺激性气味。
用途	主要用于生产不饱和聚酯树脂、醇酸树脂、农药马拉硫磷、马来松香、聚马来酐、顺酐-苯乙烯共聚物的原料，也是生产油墨助剂、造纸助剂、增塑剂和酒石酸、富马酸、四氢呋喃等的有机化工原料。
海关归类思路	该物质为顺丁二烯酸的酸酐，属于品目 29.17 项下的多元（二元）羧酸的酸酐，为子目 2917.1 项下的无环多元羧酸的酸酐。
税则号列	2917.1400

中文名称	四氢邻苯二甲酸酐
英文名称	Tetrahydrophthalic anhydride
别名	四氢酞酐
CAS 号	2426-02-0
化学名	3,4,5,6-四氢苯酐
化学式	$C_8H_8O_3$
相对分子质量	152.15
结构式	
外观与性状	无色片状晶体，难溶于水，溶于苯、甲苯、乙醇等有机溶剂。
用途	用于生产醇酸树脂和不饱和树脂，可改善涂料的附着力、弹性、光泽及耐水性；可作为环氧树脂固化剂，制成高温时电气性能良好的产品；可作为塑料增塑剂，可提高 PVC 的耐寒性、耐热性，并且无毒；也是合成表面活性剂、医药、农药的原料。
海关归类思路	该物质化学结构中含有 2 个酸酐基，属于品目 29.17 项下的多元羧酸的酸酐。其为四氢邻苯二甲酸的酸酐，含有环烯基，属于子目 2917.20 项下的环烯多元（二元）羧酸酐。
税则号列	2917.2010

中文名称	邻苯二酸二异辛酯
英文名称	Dioctyl phthalate
别名	邻酞酸二异辛酯
CAS 号	117-81-7
化学名	1,2-苯二甲酸二（2-乙基己基）酯
化学式	$C_{24}H_{38}O_4$
相对分子质量	390.56
结构式	
外观与性状	无色或淡黄色黏稠液体，微有气味。不溶于水，溶于多数有机溶剂。
用途	工业上为最广泛使用的增塑剂，与大多数工业上使用的合成树脂和橡胶均有良好的相容性，主要用于聚氯乙烯、醋酸树脂、ABS 树脂及橡胶等高聚物的加工；还可用于造漆、染料、分散剂等，用于制造人造革、农用薄膜、包装材料、电缆等。
海关归类思路	该物质化学结构中含有芳香基、2 个酯基，属于品目 29.17 项下的多元羧酸酯。其为邻苯二甲酸的酯，属于子目 2917.3 项下的芳香多元羧酸酯。
税则号列	2917.3200

中文名称	邻苯二甲酸二壬酯
英文名称	Dinonyl phthalate
别名	邻酞酸二壬酯
CAS 号	84-76-4
化学名	1,2-苯二甲酸二壬酯
化学式	$C_{26}H_{42}O_4$
相对分子质量	418.61
结构式	
外观与性状	常温下为无色或淡黄色透明油状液体。微溶于水，可溶于大多有机溶剂。遇高温、明火及强氧化剂可引燃，释放出刺激性烟雾和一氧化碳、二氧化碳等气体。
用途	主要用作聚氯乙烯或其他塑料的低温增塑剂，也用作气液相色层分析的固定相，以及用作丁腈橡胶助剂。
海关归类思路	该物质化学结构中含有芳香基、酯基，为邻苯二甲酸的酯，属于品目 29.17 项下的多元羧酸（芳香多元羧酸）的酯。
税则号列	2917.3300

中文名称	邻苯二甲酸酐
英文名称	Phthalic anhydride
别名	苯酐、酞酸酐
CAS 号	85-44-9
化学名	1,2-苯二甲酸酐、1,3-异苯并呋喃二酮
化学式	$C_8H_4O_3$
相对分子质量	148.12
结构式	
外观与性状	白色针状晶体，具有轻微的气味，能升华。溶于丙酮、乙醇，微溶于苯和乙醚，不溶于汽油和水。
用途	在合成树脂工业中用于生产涤纶树脂、氨基树脂、不饱和聚酯树脂、醇酸树脂等；在染料工业中用于制备蒽醌、氯蒽二羟基蒽醌等染料中间体和酞菁蓝等染料；在塑料工业中用于制备邻苯二甲酸二丁酯、邻苯二甲酸二辛酯及其混合酯等增塑剂；还是制造多种药物、油漆及有机化合物的重要中间体。
海关归类思路	该物质化学结构中含有芳香基、酸酐基，属于品目 29.17 项下的芳香二元羧酸的酸酐。
税则号列	2917.3500

中文名称	对苯二甲酸
英文名称	Terephthalic acid
别名	对酞酸
CAS 号	100-21-0
化学名	1,4-苯二甲酸
化学式	$C_8H_4O_6$
相对分子质量	166.13
结构式	
外观与性状	白色结晶或粉末，加热不熔化，300℃以上升华。若在密闭容器中加热，可于425℃熔化。不溶于水，不溶于四氯化碳、醚、乙酸，微溶于乙醇，溶于碱液。
用途	绝大部分用于生产聚对苯二甲酸乙二酯，是聚酯纤维、薄膜、塑料制品、绝缘漆及增塑剂的重要原料，也用于医药、染料及其他产品的生产。
海关归类思路	该物质化学结构中含有芳香基、2 个酸基，属于品目 29.17 项下的多元羧酸，为子目 2917.3 项下的芳香二元羧酸。
税则号列	2917.3611

中文名称	对苯二甲酸二甲酯
英文名称	Dimethyl terephthalate
别名	对钛酸二甲酯
CAS 号	120-61-6
化学名	1,4-苯二甲酸二甲酯
化学式	$C_{10}H_{10}O_4$
相对分子质量	194.18
结构式	
外观与性状	无色斜方系结晶体，不溶于水，溶于热乙醇和乙醚。遇明火、高温、强氧化剂可燃。
用途	主要用于制造聚酯树脂、薄膜、纤维、聚酯漆以及工程塑料等。
海关归类思路	该物质化学结构中含有芳香基、2 个酯基，属于品目 29.17 项下的多元羧酸酯。其为对苯二甲酸的酯，属于子目 2917.3 项下的芳香多元羧酸酯。
税则号列	2917.3700

中文名称	间苯二甲酸
英文名称	Isophthalic acid
别名	异钛酸
CAS 号	121-91-5
化学名	1,3-苯二甲酸
化学式	$C_8H_6O_4$
相对分子质量	166.13
结构式	
外观与性状	白色结晶性粉末或针状结晶。易燃，低毒，能升华。微溶于水，不溶于苯、甲苯和石油醚，溶于甲醇、乙醇、丙酮和冰醋酸。
用途	主要用于生产醇酸树脂、不饱和树脂以及其他高聚物和增塑剂，也用于制造电影胶片成色剂、涂料和聚酯染色改色剂等。
海关归类思路	该物质化学结构中含有芳香基、2 个羧基，属于品目 29.17 项下的多元羧酸，为子目 2917.3 项下的芳香多元（二元）羧酸。
税则号列	2917.3910

中文名称	乳酸甲酯
英文名称	2-Hydroxypropionic acid methylester
别名	2-羟基丙酸甲酯
CAS 号	547-64-8
化学名	2-羟基丙酸甲酯
化学式	$C_4H_8O_3$
相对分子质量	104.1
结构式	
外观与性状	无色液体，易燃。溶于水、乙醇、有机溶剂，具有刺激性，遇明火、高热能引起燃烧爆炸。
用途	可作为高沸点溶剂、洗净剂、合成原料等，用作硝酸纤维素、醋酸纤维素、醋酸丁酸纤维素、醋酸丙酸纤维素以及纤维素醚的溶剂。作硝酸纤维素漆和涂料的溶剂时，可提高涂料的抗发白性和延展性。
海关归类思路	该物质化学结构中含有醇羟基、酯基，属于品目 29.18 项下的含附加含氧基（醇羟基）的羧酸酯，为子目 2918.11 项下的含醇基但不含其他含氧基的羧酸酯（乳酸酯）。
税则号列	2918.1100

中文名称	酒石酸
英文名称	Tartaric acid
别名	葡萄酸、二羟基琥珀酸
CAS 号	526-83-0
化学名	2,3-二羟基丁二酸
化学式	$C_4H_6O_4$
相对分子质量	150.1
结构式	
外观与性状	无色透明棱柱状结晶或粉末，有强酸味，低毒。溶于水和乙醇，微溶于乙醚。在空气中稳定。
用途	常用作食品添加剂中的酸味剂与抗氧化剂，也用于制药、媒染剂和鞣剂等。在有机合成中是非常重要的手性配体和手性子，可以用来制备多种手性催化剂，以及作为手性源来合成复杂的天然产物分子。
海关归类思路	该物质化学结构中含有醇基、羧基，属于品目 29.18 项下的含附加含氧基（醇基）的羧酸，为子目 2918.1 项下的含醇基但不含其他含氧基的羧酸。
税则号列	2918.1200

中文名称	酒石酸锑钾
英文名称	Antimony potassium tartrate
别名	酒石酸氧锑钾、吐酒石
CAS 号	11071-15-1
化学名	双（2,3-二羟基丁二酸）二锑二钾盐
化学式	$C_8H_4K_2O_{12}Sb_2$
相对分子质量	613.82
结构式	
外观与性状	无色透明晶体或白色结晶性粉末，无气味。溶于水及甘油，不溶于乙醇。水溶液呈弱碱性，遇单宁酸生成白色沉淀。
用途	可用作染料的固色剂、聚氯乙烯的褪色抑制剂，可用于制造颜料和农药杀虫剂等。
海关归类思路	该物质化学结构中含有醇基、羧基、锑离子和钾离子，属于品目 29.18 项下的含附加含氧基的羧酸盐，为子目 2918.13 项下的属于含醇基但不含其他含氧基的羧酸盐（酒石酸的盐）。
税则号列	2918.1300

中文名称	一水柠檬酸
英文名称	Citric acid monohydrate
别名	枸橼酸一水合物、柠檬酸单水合物
CAS 号	5949-29-1
化学名	2-羟基丙烷-1,2,3-三羧酸单水合物
化学式	$C_6H_{10}O_8$
相对分子质量	210.1
结构式	
外观与性状	白色结晶性粉末，无臭，味极酸。易溶于甲醇、水。在干燥空气或加热至约 40℃ 时，失去结晶水。
用途	主要用于食品饮料行业作为酸味剂、调味剂、防腐剂及保鲜剂。还可在化工行业、化妆品行业及洗涤行业中用作抗氧化剂、增塑剂、洗涤剂。
海关归类思路	该物质化学结构中含有醇基、羧基，属于品目 29.18 项下的含附加含氧基的羧酸，为子目 2918.14 项下的含醇基但不含其他含氧基的羧酸（柠檬酸）的水合物。
税则号列	2918.1400

中文名称	柠檬酸三钠盐水合物
英文名称	Citric acid trisodium salt hydrate
别名	枸橼酸三钠盐水合物
CAS 号	114456-61-0
化学名	2-羟基丙烷-1,2,3-三羧酸三钠盐水合物
化学式	$C_6H_5Na_3O_7 \cdot XH_2O$
相对分子质量	258.08
结构式	
外观与性状	无色斜方柱状晶体，在空气中稳定。能溶于水和甘油，微溶于乙醇。水溶液有弱碱性，品尝时有清凉感。
用途	常用作缓冲剂、络合剂、细菌培养基，在医药上用于利尿、祛痰、发汗、阻止血液凝固等。还可用于食品饮料、电镀、摄影等方面。
海关归类思路	该物质化学结构中含有醇基、羧酸根离子及金属盐离子，属于品目29.18项下的含附加含氧基的羧酸盐。为子目2918.15项下的含醇基但不含其他含氧基的羧酸盐（柠檬酸的盐）。
税则号列	2918.1500

中文名称	葡萄糖酸镁
英文名称	Magnesium gluconate
别名	葡糖酸镁
CAS 号	3632-91-5
化学名	2,3,4,5,6-羟基己酸镁
化学式	$C_{12}H_{22}MgO_{14}$
相对分子质量	414.6
结构式	
外观与性状	白色颗粒或粉末，无臭，易溶于水，微溶于乙醇，不溶于乙醚。
用途	为良好的镁食品强化剂，药用时作为镁治疗剂。还可用作缓冲剂、固化剂等。
海关归类思路	该物质化学结构中含有醇基、羧酸根离子及金属盐离子，属于品目29.18项下的含附加含氧基的羧酸盐。为子目2918.16项下的含醇基但不含其他含氧基的羧酸盐（葡萄糖酸的镁盐）。
税则号列	2918.1600

中文名称	水杨酸钠
英文名称	Salicylic acid sodium salt
别名	柳酸钠、邻羟基苯甲酸钠
CAS 号	54-21-7
化学名	2-羟基苯甲酸钠
化学式	$C_7H_5NaO_3$
相对分子质量	160.1
结构式	
外观与性状	白色鳞片或粉末，无气味，久露光线中变粉红色。溶于水、甘油，不溶于醚、三氯甲烷、苯。
用途	可用作解热镇痛药和抗风湿药，用作有机合成原料、防腐剂、分析试剂。也用于电子、仪表、冶金工业等。
海关归类思路	该物质为水杨酸盐，属于含酚基但不含其他含氧基的羧酸盐，其化学结构中含有酚基、羧酸根离子及金属盐离子。
税则号列	2918.2110

中文名称	水杨酸甲酯
英文名称	Methyl salicylate
别名	邻羟基苯甲酸甲酯、冬青油、柳酸甲酯
CAS 号	119-36-8
化学名	2-羟基苯甲酸甲酯
化学式	$C_8H_8O_3$
相对分子质量	152.15
结构式	
外观与性状	无色至淡黄色或微红色油状液体，有强烈的冬青油香气。露置空气中易变色。微溶于水，溶于乙醇、乙醚、乙酸。
用途	可用于日化香精配方中，主要用以调配依兰、晚香玉、素心兰、金合欢、馥奇、素馨兰等香型香精。可用于食用香精配方中，常用于调配草莓、香荚兰、葡萄等果香型香精等。还用于防腐剂、杀虫剂、擦光剂、油墨、油漆、聚酯纤维染色载体等工业领域方面。
海关归类思路	该物质化学结构中含有酚基、酯基，属于品目 29.18 项下的含附加含氧基的羧酸酯。其为水杨酸酯，属于子目 2918.2 项下的含酚基但不含其他含氧基的羧酸酯。
税则号列	2918.2300

中文名称	2-甲-4-氯丁酸
英文名称	2-Methyl-4-chlorophenoxy butyric acid
别名	2-甲基-4-氯苯氧基丁酸
CAS 号	94-81-5
化学名	4-（4-氯-邻甲苯氧基）丁酸
化学式	$C_{11}H_{13}ClO_3$
相对分子质量	228.67
结构式	
外观与性状	无色结晶固体，室温时在水中的溶解度为 44mg/L，易溶于乙醇、丙酮等有机溶剂，其碱金属盐类溶于水，能被硬水沉淀。
用途	为低毒除草剂，用于间种的禾本科作物、豌豆和定植的草地中防除杂草。
海关归类思路	该物质化学结构中含有醚基、羧酸基，属于品目 29.18 项下的含附加含氧基的羧酸。其含有醚基，属于子目 2918.9 项下附加含氧基（醇基、酚基、醛基或酮基除外）的羧酸。
税则号列	2918.9900

中文名称	磷酸三丁酯
英文名称	Tributyl phosphate
别名	三正丁基磷酸酯、磷酸三正丁酯
CAS 号	126-73-8
化学名	磷酸三丁酯
化学式	$C_{12}H_{27}O_4P$
相对分子质量	266.31
结构式	
外观与性状	无色、无臭液体。与通常的有机溶剂混溶，也溶于水。
用途	用作金属络合物的萃取剂，硝酸纤维素、醋酸纤维素、氯化橡胶和聚氯乙烯的增塑剂，以及涂料、油墨和黏合剂的溶剂。
海关归类思路	该物质为由三个正丁醇与磷酸发生酯化反应生成的多元磷酸酯，属于品目 29.19 项下的磷酸酯。
税则号列	2919.9000

中文名称	亚磷酸二丁酯
英文名称	Dibutyl phosphite
别名	二丁基亚磷酸酯
CAS 号	1809-19-4
化学名	二正丁基亚磷酸酯
化学式	$C_8H_{19}O_3P$
相对分子质量	194.2
结构式	
外观与性状	无色液体。不溶于水，溶于多数有机溶剂。
用途	常作润滑油的抗磨剂，可用作阻燃剂、汽油添加剂、抗氧剂、溶剂和有机合成中间体等。
海关归类思路	该物质化学结构中含有亚磷酸酯基，属于品目 29.20 项下的非金属无机酸酯，为子目 2920.2 项下的亚磷酸酯。
税则号列	2920.2910

中文名称	碳酸二苯酯
英文名称	Diphenyl carbonate
别名	碳酸苯酯
CAS 号	102-09-0
化学名	二苯基碳酸酯
化学式	$C_{13}H_{10}O_3$
相对分子质量	214.2
结构式	
外观与性状	白色结晶固体。不溶于水，溶于热乙醇、苯、乙醚、四氯化碳、冰醋酸等有机溶剂。
用途	主要用于工程塑料聚碳酸酯和聚对羟基苯甲酸酯等的合成原料，也可以用作硝酸纤维素的增塑剂和溶剂等。
海关归类思路	该物质化学结构中含有碳酸酯基，属于品目 29.20 项下的其他非金属无机酸酯。
税则号列	2920.9000

中文名称	乙二胺
英文名称	Ethylenediamine
别名	二氨基乙烷
CAS 号	107-15-3
化学名	1,2-乙二胺
化学式	$C_2H_8N_2$
相对分子质量	60.1
结构式	H₂N～～NH₂
外观与性状	无色或微黄色黏稠液体，有类似氨的气味。能溶于水和乙醇，微溶于乙醚，不溶于苯。
用途	广泛用于制造有机化合物、高分子化合物、药物等，用于生产农药杀菌剂、杀虫剂、环氧树脂固化剂、橡胶硫化促进剂、染料、染料固色剂、合成乳化剂等。还可用于有机溶剂和化学分析试剂等。
海关归类思路	该物质化学结构中含有两个氨基，属于品目 29.21 项下的氨基化合物，为子目 2921.2 项下的无环多胺（二胺）。
税则号列	2921.2110

中文名称	2-氯-4-硝基苯胺
英文名称	2-Chloro-4-nitroaniline
别名	邻氯对硝基苯胺
CAS 号	121-87-9
化学名	2-氯-4-硝基苯胺
化学式	$C_6H_5ClN_2O_2$
相对分子质量	172.57
结构式	
外观与性状	黄色结晶性粉末，有毒。微溶于水和强酸，溶于乙醇、苯、乙醚，不溶于粗汽油。
用途	可用作染料和颜料的中间体，用于生产颜料银朱 R 及分散染料红 GFL、分散红 B 等，也用于生产灭钉螺农药，还用作医药中间体等。
海关归类思路	该物质含氨基，属于品目 29.21 项下的氨基化合物。为苯胺（芳香单胺）的氯化及硝化衍生物，其苯胺母体化合物中的两个氢原子分别被卤素及硝基所取代，属于子目 2921.4 项下的芳香单胺衍生物。
税则号列	2921.4200

中文名称	3-甲基苯胺
英文名称	m-Toluidine
别名	间甲苯胺
CAS 号	108-44-1
化学名	3-甲基苯胺
化学式	C_7H_9N
相对分子质量	107.2
结构式	
外观与性状	无色油状液体。溶于醇、醚和稀酸，微溶于水。能随水蒸气挥发。在空气和光的作用下色泽变深。
用途	用作分析试剂，也用于有机和染料的合成。
海关归类思路	该物质化学结构中含有 1 个氨基和 1 个苯环，属于品目 29.21 项下的氨基化合物，子目 2921.4 项下的芳香单胺。
税则号列	2921.4300

中文名称	2,4-二硝基二苯胺
英文名称	(2,4-Dinitro-phenyl) phenylamine
别名	2,4-二硝基联苯胺
CAS 号	961-68-2
化学名	2,4-二硝基-N-苯基苯胺
化学式	$C_{12}H_9N_3O_4$
相对分子质量	259.22
结构式	
外观与性状	淡黄色针状结晶，溶于热乙醇、热苯、丙酮、三氯甲烷，微溶于水。熔点 159~161℃。
用途	主要用作有机合成中间体。
海关归类思路	该物质化学结构中含有 1 个氨基、2 个苯基，属于品目 29.21 项下的氨基化合物。为二苯胺的硝化衍生物，其二苯胺母体化合物中的两个氢原子被硝基所取代，属于子目 2921.44 项下的芳香单胺（二苯胺）的衍生物。
税则号列	2921.4400

中文名称	对异丙基苯胺
英文名称	Isopropylaniline；Cumidine
别名	枯胺、丙苯胺
CAS 号	99-88-7
化学名	4-异丙基苯胺
化学式	$C_9H_{13}N$
相对分子质量	135.21
结构式	
外观与性状	无色油状液体。溶于醇、苯等有机溶剂，溶于稀盐酸，不溶于水。
用途	可作为农药中间体，用于生产低毒、高效农用化学除草剂异丙隆；也可作为有机中间体在农药添加剂、医药、材料（涂料、染料）及其他农药化学品的生产中有广泛应用；还可作为化学分析助剂用于钨的分析。
海关归类思路	该物质化学结构中含有胺基、芳香基，属于品目29.21项下的氨基化合物。其含有芳香基和一个胺基，为子目2921.4项下的芳香单胺化合物。
税则号列	2921.4910

中文名称	2,3-二甲基苯胺
英文名称	2,3-Dimethylaniline
别名	连邻二甲苯胺
CAS 号	87-59-2
化学名	2,3-二甲基苯胺
化学式	$C_8H_{11}N$
相对分子质量	121.18
结构式	
外观与性状	无色至深红色液体，有特殊气味。微溶于水，极易溶于乙醇、乙醚，溶于四氯化碳和四甲基亚砜。
用途	一种有毒且不易降解的有机合成中间体，广泛应用于染料、药物的合成，是抗炎镇痛药甲灭酸的主要原料。
海关归类思路	该物质化学结构中含有芳香基及胺基，属于品目29.21项下的氨基化合物。其含有苯基，为子目2921.4项下的芳香单胺。
税则号列	2921.4920

中文名称	2-甲基-6-乙基苯胺
英文名称	2-Ethyl-6-methylaniline
别名	6-乙基-邻甲苯胺
CAS 号	24549-06-2
化学名	2-甲基-6-乙基苯胺
化学式	$C_9H_{13}N$
相对分子质量	135.21
结构式	
外观与性状	淡黄色液体，不溶于水，能溶于乙醇、乙醚、三氯甲烷等有机溶剂。
用途	重要的农药、染料及医药中间体，农药方面是生产除草剂丁草胺的关键中间体，是氯代酰胺类除草剂乙草胺和异丙甲草胺的重要中间体，也可用于其他有机合成。
海关归类思路	该物质化学结构中含有芳香基及胺基，属于品目 29.21 项下的氨基化合物，为子目 2921.4 项下的芳香单胺。
税则号列	2921.4930

中文名称	2,6-二异丙基苯胺
英文名称	2,6-Diethylaniline
别名	DEA
CAS 号	579-66-8
化学名	2-氨基-1,3-二乙基苯
化学式	$C_{10}H_{15}N$
相对分子质量	146.23
结构式	
外观与性状	油状液体，能溶于苯、乙醇、三氯甲烷等有机溶剂。
用途	重要的农药、染料及医药中间体，是酰胺类除草剂甲草胺和丁草胺的生产原料。
海关归类思路	该物质含氨基，属于品目 29.21 项下的氨基化合物。其含有苯环，且苯环上的 1 个氢被氨基取代，为苯胺（芳香单胺），属于子目 2921.4 项下的芳香单胺。
税则号列	2921.4940

中文名称	二甲戊灵
英文名称	Pendimethalin
别名	施田补、胺硝草、除草通
CAS 号	40487-42-1
化学名	N-（1-乙基丙基）-2,6-二硝基-3,4-二甲基苯胺
化学式	$C_{13}H_{19}N_3O_4$
相对分子质量	281.31
结构式	
外观与性状	橙黄色结晶。微溶于水，易溶于氯代烃及芳香烃类溶剂。对酸、碱稳定，不易光解。
用途	为二硝基苯胺类除草剂，主要是抑制分生组织细胞分裂。可用于玉米、大豆、小麦、棉花、蔬菜及果园中防治稗草、马唐、狗尾草、早熟禾、藜、苋等杂草。
海关归类思路	该物质化学结构中含有苯基、1 个氨基，属于品目 29.21 项下的氨基化合物。其芳香胺母体化合物中的两个氢原子被硝基所取代，为子目 2921.4 项下的芳香单胺的硝化衍生物。
税则号列	2921.4990

中文名称	邻苯二胺
英文名称	o-Phenylenediamine
别名	1,2-苯二胺
CAS 号	95-54-5
化学名	1,2-二氨基苯
化学式	$C_6H_8N_2$
相对分子质量	108.14
结构式	
外观与性状	从水中析出者为白色至淡黄色叶片状结晶，从三氯甲烷中析出者为棱柱状结晶。暴露在空气中容易变色，由白变黄、变棕、变紫，最后变为黑色。微溶于冷水，易溶于热水、乙醇、乙醚、三氯甲烷和苯。
用途	可用作阳离子染料的中间体，是农药多菌灵及其他防霉剂的主要原料。可用作分析试剂、荧光指示剂，也用于有机合成。
海关归类思路	该物质化学结构中含有氨基、芳香基，属于品目 29.21 项下的氨基化合物。其含有芳香基和二胺，属于子目 2921.5 项下的芳香多胺，为最简单的芳香多胺。
税则号列	2921.5110

中文名称	4,4′-二氨基二苯甲烷
英文名称	4,4′-Methylenedianiline
别名	二苯氨基甲烷、防老剂
CAS 号	101-77-9
化学名	4,4′-二氨基二苯甲烷
化学式	$C_{13}H_{14}N_2$
相对分子质量	198.3
结构式	
外观与性状	白色至黄褐色片状结晶体。易溶于热水、乙醇、乙醚、苯。
用途	用于制造高分子材料如环氧树脂、聚碳酸酯、聚砜树脂、酚醛不饱和树脂、聚醚酰亚胺等，也可用于制造聚氯乙烯热稳定剂、增塑剂、橡胶防老剂、农用杀菌剂、油漆、紫外线吸收剂。
海关归类思路	该物质化学结构中含有氨基、芳香基，属于品目29.21项下的氨基化合物。其含有芳香基和二胺，属于子目2921.5项下的芳香多胺。
税则号列	2921.5900

中文名称	3,3′-二氯联苯胺
英文名称	3,3′-Dichloro-benzidine
别名	二氯联苯胺
CAS 号	91-94-1
化学名	3,3′-二氯联苯胺
化学式	$C_{12}H_{10}Cl_2N_2$
相对分子质量	253.13
结构式	
外观与性状	棕褐色针状结晶，易氧化。微溶于水，溶于醇、醚、稀酸。有毒，对动物有强致癌作用，对人为可疑致癌物。
用途	主要用作染料、颜料中间体。
海关归类思路	该物质属于品目29.21项下的氨基化合物。其含有苯基、2个胺基，属于子目2921.5项下的芳香多胺。其芳香多胺母体化合物中的两个氢原子被氯所取代，为芳香多胺的氯化衍生物。
税则号列	2921.5900

中文名称	乙醇胺
英文名称	2-Aminoethanol
别名	羟乙基胺、氨基乙醇、单乙醇胺
CAS 号	141-43-5
化学名	2-氨基乙醇
化学式	C_2H_7NO
相对分子质量	61.08
结构式	HO～～NH₂
外观与性状	无色液体，有吸湿性和氨臭。与水混溶，微溶于苯，可混溶于乙醇、四氯化碳、三氯甲烷。
用途	主要用作合成树脂和橡胶的增塑剂、硫化剂、促进剂、发泡剂以及农药、医药和染料的中间体，是合成洗涤剂、化妆品的乳化剂等的原料。在纺织工业作为印染增白剂、抗静电剂、防蛀剂、清净剂。还可用作二氧化碳吸收剂、油墨助剂、石油添加剂等。
海关归类思路	该物质化学结构中含有醇基、氨基，属于品目 29.22 项下的含氧基氨基化合物。其含有一种且只有一个含氧基（乙醇基），属于子目 2922.11 项下的氨基醇（单乙醇胺）。
税则号列	2922.1100

中文名称	二乙醇胺
英文名称	Diethanolamine
别名	氨基二乙醇、双（羟乙基）胺
CAS 号	111-42-2
化学名	2,2′-二羟基二乙胺
化学式	$C_4H_{11}NO_2$
相对分子质量	105.14
结构式	HO～～N(H)～～OH
外观与性状	无色黏性液体或结晶，易溶于水、乙醇，不溶于乙醚、苯。
用途	主要用作 CO_2、H_2S 和 SO_2 等酸性气体吸收剂、非离子表面活性剂、乳化剂、擦光剂、工业气体净化剂、润滑剂。在洗发剂和轻型去垢剂中用作增稠剂泡沫改进剂，在合成纤维和皮革生产中用作柔软剂，在分析化学上用作试剂和气相色谱固定液。
海关归类思路	该物质化学结构中含有 2 个醇基、1 个氨基，属于品目 29.22 项下的含氧基氨基化合物。其含有一种含氧基（醇基），属于子目 2922.1 项下的氨基醇。
税则号列	2922.1200

中文名称	三乙醇胺
英文名称	Triethanolamine
别名	三羟乙基胺
CAS 号	102-71-6
化学名	2,2′,2″-三羟基三乙胺
化学式	$C_6H_{15}NO_3$
相对分子质量	149.19
结构式	
外观与性状	无色油状液体，有氨的气味，易吸水，呈碱性，有刺激性。露置空气中及在光线下变成棕色，低温时成为无色或浅黄色立方晶系晶体。混溶于水、乙醇和丙酮，微溶于乙醚、苯和四氯化碳中。
用途	主要用于制造表面活性剂、液体洗涤剂、化妆品等。可作为天然橡胶与合成橡胶的硫化活化剂。可作为纺织物的软化剂、润滑油的抗腐蚀添加剂等。也用作脱除气体中二氧化碳或硫化氢的清净液。
海关归类思路	该物质化学结构中含有 3 个醇基、1 个氨基，属于品目 29.22 项下的含氧基氨基化合物。含有一种含氧基（醇基），属于子目 2922.1 项下的氨基醇。
税则号列	2922.1500

中文名称	甲基二乙醇胺
英文名称	Methyldiethanolamine
别名	甲氨基二乙醇
CAS 号	105-59-9
化学名	N,N-双（2-羟乙基）甲胺
化学式	$C_5H_{13}NO_2$
相对分子质量	119.16
结构式	
外观与性状	无色或深黄色油状液体。能与水、醇混溶，微溶于醚。凝固点为 −21℃，沸点 247.2℃，闪点 260℃。
用途	主要用作乳化剂和酸性气体吸收剂、酸碱控制剂、聚氨酯泡沫催化剂。也用作抗肿瘤药物盐酸氮芥等的中间体。
海关归类思路	该物质化学结构中含有 2 个醇基、1 个氨基，属于品目 29.22 项下的含氧基氨基化合物。其含有一种含氧基（醇基），属于子目 2922.1 项下的氨基醇。
税则号列	2922.1700

中文名称	二甲基乙醇胺
英文名称	Dimethylethanolamine
别名	二甲基氨基乙醇、二甲胺乙醇
CAS 号	108-01-0
化学名	N,N-二甲基乙醇胺
化学式	$C_4H_{11}NO$
相对分子质量	89.14
结构式	
外观与性状	无色、易挥发液体，有氨味。与水混溶，可混溶于醚、芳烃。
用途	可用作医药及树脂的原料，制造染料、纤维处理剂、防腐添加剂等的中间体，还可作水溶性涂料基料、合成树脂溶剂等。
海关归类思路	该物质化学结构中含有醇基、氨基，属于品目 29.22 项下的含氧基氨基化合物。其含有一种含氧基（醇基），属于子目 2922.1 项下的氨基醇。
税则号列	2922.1921

中文名称	N,N-二乙基乙醇胺
英文名称	Diethylaminoethanol
别名	代乙醇、2-羟基三乙胺
CAS 号	100-37-8
化学名	二乙氨基乙醇
化学式	$C_6H_{15}NO$
相对分子质量	117.19
结构式	
外观与性状	无色液体，微有氨臭。有吸湿性。可与水和乙醇混溶。
用途	用作医药中间体、软化剂、乳化剂、固化剂等。
海关归类思路	该物质化学结构中含有醇基、氨基，属于品目 29.22 项下的含氧基氨基化合物。其含有一种且只有一个含氧基（乙醇基），属于子目 2922.1 项下的氨基醇。
税则号列	2922.1922

中文名称	本芴醇
英文名称	Lumefantrine
别名	抗疟药
CAS 号	82186-77-4
化学名	（Z）-2,7-二氯-9-［（4-氯苯基）亚甲基］-alpha-［（二正丁氨基）甲基］-9H-芴-4-甲醇
化学式	$C_{30}H_{32}Cl_3NO$
相对分子质量	528.94
结构式	
外观与性状	黄色结晶性粉末，有苦杏仁臭，无味。易溶于三氯甲烷，略溶于丙酮，几乎不溶于乙醇。
用途	本芴醇是目前我国临床上应用较广的抗疟原虫病药物，能杀灭疟原虫红内期无性体，杀虫率高，治愈率为95%左右，属于微毒药物。
海关归类思路	该物质化学结构中含有醇基、氨基，属于品目29.22项下的含氧基氨基化合物。其含有一种且只有一个含氧基（乙醇基），属于子目2922.1项下的氨基醇。
税则号列	2922.1950

中文名称	7-氨基-4-羟基-2-萘磺酸（J 酸）
英文名称	Aminonaphthol sulphonic acid
别名	氨基羟基萘磺酸、杰酸
CAS 号	87-02-5
化学名	7-氨基-4-羟基-2-萘磺酸
化学式	$C_{10}H_9NO_4S$
相对分子质量	239.25
结构式	
外观与性状	浅灰色粉末或颗粒，纯品为白色针状结晶。溶于热水，难溶于冷水，几乎不溶于乙醇。溶于纯碱和烧碱等碱性溶液中。
用途	重要的染料中间体，用于制造偶氮染料，如直接青莲 R、直接耐酸紫、直接桃红、活性大红、艳橙、草绿和红棕等染料，并可用于制造猩红酸及苯基 J 酸等。
海关归类思路	该物质化学结构中含有萘酚基、氨基，属于品目29.22项下的含氧基氨基化合物。其仅含有一种含氧基（萘酚基），且母体化合物中的一个氢原子被磺酸基所取代，属于仅含有萘酚基作为其含氧基的氨基萘酚（子目2922.21项下）的磺化衍生物。
税则号列	2922.2100

中文名称	邻甲氧基苯胺
英文名称	O-anisidine
别名	邻氨基苯甲醚、邻茴香胺
CAS 号	90-04-0
化学名	2-甲氧基苯胺
化学式	C_7H_9NO
相对分子质量	123.15
结构式	
外观与性状	具有特殊气味的红色至黄色油状液体，接触空气变成棕色。溶于乙醇、乙醚、稀酸，微溶于水，水溶液呈弱碱性。
用途	用作测定汞的络合指示剂、偶氮染料中间体及杀菌剂；可用于生产愈创木酚、安痢平等药物；还可制取香兰素等。
海关归类思路	该物质化学结构中含有酚醚基、氨基，属于品目 29.22 项下的含氧基氨基化合物。其仅含有一种含氧基（酚醚基），属于仅含有酚醚基作为其含氧基的氨基酚醚（子目 2922.2）。
税则号列	2922.2910

中文名称	50%D,L-赖氨酸水溶液
英文名称	DL-Lysine
别名	DL-赖氨酸单水化合物、DL-赖氨酸溶液
CAS 号	70-54-2
化学名	D,L-2,6-二氨基己酸盐酸盐
化学式	$C_6H_{14}N_2O_2$
相对分子质量	146.19
结构式	
外观与性状	赖氨酸为无色结晶物，其水溶液为无色透明液体。
用途	用于生化研究，以及培养基配制。
海关归类思路	该物质化学结构中含有羧酸根离子、钠盐离子，属于品目 29.22 项下的含氧基氨基化合物。其含有一种含氧基（羧酸基），属于子目 2922.41 项下的氨基酸（赖氨酸）的盐。
税则号列	2922.4110

中文名称	谷氨酸钠
英文名称	Sodium glutamate
别名	味精
CAS 号	142-47-2
化学名	2-氨基戊二酸钠
化学式	$C_5H_7NNa_2O_4$
相对分子质量	191.09
结构式	
外观与性状	无色至白色棱柱状结晶或白色结晶性粉末，略有甜味或咸味，基本上无气味。无吸湿性，对光和热稳定。易溶于水，微溶于乙醇，不溶于乙醚。
用途	国内外应用最为广泛的鲜味剂，与食盐共存时可增强其呈味作用，与 5′-肌苷酸钠或 5′-鸟苷酸钠一起使用，更有相乘的作用。
海关归类思路	该物质化学结构中含有羧酸根离子、钠盐离子，属于品目 29.22 项下的含氧基氨基化合物。其含有一种含氧基（羧酸基），属于子目 2922.42 项下的氨基酸（谷氨酸）的盐。
税则号列	2922.4220

中文名称	D-对羟基苯甘氨酸
英文名称	D-p-Hydroxyphenylglycine
别名	（对羟基苯）氨基乙酸、左旋对羟基苯甘氨酸
CAS 号	22818-40-2
化学名	（R）-a-氨基-4-羟基苯乙酸
化学式	$C_8H_9NO_3$
相对分子质量	167.16
结构式	
外观与性状	白色片状结晶或白色结晶性粉末，熔点 204℃（分解），微溶于乙醇和水，易溶于酸或碱溶液生成盐。
用途	主要用作医药中间体，用于青霉素、羟氨苄青霉素、头孢菌素等药物合成。
海关归类思路	该物质化学结构中含有酚基、羧酸基、氨基，属于品目 29.22 项下的含氧基氨基化合物。其含有一种以上含氧基，属于子目 2922.50 项下的氨基酸酚。
税则号列	2922.5010

中文名称	L-苏氨酸
英文名称	L-Threonine
别名	L-羟基丁氨酸、丁羟氨酸
CAS 号	72-19-5
化学名	(2S,3R) -2-氨基-3-羟基丁酸
化学式	$C_4H_9NO_3$
相对分子质量	119.12
结构式	
外观与性状	白色斜方晶系或结晶性粉末。无臭，味微甜。不溶于乙醇、乙醚和三氯甲烷。
用途	主要用作营养增补剂，常用于谷物、糕点、乳制品，有恢复人体疲劳、促进生长发育的效果。可作饲料营养强化剂，常添加到未成年仔猪和家禽的饲料中。医药上，用于消化溃疡的辅助治疗。也可治疗贫血及心绞痛、主动脉炎、心功能不全等心血管系统疾患。
海关归类思路	该物质化学结构中含有醇基、羧酸基及氨基，属于品目 29.22 项下的含氧基氨基化合物。因其含两种含氧基（醇基、羧酸基），故应归入子目 2922.50 项下。
税则号列	2922.5090

中文名称	盐酸米托蒽醌
英文名称	Mitoxantrone hydrochloride
别名	米托蒽醌盐酸盐、米托蒽醌二盐酸盐
CAS 号	70476-82-3
化学名	1,4-二羟基-5,8-双［［2-［（2-羟基乙基）氨基］乙基］氨基］-9,10-蒽醌二盐酸盐
化学式	$C_{22}H_{30}Cl_2N_4O_6$
相对分子质量	517.40
结构式	
外观与性状	紫褐色粉末，可溶于水和部分有机溶剂。
用途	用作抗癌药、注射液的制备。
海关归类思路	该物质化学结构中含有醇基、酮基及氨基，属于品目 29.22 项下的含氧基氨基化合物。因其含两种含氧基（醇基、酮基），故应归入子目 2922.50 项下。
税则号列	2922.5090

中文名称	胆碱
英文名称	Choline
别名	
CAS 号	62-49-7
化学名	2-羟基-N,N,N-三甲基乙胺
化学式	$C_5H_{14}NO^+$
相对分子质量	104.17
结构式	
外观与性状	强碱性的黏性液体或结晶,味辛而苦。溶于水和醇,不溶于醚。在酸性溶液中对热稳定,在空气中容易吸收二氧化碳,吸水性极强,遇热分解。
用途	可用作有机合成中间体,也可用于生化研究。临床上应用胆碱治疗肝硬化、肝炎和其他肝疾病。
海关归类思路	该物质属于有机季铵盐,其化学结构中含有一个四价氮阳离子。
税则号列	2923.1000

中文名称	卵磷脂
英文名称	Lecithin
别名	磷脂酰胆碱
CAS 号	8002-43-5
化学名	2-［［(2R)-3-十六酰氧基-2-［(9Z,12Z)-十八碳-9,12-二烯酰基］氧丙氧基］-氢氧磷酰］乙氧基-三甲铵
化学式	$C_{42}H_{80}NO_8P$
相对分子质量	758.06
结构式	
外观与性状	吸水性白色蜡状物,在空气中由于不饱和脂肪酸的氧化而变成黄色或棕色半透明的蜡状物。溶于石油醚、三氯甲烷、乙醚、苯和乙醇,不溶于丙酮,难溶于水。
用途	常用作食品添加剂、饲料添加剂,还用作医药和保健品原料,可以有效改善和预防动脉硬化、高血压、心脏病和脑中风等。
海关归类思路	该物质化学结构中含有脂肪酰氧基、磷酰基、胆碱基,为甘油、脂肪酸、磷酸和胆碱失水缩合而成的脂,属于品目29.23项下的卵磷脂(子目2923.20)。
税则号列	2923.2000

中文名称	霜霉威
英文名称	Propamocarb
别名	丙胺威、普力克
CAS 号	24579-73-5
化学名	N-［3-（二甲基氨基丙基）氨基］甲酸丙酯
化学式	$C_9H_{20}N_2O_2$
相对分子质量	188.27
结构式	
外观与性状	白色结晶，易吸潮，有淡芳香味。在水及部分溶剂中溶解度很高。在水溶液中 2 年以上不分解，但在微生物活跃的水中迅速分解并转化为无机化合物。对金属有腐蚀性。
用途	具有局部内吸作用的低毒高效杀菌剂，可用作茎叶处理、土壤处理和种子处理，对卵菌纲真菌等引起的多种作物病害有防治作用。
海关归类思路	该物质化学结构中含有羧基酰胺基，属于品目 29.24 项下的羧基酰胺基化合物，为子目 2924.1 项下的无环酰胺。
税则号列	2924.1990

中文名称	驱蚊酯
英文名称	Ethyl butylacetylamino propionate
别名	丁基乙酰氨基丙酸乙酯、伊默宁、驱虫剂 3535
CAS 号	52304-36-6
化学名	3-（N-正丁基-N-乙酰基）-氨基丙酸乙酯
化学式	$C_{11}H_{21}NO_3$
相对分子质量	215.29
结构式	
外观与性状	无色至浅黄色透明液体。对皮肤和黏膜无毒副作用，无过敏性，无皮肤渗透性。
用途	为优良的蚊虫驱避剂，具有毒性低、刺激性小、驱避时间长等显著特点，常用于化妆品和药剂中，可以制成溶液、乳剂、油膏、涂敷剂、冻胶、气雾剂、蚊香、微胶囊等专用驱避药剂，也可以添加到其他制品或材料中（如花露水等），使之兼具驱避作用。
海关归类思路	该物质化学结构中含有羧基酰胺基，属于品目 29.24 项下的羧基酰胺基化合物，为子目 2924.1 项下的无环酰胺。
税则号列	2924.1990

中文名称	扑热息痛
英文名称	Acetaminophen
别名	对羟基乙酰苯胺、对乙酰氨基酚、退热净
CAS 号	103-90-2
化学名	4-乙酰氨基苯酚
化学式	$C_8H_9NO_2$
相对分子质量	151.16
结构式	
外观与性状	棱柱体结晶。熔点 168~172℃，相对密度 1.293（21/4℃）。能溶于乙醇、丙酮和热水，难溶于水，不溶于石油醚及苯。无气味，味苦。
用途	可用作有机合成中间体、过氧化氢的稳定剂、照相化学药品、非抗炎解热镇痛药。
海关归类思路	该物质化学结构中含苯环、羧基酰胺基，属于品目 29.24 项下的羧基酰胺基化合物，为子目 2924.2 项下的环酰胺。
税则号列	2924.2920

中文名称	异丙甲草胺
英文名称	S-metolachlor
别名	S-异丙甲草胺、精异丙甲草胺
CAS 号	87392-12-9
化学名	2-氯-N-（2-乙基-6-甲基苯基）-N-［（1S）-2-甲氧基-1-甲基乙基］乙酰胺
化学式	$C_{15}H_{22}ClNO_2$
相对分子质量	283.8
结构式	
外观与性状	无色液体。在水中溶解度为 530mg/kg（20℃），可与大多数有机溶剂混溶，常温贮存稳定期两年以上。
用途	属于酰胺类除草剂，适用于旱地作物、蔬菜作物、果园、苗圃，可防除牛筋草、马唐、狗尾草、棉草等一年生禾本科杂草以及苋菜、马齿苋等阔叶杂草和碎米莎草、油莎草。
海关归类思路	该物质化学结构中含有羧基酰胺基，属于品目 29.24 项下的羧基酰胺基化合物。其含有苯基，且母体化合物中的一个氢原子被氯所取代，为子目 2924.2 项下的环酰胺的氯化衍生物。
税则号列	2924.2990

中文名称	甲霜灵
英文名称	Metalaxyl
别名	氨丙灵、甲霜安
CAS 号	57837-19-1
化学名	N-（2-甲氧乙酰基）-N-（2,6-二甲苯基）-DL-丙氨酸甲酯
化学式	$C_{15}H_{21}NO_4$
相对分子质量	279.33
结构式	
外观与性状	白色结晶固体，微溶于水，溶于多数有机溶剂。微有挥发性，在中性及弱酸性条件下较稳定，遇碱易分解。
用途	属于酰胺类杀菌农药，可内吸进入植物内起杀菌作用。对卵菌纲中的霜霉菌和疫霉菌具有选择性特效，例如，对马铃薯晚疫病、葡萄霜霉病、啤酒花霜霉病、甜菜疫病、油菜白锈病等都有良好的防治效果。
海关归类思路	该物质化学结构中含有羧基酰胺基，属于品目 29.24 项下的羧基酰胺基化合物。其含有苯基，属于子目 2924.2 项下的环酰胺。
税则号列	2924.2990

中文名称	杀螺胺乙醇胺盐
英文名称	Niclosamide ethanolamine
别名	氯硝柳胺乙醇胺盐、螺灭杀
CAS 号	1420-04-8
化学名	N-（2-氯-4-硝基苯基）-2-羟基-5-氯苯甲酰胺乙醇胺盐
化学式	$C_{15}H_{15}Cl_2N_3O_5$
相对分子质量	388.2
结构式	
外观与性状	黄色均匀疏松粉末，能溶于二甲基甲酰胺、乙醇等有机溶剂中。常温下稳定，遇强酸或强碱易分解。
用途	属于酰胺类高效杀螺剂，主要用于防治福寿螺等。灭螺效率高、持续性长，对螺卵、尾螺也有灭杀作用。对人、畜毒性低，对作物安全。
海关归类思路	该物质化学结构中含有羧基酰胺基，属于品目 29.24 项下的羧基酰胺基化合物。其含有芳香基，且母体化合物中有 2 个氢原子被氯所取代、1 个氢原子被硝基所取代，属于子目 2924.2 项下的环酰胺氯化、硝化衍生物的盐。
税则号列	2924.2990

中文名称	糖精钠（二水）
英文名称	Saccharin sodium
别名	邻苯甲酰磺酰亚胺钠（二水）
CAS 号	6155-57-3
化学名	1,2-苯并异噻唑-3（2H）-酮-1,1-二氧化物钠盐二水化物
化学式	$C_7H_9NNaO_5S$
相对分子质量	242.2
结构式	
外观与性状	白色菱形结晶或结晶性粉末，无臭，微有芳香气，有强甜味，后味稍带苦，甜度为蔗糖的 300~500 倍。易溶于水，略溶于乙醇，水溶液呈微碱性。
用途	普遍使用的人工合成甜味剂，除了在味觉上引起甜的感觉外，对人体无任何营养价值。另外，也可用作电镀镍铬的增亮剂、血液循环测定剂、渗透剂等。
海关归类思路	该物质化学结构中含有羧基酰亚胺基，属于品目 29.25 项下的羧基酰亚胺化合物，为子目 2925.1 项下的酰亚胺化合物的钠盐。
税则号列	2925.1100

中文名称	丙烯腈
英文名称	Acrylonitrile
别名	乙烯基腈、氰代乙烯
CAS 号	107-13-1
化学名	2-丙烯腈
化学式	C_3H_3N
相对分子质量	53.06
结构式	
外观与性状	无色易挥发的透明液体，味甜，微臭。能溶于丙酮、苯、四氯化碳、乙醚、乙醇等有机溶剂，微溶于水。易燃，其蒸气与空气可形成爆炸性混合物。遇明火、高热易引起燃烧，并放出有毒气体。
用途	主要作为聚丙烯腈（腈纶）合成纤维、丁腈合成橡胶和 ABS 合成树脂的重要单体。可作为杀菌剂、杀虫剂的中间体。可水解制得丙烯酰胺、丙烯酸及其酯类等重要的有机化工原料。还可用于其他有机合成和医药工业，用作谷类熏蒸剂等。
海关归类思路	该物质化学结构中含有腈基，属于品目 29.26 项下的腈基化合物。
税则号列	2926.1000

中文名称	双氰胺
英文名称	Dicyandiamide
别名	氰基胺、二氰二胺、二聚氰胺
CAS 号	461-58-5
化学名	1-氰基胍
化学式	$C_2H_4N_4$
相对分子质量	84.08
结构式	
外观与性状	白色结晶性粉末，可溶于水、乙醇、乙二醇和二甲基甲酰胺，几乎不溶于醚和苯。干燥时稳定。
用途	用作生产三聚氰胺的原料。在医药上用于制取硝酸胍、磺胺类药物等。也可用来制取硝酸纤维素稳定剂、橡胶硫化促进剂、钢铁表面硬化剂、印染固色剂、人造革填料及黏合剂等。
海关归类思路	该物质化学结构中含有腈基、胍基，属于品目 29.26 项下的腈基化合物，为子目 2926.20 项下的双氰胺。
税则号列	2926.2000

中文名称	间苯二甲腈
英文名称	Isophthalonitrile
别名	间酞腈
CAS 号	626-17-5
化学名	1,3-二腈基苯
化学式	$C_8H_4N_2$
相对分子质量	128.14
结构式	
外观与性状	白色针状晶体或粉末，有特殊气味。微溶于热水，溶于热乙醇、乙醚、苯和三氯甲烷。
用途	主要用作环氧树脂固化剂，也可用作精细化工原料，用于制取塑料、合成纤维、农药（百菌清）等。
海关归类思路	该物质化学结构中含有 2 个腈基，属于品目 29.26 项下的腈基化合物。
税则号列	2926.9090

中文名称	S-氰戊菊酯
英文名称	Esfenvalerate
别名	来福灵、速灭、顺式氰戊菊酯
CAS 号	66230-04-4
化学名	（S）-α-氰基-3-苯氧苄基-（S）-2-（4-氯苯基）-3-甲基丁酸酯
化学式	$C_{25}H_{22}ClNO_3$
相对分子质量	419.9
结构式	
外观与性状	白色结晶固体，易溶于丙酮、乙腈、三氯甲烷、乙酸乙酯、二甲基甲酰胺、二甲基亚砜、二甲苯等有机溶剂。在酸性介质中稳定，在碱性介质中会分解。
用途	为拟除虫菊酯杀虫剂，可有效防治棉花、果树、蔬菜等作物的害虫。仅含顺式异构体，适用作物与防治害虫的种类、用药适期、防治效果等与氰戊菊酯基本一致。用药量为氰戊菊酯的 1/4（按有效成分计）。
海关归类思路	该物质化学结构中含有腈基，属于品目 29.26 项下的腈基化合物。
税则号列	2926.9090

中文名称	氯氰菊酯
英文名称	Cypermethrin
别名	灭百可、安绿宝
CAS 号	52315-07-8
化学名	（RS）-α-氰基-（3-苯氧苄基）-（1RS）-1R,3R-3-（2,2-二氯乙烯基）-1,1-二甲基环丙烷羧酸酯
化学式	$C_{22}H_{19}Cl_2NO_3$
相对分子质量	416.3
结构式	
外观与性状	黄棕色至深红褐色黏稠液体，难溶于水，易溶于酮、醇、芳烃等。对热稳定，220℃以下不分解，田间试验对光稳定，在酸性介质中较稳定，碱性条件下不稳定。
用途	拟除虫菊酯类杀虫剂，具有广谱、高效、快速的作用特点，对害虫以触杀和胃毒为主，适用于鳞翅目、鞘翅目等害虫，对螨类效果不好。
海关归类思路	该物质化学结构中含有腈基，属于品目 29.26 项下的腈基化合物。其化合物中的两个氢原子被氯所取代，为腈基化合物的氯化衍生物。
税则号列	2926.9090

中文名称	四溴菊酯
英文名称	Tralomethrine
别名	刹克、凯撒
CAS 号	66841-25-6
化学名	（1R,3S）-3-［（R,S）（1′,2′,2′,2′-四溴乙基）］-2,2-二甲基环丙烷羧酸（S）-a-氰基-3-苯氧苄基酯
化学式	$C_{22}H_{19}Br_4NO_3$
相对分子质量	665.01
结构式	
外观与性状	黄色至橘黄色树脂状物质。能溶于丙酮、二甲苯、甲苯、二氯甲烷、二甲基亚砜、乙醇等有机溶剂。50℃时，6个月不分解，对光稳定，无腐蚀性。
用途	拟除虫菊酯类杀虫剂，具有触杀和胃毒作用。可用于防治鞘翅目、同翅目、直翅目害虫，尤其是禾谷类、棉花、玉米、果树、烟草、蔬菜、水稻上的鳞翅目害虫。
海关归类思路	该物质化学结构中含有腈基，属于品目29.26项下的腈基化合物。化合物中的四个氢原子被氯所取代，为腈基化合物的溴化衍生物。
税则号列	2926.9090

中文名称	百菌清
英文名称	Chlorothalonil
别名	四氯间苯二甲腈
CAS 号	1897-45-6
化学名	2,4,5,6-四氯-1,3-苯二腈
化学式	$C_8C_{l4}N_2$
相对分子质量	265.91
结构式	
外观与性状	白色结晶，无臭味。对皮肤有刺激作用。常温及一般酸、碱、紫外光条件下稳定，不耐强碱，无腐蚀性。
用途	广谱性保护性杀菌剂，对多种作物真菌病害具有预防作用。可用于麦类、水稻、蔬菜、果树、花生、茶叶等作物。
海关归类思路	该商品分子结构中含有腈基，属于品目29.26项下的腈基化合物。其不属于品目29.26项下具体列名的商品，应归入兜底税号2926.9090。
税则号列	2926.9090

中文名称	甲苯二异氰酸酯
英文名称	Tolylene diisocyanate
别名	
CAS 号	26471-62-5
化学名	2,4-二异氰酸基甲苯、2,6-二异氰酸基甲苯
化学式	$C_9H_6N_2O_2$
相对分子质量	174.16
结构式	
外观与性状	无色透明或淡黄色易燃液体，有强烈的刺激气味。与乙醇（分解）、二甘醇、乙醚、丙酮、四氯化碳、苯、氯苯、煤油、橄榄油混溶。
用途	用作制造聚氨酯软泡沫塑料、涂料、橡胶及黏合剂等。
海关归类思路	该商品分子中含有第二十九章各品目中没有具体列名的含氮基团，该商品应作为其他含氮基化合物归入品目 29.29。该商品分子中含有异氰酸酯基团，为子目 2929.10 项下的异氰酸酯。税号 2929.1010 仅包括 2,4-和 2,6-甲苯二异氰酸酯混合物（甲苯二异氰酸酯 TDI），其他甲苯二异氰酸酯应归入税号 2929.1090。
税则号列	2929.1010

中文名称	二苯基甲烷-4,4′-二异氰酸酯
英文名称	Methylenediphenyl-4,4′-Diisocyanate
别名	二苯甲撑二异氰酸酯
CAS 号	101-68-8
化学名	二苯基甲烷-4,4′-二异氰酸酯
化学式	$C_{15}H_{10}N_2O_2$
相对分子质量	250.25
结构式	
外观与性状	淡黄色熔融固体，有强烈刺激气味。溶于丙酮、苯、煤油、硝基苯等。
用途	用作生产聚氨酯树脂。
海关归类思路	该商品分子中含有第二十九章各品目中没有具体列名的含氮基团，该商品应作为其他含氮基化合物归入品目 29.29。该商品分子中含有异氰酸酯基团，为子目 2929.10 项下的异氰酸酯。该商品为税号 2929.1030 具体列名的商品。
税则号列	2929.1030

中文名称	六亚甲基二异氰酸酯
英文名称	Hexamethylene diisocyanate
别名	己二异氰酸酯、六甲撑二异氰酸酯
CAS 号	822-06-0
化学名	六亚甲基-1,6-二异氰酸酯
化学式	$C_8H_{12}N_2O_2$
相对分子质量	168.19
结构式	
外观与性状	无色透明液体，稍有刺激性臭味，易燃。不溶于冷水，溶于苯、甲苯、氯苯等有机溶剂。
用途	用于生产脂肪族类聚氨酯涂料，也可作干性醇酸树脂交联剂和皮革涂饰剂。
海关归类思路	该商品分子中含有第二十九章各品目中没有具体列名的含氮基团，该商品应作为其他含氮基化合物归入品目 29.29。该商品分子中含有异氰酸酯基团，为子目 2929.10 项下的异氰酸酯。该商品为税号 2929.1040 具体列名的商品。
税则号列	2929.1040

中文名称	D-蛋氨酸
英文名称	D-Methionine
别名	D-甲硫氨酸
CAS 号	348-67-4
化学名	D-蛋氨酸
化学式	$C_5H_{11}NO_2S$
相对分子质量	149.21
结构式	
外观与性状	白色结晶。溶于水、稀酸及碱，极微溶于醇，不溶于醚。
用途	用于营养增补剂和生化研究。
海关归类思路	该商品分子中含有与碳原子直接相连的硫原子，属于品目 29.30 项下的有机硫化合物。该商品为税号 2930.4000 具体列名的商品。
税则号列	2930.4000

中文名称	L-胱氨酸
英文名称	L-Cystine
别名	L-双硫丙氨酸
CAS 号	56-89-3
化学名	3,3′-二硫代二丙氨酸
化学式	$C_6H_{12}N_2O_4S_2$
相对分子质量	240.3
结构式	
外观与性状	白色片状结晶或结晶性粉末，极微溶于水，不溶于乙醇及其他有机溶剂，易溶于稀酸和碱性液中，在热碱液中易分解。
用途	用于医药、化妆品、饲料营养强化剂、营养增补剂、调味剂等。
海关归类思路	该商品分子中含有与碳原子直接相连的硫原子，属于品目 29.30 项下的有机硫化合物。该商品为税号 2930.9010 具体列名的商品。
税则号列	2930.9010

中文名称	氟苯虫酰胺
英文名称	Flubendiamide
别名	
CAS 号	272451-65-7
化学名	N2-［1,1-二甲基-2-（甲磺酰基）乙基］-3-碘代-N1-［2-甲基-4-［1,2,2,2-四氟-1-（三氟甲基）乙基］苯基］-1,2-苯二甲酰胺
化学式	$C_{23}H_{22}F_7IN_2O_4S$
相对分子质量	682.4
结构式	
外观与性状	白色结晶性粉末。
用途	适合防治各种对水稻、果树、蔬菜、棉花、花卉和观赏植物等有害的害虫，如农业害虫、森林害虫、园艺害虫、储藏谷物害虫、卫生害虫、线虫等，具有明显的杀虫效果。
海关归类思路	该商品分子中含有与碳原子直接相连的硫原子，属于品目 29.30 项下的有机硫化合物。其不属于品目 29.30 项下具体列名的商品，应归入兜底税号 2930.9090。
税则号列	2930.9090

中文名称	甲基硫菌灵
英文名称	Thiophanate-methyl
别名	甲基托布津
CAS 号	23564-05-8
化学名	1,2-二（3-甲氧碳基-2-硫脲基）苯
化学式	$C_{12}H_{14}N_4O_4S_2$
相对分子质量	342.39
结构式	
外观与性状	纯品为无色晶体，易溶于二甲基甲酰胺、三氯甲烷；可溶于丙酮、甲醇、乙醇、乙酸乙酯、二氧六环；难溶于水。对酸、碱稳定。工业品为淡黄色结晶。
用途	该品为广谱内吸杀菌剂，能防治禾谷类、棉花、水果、蔬菜及其他作物的各种病害，如三麦赤霉病、棉花苗期病害、小麦锈病、果树病害等。
海关归类思路	该商品分子中含有与碳原子直接相连的硫原子，属于品目 29.30 项下的有机硫化合物。其不属于品目 29.30 项下具体列名的商品，应归入兜底税号 2930.9090。
税则号列	2930.9090

中文名称	代森锰
英文名称	Maneb
别名	乙撑双二硫代氨基甲酸锰
CAS 号	12427-38-2
化学名	乙撑-1,2-双二硫代氨基甲酸锰
化学式	$C_4H_6MnN_2S_4$
相对分子质量	265.3
结构式	
外观与性状	灰黄色粉末，不溶于水和大多数有机溶剂，高温时遇潮湿分解，对酸、碱不稳定。
用途	广谱性杀菌剂，应用范围广泛。主要用于蔬菜和果树，可防治各种炭疽病、霜霉病、黑星病、疫病、斑点病等。
海关归类思路	该商品分子中含有与碳原子直接相连的硫原子，属于品目 29.30 项下的有机硫化合物。其不属于品目 29.30 项下具体列名的商品，应归入兜底税号 2930.9090。
税则号列	2930.9090

中文名称	2-羟基-4-甲硫基-丁酸
英文名称	2-hydroxy-4-（methylthio）butyric acid
别名	
CAS 号	583-91-5
化学名	2-羟基-4-甲硫基-丁酸
化学式	$C_5H_{10}O_3S$
相对分子质量	150.2
结构式	
外观与性状	棕褐色黏稠液体，稍有含硫化合物的特殊臭气，易溶于水。
用途	用作饲料营养强化剂。
海关归类思路	该商品分子中含有与碳原子直接相连的硫原子，属于品目 29.30 项下的有机硫化合物。其不属于品目 29.30 项下具体列名的商品，应归入兜底税号 2930.9090。
税则号列	2930.9090

中文名称	草甘膦
英文名称	Glyphosate
别名	农达
CAS 号	1071-83-6
化学名	N-（膦酸甲基）甘氨酸
化学式	$C_3H_8NO_5P$
相对分子质量	169.07
结构式	
外观与性状	纯品为非挥发性白色固体，不溶于一般有机溶剂，在水中的溶解度为 1.2%。通常制成草甘膦胺盐，如异丙胺盐、二甲胺盐等，也可制成钠盐。草甘膦盐能溶于水。
用途	为内吸传导型广谱灭生性除草剂，用于防除多年生深根杂草、一年生和二年生的禾本科杂草、莎草和阔叶杂草。
海关归类思路	该商品分子中磷酸的其中一个羟基被有机基团取代，属于品目 29.31 项下的其他有机—无机化合物。其含有直接与碳原子相连的磷原子，属于子目 2931.3 项下的其他有机磷衍生物。其在子目 2931.3 项下没有具体列名，应归入兜底税号 2931.3990。
税则号列	2931.3990

中文名称	十甲基环五硅氧烷
英文名称	Decamethylcyclopentasiloxane
别名	十甲基环戊硅氧烷、环五聚二甲基硅氧烷
CAS 号	541-02-6
化学名	十甲基环五硅氧烷
化学式	$C_{10}H_{30}O_5Si_5$
相对分子质量	370.77
结构式	
外观与性状	无色透明液体，与大部分的醇和其他化妆品溶剂有很好的相容性。
用途	广泛用于化妆品和人体护理产品中。
海关归类思路	该商品分子中的环由硅原子和氧原子组成，不含有碳原子，因此不属于品目 29.32 至 29.34 的杂环化合物。其硅原子直接与碳原子连接，属于品目 29.31 的其他有机—无机化合物。其在品目 29.31 项下没有具体列名，应归入兜底税号 2931.9000。
税则号列	2931.9000

中文名称	二丁基氧化锡
英文名称	Dibutyltin oxide
别名	氧化二丁基锡
CAS 号	818-08-6
化学名	氧化二丁基锡
化学式	$C_8H_{18}OSn$
相对分子质量	248.94
结构式	
外观与性状	白色到微黄色粉末，溶于盐酸，不溶于水及有机溶剂。
用途	用作酯化和聚合反应的催化剂。
海关归类思路	其含有直接与碳原子相连的锡原子，属于品目 29.31 项下的其他有机—无机化合物。其在品目 29.31 项下没有具体列名，应归入兜底税号 2931.9000。
税则号列	2931.9000

中文名称	四氢呋喃
英文名称	Tetrahydrofuran
别名	氧杂环戊烷、四亚甲基氧
CAS 号	109-99-9
化学名	四氢呋喃
化学式	C_4H_8O
相对分子质量	72.11
结构式	
外观与性状	无色透明液体，有乙醚气味。与水、醇、酮、苯、酯、醚、烃类混溶。
用途	用作溶剂、有机合成的原料。
海关归类思路	该商品含有一个仅含有氧杂原子的五元环，属于品目29.32项下的仅含有氧杂原子的杂环化合物。其杂环为氢化的非稠合呋喃环，为子目2932.1项下的结构上含有一个非稠合呋喃环（不论是否氢化）的化合物。其为子目2932.11具体列名的商品。
税则号列	2932.1100

中文名称	2-呋喃甲醇
英文名称	Furfuryl alcohol
别名	糠醇
CAS 号	98-00-0
化学名	2-羟甲基呋喃
化学式	$C_5H_6O_2$
相对分子质量	98.1
结构式	
外观与性状	无色易流动液体，暴露在日光或空气中会变成棕色或深红色，有苦味。能与水混溶，但在水中不稳定，易溶于乙醇、乙醚、苯和三氯甲烷，不溶于石油烃。
用途	用作溶剂、防腐剂、香料，用于有机合成，制造蒽、树脂等。
海关归类思路	该商品含有一个仅含有氧杂原子的五元环，属于品目29.32项下的仅含有氧杂原子的杂环化合物。其所含杂环为非稠合也未氢化的呋喃环，为子目2932.1项下的结构上含有一个非稠合呋喃环（不论是否氢化）的化合物。其为子目2932.13具体列名的商品。
税则号列	2932.1300

中文名称	三氯蔗糖
英文名称	Sucralose
别名	蔗糖素
CAS 号	56038-13-2
化学名	三氯蔗糖
化学式	$C_{12}H_{19}C_{13}O_8$
相对分子质量	397.63
结构式	
外观与性状	白色或近白色结晶性粉末，无臭，味甜。对光、热、酸均稳定，易溶于水、乙醇、甲醇。
用途	用作无营养型食品甜味剂。
海关归类思路	该商品含有一个仅含有氧杂原子的五元环，属于品目 29.32 项下的仅含有氧杂原子的杂环化合物。其所含杂环为氢化的非稠合呋喃环，为子目 2932.1 项下的结构上含有一个非稠合呋喃环（不论是否氢化）的化合物。其为子目 2932.14 具体列名的商品。
税则号列	2932.1400

中文名称	胡椒醛
英文名称	Piperonyl aldehyde
别名	向日葵醛、洋茉莉醛、胡椒甲醛
CAS 号	120-57-0
化学名	3,4-二氧亚甲基苯甲醛
化学式	$C_8H_6O_3$
相对分子质量	150.13
结构式	
外观与性状	白色或黄白色闪光结晶，在空气中露光后呈红棕色。呈甜的香草和樱桃似香气。极易溶于乙醇和乙醚，溶于丙二醇和大多数非挥发性油，微溶于矿物油，不溶于甘油和水。
用途	用于香水、香料、樱桃与香草味的调味剂，也可用于有机物的合成。
海关归类思路	该商品含有一个仅含有氧杂原子的多元环，属于品目 29.32 项下的仅含有氧杂原子的杂环化合物。其所含杂环为未氢化的稠合呋喃环，不属于子目 2932.1 项下的结构上含有一个非稠合呋喃环（不论是否氢化）的化合物，应归入兜底子目 2932.9，属于子目 2932.93 项下具体列名的商品。
税则号列	2932.9300

中文名称	呋喃酚
英文名称	2,3-Dihydro-2,2-dimethyl-7-benzofuranol
别名	呋喃丹苯酚
CAS 号	1563-38-8
化学名	2,3-二氢-2,2-二甲基-7-羟基苯并呋喃
化学式	$C_{10}H_{12}O_2$
相对分子质量	164.2
结构式	
外观与性状	无色液体，溶于二氯甲烷、甲苯、醇、醚等有机溶剂，不溶于水。
用途	是生产农药克百威的主要中间体。
海关归类思路	该商品含有一个仅含有氧杂原子的五元环，属于品目29.32项下的仅含有氧杂原子的杂环化合物。其所含杂环为未氢化的稠合呋喃环，不属于子目2932.1项下的结构上含有一个非稠合呋喃环（不论是否氢化）的化合物，应归入子目2932.9。
税则号列	2932.9910

中文名称	呋喃丹
英文名称	Carbofuran
别名	虫螨威、克百威
CAS 号	1563-66-2
化学名	2,3-二氢-2,2-二甲基苯并呋喃-7-基-N-甲基氨基甲酸酯
化学式	$C_{12}H_{15}NO_3$
相对分子质量	221.25
结构式	
外观与性状	白色晶体，具有轻微的芳香气味。可溶于多数有机溶剂，难溶于二甲苯、石油醚、煤油，微溶于水。
用途	广谱、高效、低残留、高毒性的氨基甲酸酯类杀虫、杀螨、杀线虫剂。可用于防治水稻螟虫、稻蓟马、稻纵卷叶虫、稻飞虱、稻叶蝉、稻象甲、玉米螟、玉米切根虫、棉蚜、棉铃虫、大豆蚜、大豆食心虫、螨类及线虫等。
海关归类思路	该商品含有一个仅含有氧杂原子的五元环，属于品目29.32项下的仅含有氧杂原子的杂环化合物。其所含杂环为未氢化的稠合呋喃环，不属于子目2932.1项下的结构上含有一个非稠合呋喃环（不论是否氢化）的化合物，应归入兜底税号2932.9990。
税则号列	2932.9990

中文名称	芸苔素内酯
英文名称	Brassinolide
别名	油菜素内酯
CAS 号	72962-43-7
化学名	芸苔素内酯
化学式	$C_{28}H_{48}O_6$
相对分子质量	480.68
结构式	
外观与性状	外观为白色结晶体，溶于甲醇、乙醇、三氯甲烷、丙酮和四氢呋喃等多种有机溶剂。
用途	为广谱性高效植物生长调节剂，对各种经济作物均有明显增产作用，能有效调节植物各个生长环节。其具有使植物细胞分裂和延长的双重作用，促进根系发达，增强光合作用，提高作物叶绿素含量，促进作物对肥料的有效吸收，辅助作物劣势部分良好生长，促根壮苗、保花保果；提高作物的抗寒、抗旱、抗盐碱等抗逆性，显著减少病害的发生；并能显著缓解药害的发生，药害发生后使用可解毒，使作物快速恢复生长，并能消除病斑。
海关归类思路	该商品含有一个仅含有氧杂原子的七元环，属于品目 29.32 项下的仅含有氧杂原子的杂环化合物。其不属于品目 29.32 项下具体列名的商品，应归入兜底税号 2932.9990。
税则号列	2932.9990

中文名称	紫杉醇
英文名称	Paclitaxel
别名	
CAS 号	33069-62-4
化学名	紫杉醇
化学式	$C_{25}H_{22}O_3$
相对分子质量	370.44
结构式	
外观与性状	白色晶体。
用途	紫杉醇是从天然植物红豆杉属树皮中提取的单体双萜类化合物，为广谱抗肿瘤药，用于治疗转移性乳腺癌和转移性卵巢癌。
海关归类思路	该商品含有一个仅含有氧杂原子的八元环，属于品目 29.32 项下的仅含有氧杂原子的杂环化合物。其不属于品目 29.32 项下具体列名的商品，应归入兜底税号 2932.9990。
税则号列	2932.9990

中文名称	10-去乙酰基巴卡丁Ⅲ
英文名称	10-Deacetylbaccatin Ⅲ
别名	10-脱乙酰基巴卡丁Ⅲ、多西他赛 EP 杂质 E、10-脱乙酰基浆果赤霉素Ⅲ
CAS 号	32981-86-5
化学名	
化学式	$C_{29}H_{36}O_{10}$
相对分子质量	544.59
结构式	
外观与性状	白色结晶性粉末，可溶于甲醇、乙醇、DMSO 等有机溶剂，来源于红豆杉树叶。
用途	是合成紫杉醇和多烯紫杉醇的前体产品。
海关归类思路	该商品含有一个仅含有氧杂原子的四元环，属于品目 29.32 项下的仅含有氧杂原子的杂环化合物。其不属于品目 29.32 项下具体列名的商品，应归入兜底税号 2932.9990。
税则号列	2932.9990

中文名称	阿卡波糖
英文名称	Acarbose
别名	
CAS 号	56180-94-0
化学名	O-4,6-双脱氧-4［［（1S,4R,5S,6S）4,5,6-三羟基-3-（羟基甲基）-2-环己烯］氨基］-（-D-吡喃葡糖基（1→4）-O-）-D-吡喃葡糖基（1→4）-D-吡喃葡萄糖
化学式	$C_{25}H_{43}NO_{18}$
相对分子质量	645.6
结构式	
外观与性状	无定形粉末。
用途	阿卡波糖是一种 C7N-氨基环醇类的假性四糖物质，可与 α-葡萄糖苷酶发生竞争性抑制作用而被广泛应用于 Ⅱ 型糖尿病的治疗，以达到降低糖尿病患者餐后高血糖的目的。
海关归类思路	该商品含有一个仅含有氧杂原子的六元环，属于品目 29.32 项下的仅含有氧杂原子的杂环化合物。其不属于品目 29.32 项下具体列名的商品，应归入兜底税号 2932.9990。
税则号列	2932.9990

中文名称	4-（甲氨基）安替比林
英文名称	1,2-Dihydro-1,5-dimethyl-4-（methylamino）-2-phenyl-3H-pyrazol-3-one
别名	
CAS 号	519-98-2
化学名	1,2-二氢-1,5-二甲基-4-（甲基氨基）-2-苯基-3H-吡唑-3-酮
化学式	$C_{12}H_{15}N_{3O}$
相对分子质量	217.27
结构式	
外观与性状	油状液体。
用途	为生产安乃近的医药中间体。
海关归类思路	该商品含有一个仅含有氮杂原子的五元环，属于品目 29.33 项下的仅含有氮杂原子的杂环化合物。其所含杂环为非稠合吡唑环，为子目 2933.1 项下的结构上含有一个非稠合吡唑环（不论是否氢化）的化合物。其为子目 2933.11 具体列名的商品。
税则号列	2933.1100

中文名称	安乃近镁
英文名称	Metamizole magnesium
别名	安乃近杂质6、安乃近镁盐
CAS 号	63372-86-1
化学名	1-苯基-2,3-二甲基-4-甲氨基吡唑啉-5-酮-N-甲基磺酸镁
化学式	$C_{26}H_{32}MgN_6O_8S_2$
相对分子质量	645
结构式	
外观与性状	
用途	用作解热镇痛药。
海关归类思路	该商品含有一个仅含有氮杂原子的五元环，属于品目29.33项下的仅含有氮杂原子的杂环化合物。其所含杂环为非稠合吡唑环，为子目2933.1项下的结构上含有一个非稠合吡唑环（不论是否氢化）的化合物。其为税号2933.1920具体列名的商品。
税则号列	2933.1920

中文名称	吡草胺
英文名称	Metazachlor
别名	吡唑草胺
CAS 号	67129-08-2
化学名	2-氯-N-（2,6-二甲基苯基）-N-（1H-吡唑-1-基甲基）乙酰胺
化学式	$C_{14}H_{16}ClN_3O$
相对分子质量	277.75
结构式	
外观与性状	纯品为灰色固体。能溶于丙酮、三氯甲烷、乙醇、水等。
用途	乙酰苯胺类除草剂。
海关归类思路	该商品含有一个仅含有氮杂原子的五元环，属于品目29.33项下的仅含有氮杂原子的杂环化合物。其所含杂环为非稠合吡唑环，为子目2933.1项下的结构上含有一个非稠合吡唑环（不论是否氢化）的化合物。
税则号列	2933.1990

中文名称	吡唑醚菌酯
英文名称	Pyraclostrobin
别名	百克敏、唑菌胺酯
CAS 号	175013-18-0
化学名	N-［2-［［1-（4-氯苯基）吡唑-3-基］氧甲基］苯基］-N-甲氧基氨基甲酸甲酯
化学式	$C_{19}H_{18}ClN_3O_4$
相对分子质量	387.82
结构式	
外观与性状	白色至浅米色无味结晶体。
用途	为甲氧基丙烯酸酯类广谱杀菌剂，为线粒体呼吸抑制剂，对作物病害具有保护、治疗和根治作用，主要用于防治作物上由真菌引起的多种病害。吡唑醚菌酯对谷物、柑橘、棉花、葡萄、香蕉、花生、大豆、甜菜、蔬菜、向日葵和草坪的多种病原菌有效，也可用于种子处理。
海关归类思路	该商品含有一个仅含有氮杂原子的五元环，属于品目 29.33 项下的仅含有氮杂原子的杂环化合物。其所含杂环为非稠合吡唑环，为子目 2933.1 项下的结构上含有一个非稠合吡唑环（不论是否氢化）的化合物。其在子目 2933.1 项下没有具体列名，归入兜底税号 2933.1990。
税则号列	2933.1990

中文名称	1,3-二氯-5,5-二甲基海因
英文名称	1,3-Dichloro-5,5-dimethylhydantoin
别名	二氯二甲基海因
CAS 号	118-52-5
化学名	1,3-二氯-5,5-二甲基海因
化学式	$C_5H_6C_{l2}N_2O_2$
相对分子质量	197.02
结构式	
外观与性状	白色四面棱柱体结晶性粉末（工业产品有粒状和片状等多种规格），有轻微的氯刺激性气味，容易吸潮，吸潮后部分水解。易溶于三氯甲烷、二氯甲烷、四氯化碳、二氯乙烯、对称四氯乙烷、苯等有机溶剂和浓硫酸中。加热至沸点时变为棕色且迅速燃烧。
用途	二氯二甲基海因是一种新型的氯代酰亚胺类消毒杀菌剂及漂白剂，主要用作水处理剂、消毒杀菌剂、水果保鲜剂等，具有高效、广谱、安全、稳定的特点，能强烈杀灭真菌、细菌、病毒和藻类。广泛应用于游泳池消毒、饮用水消毒、水产养殖、废水及工业循环水处理、餐具消毒、食品与化妆品生产设备消毒、医药卫生及娱乐场所环境消毒等领域。
海关归类思路	该商品含有一个仅含有氮杂原子的五元环，属于品目 29.33 项下的仅含有氮杂原子的杂环化合物。其所含杂环为非稠合咪唑环，为子目 2933.2 项下的结构上含有一个非稠合咪唑环（不论是否氢化）的化合物。其为子目 2933.21 具体列名的商品。
税则号列	2933.2100

中文名称	抑霉唑
英文名称	Imazalil
别名	溢霉唑、益灭菌唑
CAS 号	35554-44-0
化学名	1-［2-（2,4-二氯苯基）-2-（2-丙烯氧基）乙基］-1H-咪唑
化学式	$C_{14}H_{14}C_{12}N_2O$
相对分子质量	297.18
结构式	
外观与性状	本品为黄色至棕色结晶，易溶于乙醇、甲醇、苯、二甲苯、正庚烷、己烷、石油醚等有机溶剂，微溶于水，对热稳定，室温、避光下贮存稳定。抑霉唑可加工成硫酸盐或硝酸盐，可溶于水。
用途	抑霉唑是一种抗菌谱广的内吸性杀菌剂，对侵袭水果、谷物、蔬菜和观赏植物的许多真菌病害有防效。对长蠕孢属、镰孢属、壳针孢属和核果褐锈病等有防效，对抗多菌灵的青霉菌品系有高的防效。
海关归类思路	该商品含有一个仅含有氮杂原子的五元环，属于品目 29.33 项下的仅含有氮杂原子的杂环化合物。其所含杂环为非稠合咪唑环，为子目 2933.2 项下的结构上含有一个非稠合咪唑环（不论是否氢化）的化合物。其在子目 2933.2 项下没有具体列名，归入兜底税号 2933.2900。
税则号列	2933.2900

中文名称	吡啶
英文名称	Pyridine
别名	
CAS 号	110-86-1
化学名	吡啶
化学式	C_5H_5N
相对分子质量	79.1
结构式	
外观与性状	在常温下是一种无色有特殊气味的液体,易溶于水、乙醇、醚等多数有机溶剂,本身也可作溶剂。
用途	吡啶除用作溶剂外,在工业上还可用作变性剂、助染剂,以及合成一系列产品的起始物,包括药品、消毒剂、染料、食品调味料、黏合剂、炸药等。
海关归类思路	该商品为一个仅含有氮杂原子的六元环,属于品目 29.33 项下的仅含有氮杂原子的杂环化合物。其杂环为非稠合吡啶环,为子目 2933.3 项下的结构上含有一个非稠合吡啶环(不论是否氢化)的化合物。其子目 2933.31 具体列名的商品。
税则号列	2933.3100

中文名称	哌啶
英文名称	Piperidine
别名	六氢吡啶
CAS 号	110-89-4
化学名	$C_5H_{11}N$
化学式	哌啶
相对分子质量	85.15
结构式	
外观与性状	无色至淡黄色液体,有类似胡椒的气味。能与水混溶,溶于乙醇、乙醚、丙酮及苯。
用途	有机合成中用作缩合剂及溶剂,还可用作分析试剂,作为合成一系列产品的起始物,包括植物生长调节剂、杀菌剂、局部麻醉药、止痛药、杀菌剂、润湿剂、环氧树脂固化剂、橡胶硫化促进剂等。
海关归类思路	该商品为一个仅含有氮杂原子的六元环,属于品目 29.33 项下的仅含有氮杂原子的杂环化合物。其杂环为氢化的非稠合吡啶环,为子目 2933.3 项下的结构上含有一个非稠合吡啶环(不论是否氢化)的化合物。其为税号 2933.3210 具体列名的商品。
税则号列	2933.3210

中文名称	百草枯
英文名称	Paraquat
别名	
CAS 号	4685-14-7
化学名	1,1′-二甲基-4,4′-联吡啶阳离子
化学式	$C_{12}H_{14}N_2$
相对分子质量	186.25
结构式	
外观与性状	纯品为白色结晶，极易溶于水，微溶于相对分子质量低的醇类，不溶于烃类溶剂。
用途	百草枯为速效触杀型灭生性季铵盐类除草剂，有效成分能被植物绿色部分迅速吸收，通过光合作用和呼吸作用还原成联吡啶游离基，再经自氧化作用使叶组织中水和氧形成过氧化氢和过氧游离基。
海关归类思路	该商品分子中含有两个仅含有氮杂原子的六元环，属于品目 29.33 项下的仅含有氮杂原子的杂环化合物。其杂环为非稠合吡啶环，为子目 2933.3 项下的结构上含有一个非稠合吡啶环（不论是否氢化）的化合物。其在子目 2933.3 项下没有具体列名，归入兜底税号 2933.3990。
税则号列	2933.3990

中文名称	94%溴氰虫酰胺原药
英文名称	Cyantraniliprole
别名	溴氰虫酰胺、氰虫酰胺
CAS 号	736994-63-1
化学名	3-溴-1-（3-氯-2-吡啶基）-N-［4-氰基-2-甲基-6-［（甲基氨基）羰基］苯基］-1H-吡唑-5-甲酰胺
化学式	$C_{19}H_{14}N_6O_2ClBr$
相对分子质量	473.71
结构式	
外观与性状	淡黄色粉末固体，在水中不溶解，需避光存放。属于危险化学品。
用途	溴氰虫酰胺是一种杀虫剂，具有更高效、适用作物范围更广的特点，可有效防治鳞翅目、半翅目和鞘翅目害虫。
海关归类思路	该商品为一个仅含有氮杂原子的六元环，属于品目 29.33 项下的仅含有氮杂原子的杂环化合物。其杂环为非稠合吡啶环，为子目 2933.3 项下的结构上含有一个非稠合吡啶环（不论是否氢化）的化合物。
税则号列	2933.3990

中文名称	吡氟禾草隆
英文名称	Fluazifop-butyl
别名	吡氟禾草灵
CAS 号	69806-50-4
化学名	（RS）-2-［4-（5-三氟甲基-2-吡啶氧基）苯氧基］丙酸丁酯
化学式	$C_{19}H_{20}F_3NO_4$
相对分子质量	383.36
结构式	
外观与性状	无色或浅黄色油状液，与甲醇、丙烯、环乙酮、己烷、二甲苯、三氯甲烷混溶，难溶于水。
用途	是防治禾本科杂草和选择性芽后除草剂。用于棉花、大豆、油菜等大田防除一年生和多年生杂草，效果显著。
海关归类思路	该商品分子中含有一个仅含有氮杂原子的六元环，属于品目29.33项下的仅含有氮杂原子的杂环化合物。其杂环为非稠合吡啶环，为子目2933.3项下的结构上含有一个非稠合吡啶环（不论是否氢化）的化合物。其在子目2933.3项下没有具体列名，归入兜底税号2933.3990。
税则号列	2933.3990

中文名称	甲基毒死蜱
英文名称	Chlorpyrifos-methyl
别名	毒死蜱甲酯
CAS 号	5598-13-0
化学名	O,O-二甲基-O-（3,5,6-三氯-2-吡啶基）硫代磷酸酯
化学式	$C_7H_7Cl_3NO_3PS$
相对分子质量	322.53
结构式	
外观与性状	外观为白色结晶，略有硫醇味。易溶于大多数有机溶剂，25℃时在水中的溶解度为4mg/L。
用途	广谱性有机磷杀虫剂，具有触杀、胃毒和熏蒸作用，无内吸作用。用于防治贮藏谷物中的害虫和各种叶类作物上的害虫，也可用于防治蚊、蝇等卫生害虫。
海关归类思路	该商品分子中含有一个仅含有氮杂原子的六元环，属于品目29.33项下的仅含有氮杂原子的杂环化合物。其杂环为非稠合吡啶环，为子目2933.3项下的结构上含有一个非稠合吡啶环（不论是否氢化）的化合物。其在子目2933.3项下没有具体列名，归入兜底税号2933.3990。
税则号列	2933.3990

中文名称	氟啶胺
英文名称	Fluazinam
别名	
CAS 号	79622-59-6
化学名	N-［3-氯-5-（三氟甲基）-2-吡啶基］-3-氯-4-（三氟甲基）-2,6-二硝基苯胺
化学式	$C_{13}H_4Cl_2F_6N_4O_4$
相对分子质量	465.09
结构式	
外观与性状	原药为浅黄色或者黄色结晶或结晶性粉末，不溶于水，溶于甲醇，大量溶于丙酮。
用途	氟啶胺是广谱高效的保护性杀菌剂，对交链孢属、疫霉属、单轴霉属、核盘菌属和黑星菌属非常有效。对于抗苯并咪唑和二羧酰亚胺类杀菌剂的灰葡萄孢也有良好的效果，对由根霉菌引起的水稻猝倒病也有很好的效果。
海关归类思路	该商品分子中含有一个仅含有氮杂原子的六元环，属于品目29.33项下的仅含有氮杂原子的杂环化合物。其杂环为非稠合吡啶环，为子目2933.3项下的结构上含有一个非稠合吡啶环（不论是否氢化）的化合物。其在子目2933.3项下没有具体列名，归入兜底税号2933.3990。
税则号列	2933.3990

中文名称	环丙沙星
英文名称	Ciprofloxacin
别名	环丙氟哌酸
CAS 号	85721-33-1
化学名	1-环丙基-6-氟-4-氧代-7-（1-哌嗪基）-1,4-二氢喹啉-3-甲酸
化学式	$C_{17}H_{18}FN_3O_3$
相对分子质量	331.34
结构式	
外观与性状	白色结晶性粉末，味苦。
用途	第三代喹诺酮类抗菌素，抗菌谱广，杀菌力强而迅速，对包括绿脓杆菌、肠道细菌及金黄色葡萄球菌在内的革兰阳性和阴性菌均有杀菌作用。临床多用其盐酸盐，用于呼吸道感染、泌尿道感染、肠道感染、胆道各系统感染、腹腔内感染、妇科疾病感染、骨关节感染及全身严重感染的治疗。
海关归类思路	该商品分子中含有两个仅含有氮杂原子的六元环，属于品目 29.33 项下的仅含有氮杂原子的杂环化合物。其杂环为稠合吡啶环和非稠合哌嗪环，为子目 2933.5 项下的结构上含有一个嘧啶环（不论是否氢化）或哌嗪环的化合物。其为税号 2933.5920 具体列名的商品。
税则号列	2933.5920

中文名称	嘧菌酯
英文名称	Azoxystrobin
别名	阿米西达
CAS 号	131860-33-8
化学名	（E）-［2-［6-（2-氰基苯氧基）嘧啶-4-基氧］苯基］-3-甲氧基丙烯酸甲酯
化学式	$C_{22}H_{17}N_3O_5$
相对分子质量	403.39
结构式	
外观与性状	外观为白色或浅棕色固体，无特殊气味。
用途	嘧菌酯是新型高效、广谱、内吸性杀菌剂。可用于茎叶喷雾、种子处理，也可进行土壤处理。它对几乎所有真菌纲（子囊菌纲、担子菌纲、卵菌纲和半知菌类）病害，如白粉病、锈病、颖枯瘤、网斑病、霜霉病、稻瘟病等均有良好的活性，且与目前已有杀菌剂无交互抗性，常用于谷物、水稻、葡萄、马铃薯、蔬菜、果树及其他作物，安全无害。
海关归类思路	该商品分子中含有一个仅含有氮杂原子的六元环，属于品目 29.33 项下的仅含有氮杂原子的杂环化合物。其杂环为非稠合的嘧啶环，为子目 2933.5 项下的结构上含有一个嘧啶环（不论是否氢化）或哌嗪环的化合物。其在子目 2933.5 项下没有具体列名，归入兜底税号 2933.5990。
税则号列	2933.5990

中文名称	唑嘧菌胺
英文名称	Ametoctradin
别名	辛唑嘧菌胺
CAS 号	865318-97-4
化学名	5-乙基-6-辛基-7-氨基-［1,2,3］三唑［1,5-a］嘧啶
化学式	$C_{15}H_{25}N_5$
相对分子质量	275.39
结构式	
外观与性状	白色粉末。
用途	唑嘧菌胺是一种高选择性的杀菌剂，属于线粒体呼吸抑制剂，对霜霉和疫霉类卵菌纲真菌有控制作用，可高效灵活地防治霜霉病和晚疫病。
海关归类思路	该商品分子中含有一个仅含有氮杂原子的六元环，属于品目 29.33 项下的仅含有氮杂原子的杂环化合物。其杂环为稠合的嘧啶环，为子目 2933.5 项下的结构上含有一个嘧啶环（不论是否氢化）或哌嗪环的化合物。其在子目 2933.5 项下没有具体列名，归入兜底税号 2933.5990。
税则号列	2933.5990

中文名称	恩替卡韦一水合物
英文名称	Entecavir hydrate
别名	9-（4-羟基-3-羟甲基-2-亚甲基环戊-1-基）鸟嘌呤水合物
CAS 号	209216-23-9
化学名	9-（4-羟基-3-羟甲基-2-亚甲基环戊-1-基）鸟嘌呤水合物
化学式	$C_{12}H_{17}N_5O_4$
相对分子质量	295.29
结构式	
外观与性状	为白色或类白色结晶性粉末，无臭，在二甲基甲酰胺中溶解，甲醇中略溶，乙醇和水中微溶，在乙腈或丙醇中几乎不溶。
用途	是一种新型的环戊酰鸟苷类抗乙肝病毒药物，药理作用与恩替卡韦相似，对乙肝病毒（HBV）多聚酶具有抑制作用。临床上适用于病毒复制活跃、血清转氨酶 ALT 持续升高或肝脏组织学显示有活动性病变的慢性成人乙型肝炎的治疗。
海关归类思路	该商品分子中含有一个仅含有氮杂原子的六元环，属于品目 29.33 项下的仅含有氮杂原子的杂环化合物。其杂环为稠合的嘧啶环，为子目 2933.5 项下的结构上含有一个嘧啶环（不论是否氢化）或哌嗪环的化合物。其在子目 2933.5 项下没有具体列名，归入兜底税号 2933.5990。
税则号列	2933.5990

中文名称	三聚氰胺
英文名称	Melamine
别名	三氨三嗪、氰尿酰胺、密胺、蛋白精
CAS 号	108-78-1
化学名	1,3,5-三嗪-2,4,6-三胺
化学式	$C_3H_6N_6$
相对分子质量	126.12
结构式	
外观与性状	白色单斜晶体。少量溶于水、乙二醇、甘油及吡啶，微溶于乙醇，不溶于乙醚、苯、四氯化碳。
用途	与甲醛缩合聚合可制得三聚氰胺树脂，可用于塑料及涂料工业，也可作纺织物防摺、防缩处理剂，还可用作皮革加工的鞣剂和填充剂。
海关归类思路	该商品分子中含有一个仅含有氮杂原子的六元环，属于品目 29.33 项下的仅含有氮杂原子的杂环化合物。其杂环为非稠合的三嗪环，为子目 2933.6 项下的结构上含有一个非稠合三嗪环（不论是否氢化）的化合物。其为税号 2933.6100 具体列名的商品。
税则号列	2933.6100

中文名称	三氯异氰脲酸
英文名称	Trichloroisocyanuric acid
别名	3-氯异氰酸尿、三氯三嗪三酮、强氯精
CAS 号	87-90-1
化学名	1,3,5-三氯-1,3,5-六氢化三嗪-2,4,6-三酮
化学式	$C_3Cl_3N_3O_3$
相对分子质量	232.41
结构式	
外观与性状	白色结晶性粉末或粒状固体，具有强烈的氯气刺激味，含有效氯在 90% 以上，25℃ 时 100g 水中的溶解度为 1.2g，遇酸或碱易分解。
用途	三氯异氰尿酸属于氯代异氰尿酸类化合物，是较重要的漂白剂、氯化剂和消毒剂。它与传统氯化剂（如液氯、漂白粉、漂粉精）相比，具有有效氯含量高、贮运稳定、成型和使用方便、杀菌和漂白力高、在水中释放有效氯时间长、安全无毒等特点，因此它的开发与研究受到各国的重视。三氯异氰尿酸应用广泛，可以用作工业用水、游泳池水、医院、餐具等的杀菌剂。三氯异氰尿酸已广泛应用于工业循环水。
海关归类思路	该商品分子中含有一个仅含有氮杂原子的六元环，属于品目 29.33 项下的仅含有氮杂原子的杂环化合物。其杂环虽有内酰胺基团，但根据《税则注释》2933.79 子目注释，归入子目 2933.79 的内酰胺必须含有不同的在每端被至少一个碳原子分开的内酰胺基，然而本子目不包括其碳原子分开后紧接于内酰胺基而形成氧代基、亚氨基或硫代基的产品，因此该产品不是子目 2933.7 项下的内酰胺。其杂环为非稠合的三嗪环，为子目 2933.6 项下的结构上含有一个非稠合三嗪环（不论是否氢化）的化合物。其为税号 2933.6922 具体列名的商品。
税则号列	2933.6922

中文名称	二氯异氰尿酸钠
英文名称	Sodium dichloroisocyanurate
别名	优氯净、消杀威、优氯克霉灵、优乐净
CAS 号	2893-78-9
化学名	1,3-二氯-1,3,5-三嗪-2,4,6-（1H,3H,5H）三酮钠盐
化学式	$C_3Cl_2N_3NaO_3$
相对分子质量	219.95
结构式	
外观与性状	白色结晶性粉末，有浓厚的氯气味，易溶于水。
用途	用作工业水杀菌剂、饮用水消毒剂、游泳池杀菌消毒剂、织物整理剂等。
海关归类思路	该商品分子中含有一个仅含有氮杂原子的六元环，属于品目29.33项下的仅含有氮杂原子的杂环化合物。其杂环为非稠合的三嗪环，为子目2933.6项下的结构上含有一个非稠合三嗪环（不论是否氢化）的化合物。
税则号列	2933.6929

中文名称	西草净
英文名称	Simetryn
别名	西散净、西散津、西玛净
CAS 号	1014-70-6
化学名	2-甲硫基-4,6-二乙胺基-1,3,5-三嗪
化学式	$C_8H_{15}N_5S$
相对分子质量	213.3
结构式	
外观与性状	纯品为白色结晶。熔点82~83℃，蒸气压9.47×10^{-5}Pa，易溶于甲醇、乙醇、三氯甲烷等有机溶剂；22℃时在水中溶解度为450mg/L。遇酸、碱或高温易分解。
用途	为选择性、内吸传导型均三氮苯类除草剂。能通过杂草根、叶吸收，并传导至植株全身，抑制杂草光合作用，使叶片缺绿变黄而死亡。主要用于水稻，也可用于玉米、大豆、小麦、花生和棉花等作物，防除眼子菜、牛毛草、稗草、野慈姑、苦草、瓜皮草、水鳖、三棱草、苋菜、铁苋菜、藜、蓼等杂草。
海关归类思路	该商品分子中含有一个仅含有氮杂原子的六元环，属于品目29.33项下的仅含有氮杂原子的杂环化合物。其杂环为非稠合的三嗪环，为子目2933.6项下的结构上含有一个非稠合三嗪环（不论是否氢化）的化合物。其在子目2933.6项下没有具体列名，归入兜底税号2933.6990。
税则号列	2933.6990

中文名称	95%莠去津原药
英文名称	Atrazine
别名	阿特拉津、盖萨林、莠去尽、盖萨普林
CAS 号	1912-24-9
化学名	2-氯-4-乙胺基-6-异丙胺基-均三氮苯
化学式	$C_8H_{14}ClN_5$
相对分子质量	324.92
结构式	
外观与性状	无色结晶，熔点 173~175℃。溶于水、甲醇、三氯甲烷。在中性、微酸性及微碱性介质中稳定，但碱和无机酸在高温下可将其水解为无除草活性的羟基衍生物，无腐蚀性。
用途	是玉米、甘蔗、高粱等地的专用化学除草剂，用于多种作物芽前及芽后除草。
海关归类思路	该商品分子中含有一个仅含有氮杂原子的六元环，属于品目 29.33 项下的仅含有氮杂原子的杂环化合物。其杂环为非稠合的三嗪环，为子目 2933.6 项下的结构上含有一个非稠合三嗪环（不论是否氢化）的化合物。
税则号列	2933.6990

中文名称	乌洛托品
英文名称	Hexamethylenetetramine
别名	六亚甲基四胺、海克山明、1,3,5,7-四氮杂金刚烷
CAS 号	100-97-0
化学名	1,3,5,7-四氮杂三环（3.3.1.1.3.7）癸烷
化学式	$C_6H_{12}N_4$
相对分子质量	140.19
结构式	
外观与性状	白色吸湿性结晶性粉末或无色有光泽的菱形结晶体，可燃。熔点 263℃，如超过此熔点即升华并分解，但不熔融。
用途	用作树脂和塑料的固化剂、氨基塑料的催化剂和发泡剂、橡胶硫化的促进剂（促进剂 H）、纺织品的防缩剂等；可用作泌尿系统的消毒剂，其本身无抗菌作用，对革兰氏阴性细菌有效。其 20% 的溶液可用于治疗腋臭、汗脚、体癣等；与氢氧化钠和苯酚钠混合，可作防毒面具中的光气吸收剂；在医药工业中用来生产氯霉素；与发烟硝酸作用，可制得爆炸性极强的炸药黑索金，简称 RDX。
海关归类思路	该商品分子中含有仅含有氮杂原子的六元环，属于品目 29.33 项下的仅含有氮杂原子的杂环化合物。其杂环为三嗪环，为子目 2933.6 项下的结构上含有一个非稠合三嗪环（不论是否氢化）的化合物。其在子目 2933.6 项下没有具体列名，归入兜底税号 2933.6990。
税则号列	2933.6990

中文名称	己内酰胺
英文名称	Caprolactam
别名	环己酮异肟
CAS 号	105-60-2
化学名	己内酰胺
化学式	$C_6H_{11}NO$
相对分子质量	113.16
结构式	
外观与性状	白色薄片或熔融体，具有薄荷及丙酮气味。溶于水、氯化溶剂、石油烃、环己烯、苯、甲醇、乙醇、乙醚。
用途	绝大部分用于生产聚己内酰胺，后者约90%用于生产合成纤维，即卡普隆，10%用作塑料，用于制造齿轮、轴承、管材、医疗器械及电气、绝缘材料等。也可用于涂料、塑料剂及少量地用于合成赖氨酸等。
海关归类思路	商品分子中含有仅含有氮杂原子的七元环，属于品目29.33项下的仅含有氮杂原子的杂环化合物。其杂环为内酰胺，为子目2933.7项下的内酰胺。其为子目2933.71具体列名的商品。
税则号列	2933.7100

中文名称	螺虫乙酯
英文名称	Spirotetramat
别名	
CAS 号	203313-25-1
化学名	顺式-3-（2,5-二甲基苯基）-8-甲氧基-2-氧代-1-氮杂螺［4.5］葵-3-烯-4-基碳酸乙酯
化学式	$C_{21}H_{27}NO_5$
相对分子质量	373.446
结构式	
外观与性状	几乎不溶于水。
用途	是具有双向内吸传导性能的杀虫剂，用于防治各种刺吸式口器害虫，如蚜虫、蓟马、木虱、粉蚧、粉虱和介壳虫等。
海关归类思路	商品分子中含有仅含有氮杂原子的五元环，属于品目29.33项下的仅含有氮杂原子的杂环化合物。其杂环为内酰胺，为子目2933.7项下的内酰胺。其在子目2933.7项下没有具体列名，归入兜底税号2933.7900。
税则号列	2933.7900

中文名称	氯唑磷
英文名称	Isazophos
别名	米乐尔
CAS 号	42509-80-8
化学名	O,O-二乙基-O-（5-氯-1-四基乙基-1 上,2,4-三唑-3-基）硫代磷酸酯
化学式	$C_9H_{17}C_1N_3O_3PS$
相对分子质量	313.74
结构式	
外观与性状	纯品为黄色液体。可溶于甲醇、三氯四烷等有机溶剂，水中溶解度仅 150mg/L。中性及酸性介质中稳定，碱性条件下易分解。
用途	用作杀虫剂，有触杀、胃毒和内吸作用。用于玉米、棉花、水稻、甜菜、草皮和蔬菜上，防治长蝽象、线虫、水稻螟虫等。既可作叶面喷洒，又可作土壤或种子处理，但不宜在马铃薯上使用，以防产生药害。
海关归类思路	商品分子中含有仅含有氮杂原子的五元环，属于品目 29.33 项下的仅含有氮杂原子的杂环化合物。其杂环为三唑环。其在品目 29.33 项下没有具体列名，归入兜底税号 2933.9900。
税则号列	2933.9900

中文名称	哒螨灵
英文名称	Pyridaben
别名	达螨尽、灭特灵、牵牛星、速螨酮
CAS 号	96489-71-3
化学名	2-叔丁基-5-（4-叔丁苄基硫）代-4-氯-3（二氢）哒嗪酮
化学式	$C_{19}H_{25}ClN_{20}S$
相对分子质量	364.9
结构式	
外观与性状	白色无味结晶固体。在大多数有机溶剂中均稳定，对光不稳定。
用途	用于防治果树、棉花、小麦、花生、蔬菜等作物上的各种螨虫。
海关归类思路	商品分子中含有仅含有氮杂原子的六元环，属于品目 29.33 项下的仅含有氮杂原子的杂环化合物。其在品目 29.33 项下没有具体列名，归入兜底税号 2933.9900。
税则号列	2933.9900

中文名称	苯菌灵
英文名称	Benomyl
别名	苯雷特、免赖得
CAS 号	17804-35-2
化学名	1-正丁胺基甲酰-苯并咪唑-2-氨基甲酸甲酯
化学式	$C_{14}H_{18}N_4O_3$
相对分子质量	290.32
结构式	
外观与性状	白色结晶固体，熔点前分解。不溶于水和油类，溶于三氯甲烷、丙酮、二甲基甲酰胺。稍有苦味。
用途	用作杀菌剂，可用于喷洒、拌种和土壤处理，防治蔬菜、果树、油料作物病害。
海关归类思路	商品分子中含有仅含有氮杂原子的多元环，属于品目 29.33 项下的仅含有氮杂原子的杂环化合物。其化学结构中有一个与苯环稠合的吡唑环。其在品目 29.33 项下没有具体列名，归入兜底税号 2933.9900。
税则号列	2933.9900

中文名称	四氟醚唑
英文名称	Tetraconazole
别名	氟醚唑
CAS 号	112281-77-3
化学名	（±）-2-（2,4-二氯苯基）-3-（1H-1,2,4-三唑-1-基）丙基-1,1,2,2,-四氟乙基醚
化学式	$C_{13}H_{11}Cl_2F_4N_3O$
相对分子质量	372.15
结构式	
外观与性状	纯品为黏稠油状物。难溶于水，可与丙酮、二氯甲烷、甲醇互溶。
用途	本品属于三唑类杀菌剂，是甾醇脱甲基化抑制剂。用于禾谷类作物和甜菜作叶面喷雾，用于葡萄、观赏植物、仁果、核果、蔬菜作叶面喷雾，也可作种子处理。对禾谷类作物、葡萄、观赏植物、仁果、核果、甜菜和蔬菜上的白粉菌，禾谷类作物上的柄锈菌，蔬菜上的单胞锈菌，甜菜上的甜菜生尾孢和仁果上的黑星菌均有效。
海关归类思路	商品分子中含有仅含有氮杂原子的五元环，属于品目 29.33 项下的仅含有氮杂原子的杂环化合物。其杂环为三唑环。其在品目 29.33 项下没有具体列名，归入兜底税号 2933.9900。
税则号列	2933.9900

中文名称	阿托伐他汀钙三水物
英文名称	Atorvastatin hemicalcium trihydrate
别名	阿托伐他汀钙水合物
CAS 号	344423-98-9
化学名	
化学式	$C_{66}H_{74}CaF_2N_4O_{13}$
相对分子质量	1209.39
结构式	
外观与性状	白色、灰白色或米色结晶性粉末。
用途	为他汀类血脂调节药。阿托伐他汀钙主要作用部位在肝脏，可减少胆固醇的合成，增加低密度脂蛋白受体合成，使血胆固醇和低密度脂蛋白胆固醇水平降低，中度降低血清甘油三酯水平和增高血高密度脂蛋白水平。本品蛋白结合率为98%，大部分以代谢物的形式经胆汁排出。
海关归类思路	商品分子中含有仅含有氮杂原子的五元环，属于品目 29.33 项下的仅含有氮杂原子的杂环化合物。其杂环为吡咯。其在品目 29.33 项下没有具体列名，归入兜底税号 2933.9900。
税则号列	2933.9900

中文名称	噻螨酮
英文名称	Hexythiazox
别名	尼索朗
CAS 号	78587-05-0
化学名	(4RS,5RS) -5- (4-氯苯基) -N-环己基-4-甲基-2-氧代-1,3-噻唑烷-3-羧酰胺
化学式	$C_{17}H_{21}ClN_2O_2S$
相对分子质量	352.88
结构式	
外观与性状	纯品为浅黄色或白色晶体，无味。水中溶解度为 0.5mg/L，在每 100g 的甲醇、己烷、丙酮等有机溶剂中的溶解度分别为 2.06g、0.39g、16.0g，50℃下保存 3 个月不分解。
用途	为噻唑烷酮类杀螨剂。杀虫谱广，对叶螨、全爪螨具有高的杀螨活性，低浓度使用效果良好，并有较好的残效性，与有机磷、三氯杀螨醇等无交互抗性，对农作物安全，对捕食螨的益虫安全，但无内吸性，对成虫效果差。
海关归类思路	商品分子中含有含氮、硫杂原子的五元环，属于品目 29.34 项下的其他杂环化合物。其杂环为非稠合噻唑，为子目 2934.1 项下结构上含有一个非稠合噻唑环（不论是否氢化）的化合物。其在子目 2934.1 项下没有具体列名，归入兜底税号 2934.1090。
税则号列	2934.1090

中文名称	噻虫啉
英文名称	Thiacloprid
别名	
CAS 号	111988-49-9
化学名	3-（6-氯-3-吡啶甲基）-1,3-噻唑啉-2-基亚氰胺
化学式	$C_{10}H_9ClN_4S$
相对分子质量	252.72
结构式	
外观与性状	微黄色粉末，熔点 128~129℃，蒸气压 $3×10^{-10}$Pa（20℃），20℃时在水中的溶解度为 185mg/L。土壤中半衰期为 1~3 周。
用途	广谱、内吸性新烟碱类杀虫剂，对刺吸式口器害虫有良好的杀灭效果。作用于烟酸乙酰胆碱受体，与有机磷、氨基甲酸酯、拟除虫菊酯类常规杀虫剂无交互抗性，可用于抗性治理。药剂对棉花、蔬菜、马铃薯和梨果类水果上的重要害虫有优异的防效。除了对蚜虫和粉虱有效外，还对各种甲虫（如马铃薯甲虫、苹果象甲、稻象甲）和鳞翅目害虫（如苹果树上的潜叶蛾和苹果蠹蛾）有效，对相应的作物都适用。
海关归类思路	商品分子中含有含氮、硫杂原子的五元环，属于品目 29.34 项下的其他杂环化合物。其杂环为非稠合氢化噻唑，为子目 2934.1 项下结构上含有一个非稠合噻唑环（不论是否氢化）的化合物。其在子目 2934.1 项下没有具体列名，归入兜底税号 2934.1090。
税则号列	2934.1090

239

中文名称	烯丙苯噻唑
英文名称	Probenazole
别名	噻菌灵、烯丙异噻唑
CAS 号	27605-76-1
化学名	烯丙苯噻唑
化学式	$C_{10}H_9NO_3S$
相对分子质量	223.25
结构式	
外观与性状	无色结晶，可溶于水。燃烧会产生有毒硫氧化物和氮氧化物气体。
用途	诱导免疫型杀菌剂。
海关归类思路	商品分子中含有含氮、硫杂原子的五元环，属于品目 29.34 项下的其他杂环化合物，为子目 2934.20 项下结构上含有一个苯并噻唑环系的化合物。
税则号列	2934.2000

中文名称	氯酚红
英文名称	Chlorophenol red
别名	邻氯酚红、3,3-二氯苯酚磺酰酞
CAS 号	4430-20-0
化学名	4,4′-（3H-2,1-苯并恶硫羟-3-亚基）双（2-氯苯酚）-S,S-二氧化物
化学式	$C_{19}H_{12}Cl_2O_5S$
相对分子质量	423.27
结构式	
外观与性状	黄棕色粉末。熔点 261~262℃。溶于乙醇和稀碱液，微溶于水，不溶于醚和苯。
用途	用作酸碱指示剂。
海关归类思路	商品分子中含有含氧、硫杂原子的五元环，属于品目 29.34 项下的其他杂环化合物。其杂环为苯并恶硫羟，在品目 29.34 项下没有具体列名，归入兜底子目 2934.99。其为税号 2934.9910 具体列名的商品。
税则号列	2934.9910

中文名称	依非韦伦
英文名称	Efavirenz
别名	艾法韦仑、依氟维纶、依非韦伦、
CAS 号	154598-52-4
化学名	(4S) -6-氯-4- (环丙乙炔) -4- (三氟甲基) -苯并-1,4-二氢恶唑-2-酮
化学式	$C_{14}H_9ClF_3NO_2$
相对分子质量	315.67
结构式	
外观与性状	白色或粉红色晶状粉末，不溶于水。
用途	为非核苷类逆转录酶抑制剂，与其他病毒逆转录酶抑制剂联合使用，用于 HIV-1 感染病人的治疗。
海关归类思路	商品分子中含有含氧、氮杂原子的六元环，属于品目 29.34 项下的其他杂环化合物。其杂环为苯并二氢恶唑，在品目 29.34 项下没有具体列名，归入兜底子目 2934.99。其为税号 2934.9940 具体列名的商品。
税则号列	2934.9940

中文名称	去乙酰基-7-氨基头孢烷酸
英文名称	Hydroxymethyl-7-aminocephalosporanic acid
别名	
CAS 号	15690-38-7
化学名	去乙酰基-7-氨基头孢烷酸
化学式	$C_8H_{10}N_2O_4S$
相对分子质量	230.24
结构式	
外观与性状	密度 1.749g/cm^3，沸点 617.9℃。
用途	用作医药中间体，是头孢菌素中最常用的母核，7-氨基头孢烷酸有两个活性基团，3-位的乙酰氧基和 7-位的氨基，在这两个活性基团上连接不同的侧链，就构成不同性质的头孢类抗生素，如头孢噻肟（cefotaxime）、头孢三嗪（ceftriaxone）、头孢唑啉（cefazolin）、头孢呋辛（cefuroxime）、头孢哌酮（cefoperzone）等。
海关归类思路	商品分子中含有含氮、硫杂原子的六元环，属于品目 29.34 项下的其他杂环化合物。其杂环在品目 29.34 项下没有具体列名，归入兜底子目 2934.99。其为税号 2934.9960 具体列名的商品。
税则号列	2934.9960

中文名称	5′-尿苷酸二钠
英文名称	Disodium uridine-5′-monophosphate
别名	尿苷-5′-单磷酸二钠、5′-单磷酸尿苷二钠盐、尿甙酸二钠
CAS 号	3387-36-8
化学名	尿苷-5′-单磷酸二钠
化学式	$C_9H_{11}N_2Na_2O_9P$
相对分子质量	368.14
结构式	
外观与性状	无色至白色结晶或白色结晶性粉末，稍有特殊气味。易溶于水（溶解度 41g/100mL），微溶于甲醇，不溶于乙醇。
用途	可加入牛奶中以提高核苷酸量使之接近人乳成分，增强婴幼儿抵抗能力。可作为生产核酸类药物中间体、保健食品及生化试剂，并用于制造尿苷三磷酸（UTP）、聚腺尿、氟铁龙等药物。
海关归类思路	商品分子中既含有仅含氮原子的六元环，又含有仅含氧杂原子的五元环，属于品目 29.34 项下的其他杂环化合物。其杂环在品目 29.34 项下没有具体列名，归入兜底税号 2934.9990。
税则号列	2934.9990

中文名称	95%三环唑原药
英文名称	Tricyclazole
别名	克瘟唑、比艳三赛唑、克瘟灵
CAS 号	41814-78-2
化学名	三环唑/5-甲基-1,2,4-三唑并［3,4-b］苯并噻唑
化学式	$C_9H_7N_3S$
相对分子质量	189.2
结构式	
外观与性状	白色结晶，可溶于水、二氯甲烷、乙醇等。性质稳定，不易被水和光分解，对热稳定。对温血动物具有中等毒性。
用途	三环唑是专用于防治水稻稻瘟病的内吸性杀菌剂，尤其对穗颈瘟防治效果良好。
海关归类思路	商品分子中含有含氧、硫杂原子的五元环，属于品目 29.34 项下的其他杂环化合物。其杂环为苯并恶硫羟，在品目 29.34 项下没有具体列名，归入兜底税号 2934.9900。
税则号列	2934.9990

中文名称	杀虫环草酸盐
英文名称	Thiocyclam hydrogen oxalate
别名	硫环杀、易卫杀、草酸氢杀虫环
CAS 号	31895-22-4
化学名	N,N-二甲基-1,2,3-三硫杂环己烷-5-胺草酸盐
化学式	$C_5H_{11}NS_3 \cdot C_2H_2O_4$
相对分子质量	271.38
结构式	
外观与性状	无色无臭结晶。23℃时水中溶解度为84g/L、丙酮500mg/L、乙醇1.9g/L、甲醇17g/L、二甲苯<10g/L，不溶于煤油。
用途	选择性杀虫剂，具有胃毒、触杀、内吸作用。防治鳞片目和鞘翅目害虫的持效期为7～14天，也可防治寄生线虫，如水稻白尖线虫，对一些作物的锈病和白穗病也有一定的防效。
海关归类思路	商品分子中含有仅含硫杂原子的六元环，属于品目29.34项下的其他杂环化合物。其杂环在品目29.34项下没有具体列名，归入兜底税号2934.9990。
税则号列	2934.9990

中文名称	土菌灵
英文名称	Etridiazole
别名	氯唑灵
CAS 号	2593-15-9
化学名	5-乙氧基-3-（三氯甲基）-1,2,4-噻二唑
化学式	$C_5H_5Cl_3N_2OS$
相对分子质量	247.53
结构式	
外观与性状	呈黄色液体，在水中的溶解度为50mg/L（25℃）。可溶于丙酮、四氯化碳。剂型为粉剂。
用途	为用于土壤处理的有机杀菌剂，为触杀性杀菌剂。对蔬菜及大田多种作物的病原真菌、细菌、病毒及类菌体都有良好的灭杀效果，尤其对土壤中残留的病原菌，具有良好的触杀作用。
海关归类思路	商品分子中含有含氮、硫杂原子的五元环，属于品目29.34项下的其他杂环化合物。其杂环在品目29.34项下没有具体列名，归入兜底税号2934.9990。
税则号列	2934.9990

中文名称	恶唑菌酮
英文名称	Famoxadone
别名	
CAS 号	131807-57-3
化学名	3-苯氨基-5-甲基-5-（4-苯氧基苯基）唑烷-2,4-二酮
化学式	$C_{22}H_{18}N_2O_4$
相对分子质量	374.39
结构式	
外观与性状	无色结晶体。20℃时水中溶解度 52μg/L。
用途	为新型高效、广谱杀菌剂，适宜作物如小麦、大麦、豌豆、甜菜、油菜、葡萄、马铃薯、瓜类、辣椒、番茄等。主要用于防治子囊菌纲、担子菌纲、卵菌亚纲中的重要病害如白粉病、锈病、颖枯病、网斑病、霜霉病、晚疫病等。与氟硅唑混用对防治小麦颖枯病、网斑病、白粉病、锈病效果更好。
海关归类思路	商品分子中含有含氧、氮杂原子的五元环，属于品目 29.34 项下的其他杂环化合物。其杂环在品目 29.34 项下没有具体列名，归入兜底税号 2934.9990。
税则号列	2934.9990

中文名称	丙炔氟草胺
英文名称	Flumioxazin
别名	
CAS 号	103361-09-7
化学名	2-［7-氟代-3,4-二氢-3-氧代-4-（2-丙炔基）-2H-1,4-苯并嗪-6-基］-4,5,6,7-四氢-1H-异吲哚-1,3（2H）-二酮
化学式	$C_{19}H_{15}FN_2O_4$
相对分子质量	354.33
结构式	
外观与性状	
用途	属于环状亚胺类低毒除草剂，为由幼芽和叶片吸收的除草剂，用于土壤处理，可有效防除 1 年生阔叶杂草和部分禾本科杂草，在环境中易降解，对后茬作物安全。
海关归类思路	商品分子中含有含氧、氮杂原子的六元环，属于品目 29.34 项下的其他杂环化合物。其杂环在品目 29.34 项下没有具体列名，归入兜底税号 2934.9990。
税则号列	2934.9990

中文名称	乙螨唑
英文名称	Etoxazole
别名	依杀螨
CAS 号	153233-91-1
化学名	（RS）-5-叔丁基-2-［2-（2,6-二氟苯基）-4,5-二氢-1,3-恶唑-4-基］苯乙醚
化学式	$C_{21}H_{23}F_2NO_2$
相对分子质量	359.41
结构式	
外观与性状	纯品外观为白色晶体粉末。溶解度（g/L，20℃）：水 $7.04×10^{-5}$，丙酮 309.4，甲醇 104.0，二甲苯 251.7。
用途	主要用于防治苹果、柑橘的红蜘蛛，对棉花、花卉、蔬菜等作物的叶螨、始叶螨、全爪螨、二斑叶螨、朱砂叶螨等螨类也有卓越防效。
海关归类思路	商品分子中含有含氧、氮杂原子的五元环，属于品目 29.34 项下的其他杂环化合物。其杂环在品目 29.34 项下没有具体列名，归入兜底税号 2934.9990。
税则号列	2934.9990

中文名称	异环磷酰胺
英文名称	Ifosfamide
别名	
CAS 号	3778-73-2
化学名	3-（2-氯乙基）-2-［（2-氯乙基）氨基］四氢-2H-1,3,2-恶磷-2-氧化物
化学式	$C_7H_{15}Cl_2N_2O_2P$
相对分子质量	61.09
结构式	
外观与性状	室温下为白色结晶或结晶性粉末。
用途	本品在体外无抗癌活性，进入体内被肝脏或肿瘤内存在的磷酰胺酶或磷酸酶水解，变为活化作用型的磷酰胺氮芥而起作用。其作用机制为与 DNA 发生交叉联结，抑制 DNA 的合成，也可干扰 RNA 的功能，属于细胞周期非特异性药物。本品抗瘤谱广，对多种肿瘤有抑制作用，可用于治疗恶性淋巴瘤、肺癌、乳腺癌、食道癌、骨及软组织肉瘤、非小细胞肺癌、头颈部癌、宫颈癌等。
海关归类思路	商品分子中含有含氧、氮、磷杂原子的六元环，属于品目 29.34 项下的其他杂环化合物。其杂环在品目 29.34 项下没有具体列名，归入兜底税号 2934.9990。
税则号列	2934.9990

中文名称	吡嘧磺隆
英文名称	Pyrazosulfuron-ethyl
别名	草克星、稻歌、稻月生
CAS 号	93697-74-6
化学名	5-（4,6-二甲氧基嘧啶基-2-氨基甲酰氨基磺酰）-1-甲基吡唑-4-羧酸乙酯
化学式	$C_{14}H_{18}N_6O_7S$
相对分子质量	414.39
结构式	
外观与性状	原药外观为灰白色晶体。溶解度（mg/L，20℃）：水 4.5，丙酮 31.7，三氯甲烷 23.4，乙烷 2，甲醇 7。
用途	属于磺酰脲类除草剂，为选择性内吸传导型除草剂，主要通过根系被吸收，在杂草植株体内迅速转移，抑制其生长，至逐渐死亡。本品可以防除一年生和多年生阔叶杂草和莎草科杂草。由于水稻能分解该药剂，其对水稻生长几乎没有影响，该产品可用于各种类型的稻田。
海关归类思路	商品分子中含有一个磺胺基团，属于品目 29.35 项下的磺（酰）胺。其在品目 29.35 项下没有具体列名，归入兜底税号 2935.9000。
税则号列	2935.9000

中文名称	唑嘧磺草胺
英文名称	Flumetsulam
别名	阔草清、吡嘧磺草胺
CAS 号	98967-40-9
化学名	N-（2,6-二氟苯基）-5-甲基-1,2,4-三唑并［1,5-a］嘧啶-2-磺酰胺
化学式	$C_{12}H_9F_2N_5O_2S$
相对分子质量	325.29
结构式	
外观与性状	灰白色无味固体，熔点 251~253℃。
用途	属于磺酰胺类除草剂，适于玉米、大豆、小麦、大麦、三叶草、苜蓿等田中防治一年生及多年生阔叶杂草，如问荆、荠菜、小花糖芥、独行菜、播娘蒿、蓼、婆婆纳、苍耳、龙葵、反枝苋、藜、苘麻、猪殃殃、曼陀罗等。对幼龄禾本科杂草也有一定抑制作用。
海关归类思路	商品分子中含有一个磺胺基团，属于品目 29.35 项下的磺（酰）胺。其在品目 29.35 项下没有具体列名，归入兜底税号 2935.9000。
税则号列	2935.9000

中文名称	磺胺甲恶唑
英文名称	Sulfamethoxazole
别名	新诺明、磺胺甲基异唑、磺胺甲基异恶唑、3-对氨基苯磺酰胺基-5-甲基异唑
CAS 号	723-46-6
化学名	4-氨基-N-（5-甲基-3-异恶唑基）苯磺酰胺
化学式	$C_{10}H_{11}N_3O_3S$
相对分子质量	253.28
结构式	
外观与性状	白色结晶性粉末，无臭，味微苦。熔点 168℃。极微溶于水，易溶于稀酸、稀碱液或氨水。
用途	本品是一种广谱抗菌药，对葡萄球菌及大肠杆菌作用特别强，用于治疗泌尿道感染以及禽霍乱等。
海关归类思路	商品分子中含有一个磺胺基团，属于品目 29.35 项下的磺（酰）胺。其在品目 29.35 项下没有具体列名，归入兜底税号 2935.9000。
税则号列	2935.9000

中文名称	维生素 A 丙酸酯
英文名称	Retinyl propionate
别名	丙酸维生素 A、视黄醇丙酸酯
CAS 号	7069-42-3
化学名	［（2E,4E,6E,8E）-3,7-二甲基-9-（2,6,6-三甲基环己烯）-2,4,6,8-壬四烯基］丙酸酯
化学式	$C_{23}H_{34}O_2$
相对分子质量	342.51
结构式	
外观与性状	黏稠的黄色油状液体，闪点 128℃，储存条件 2~8℃。
用途	本品是维生素 A 的一种衍生物，在皮肤中会转换成视黄醇。视黄醇的主要作用是加速肌肤新陈代谢，促进细胞增生，同时激发胶原蛋白生成，对于治疗痤疮也有一定的功效。常作为抗氧化、抗衰老产品成分。
海关归类思路	该商品是维生素的衍生物，属于品目 29.36 项下的主要用作维生素的衍生物。其为非混合的维生素 A 的衍生物，属于子目 2936.21 项下的维生素 A 及其衍生物。
税则号列	2936.2100

中文名称	核黄素磷酸钠
英文名称	Iboflavin-5′-phosphate sodium salt dihydrate
别名	核黄素-5-磷酸钠水合物、维生素 B₂5′-磷酸一钠盐二水化物、核黄素-5-单磷酸钠
CAS 号	6184-17-4
化学名	核黄素磷酸钠
化学式	$C_{17}H_{24}N_4NaO_{11}P$
相对分子质量	514.36
结构式	
外观与性状	橙黄色粉末。
用途	是核黄素的重要衍生物之一，其生理作用与核黄素基本相同，主要用作治疗各种维生素 B_2 缺乏症的药品、食品营养强化剂或饲料添加剂。
海关归类思路	该商品是维生素的衍生物，属于品目 29.36 项下的主要用作维生素的衍生物。其为非混合的维生素 B_2 的衍生物，属于子目 2936.23 项下的维生素 B_2 及其衍生物。
税则号列	2936.2300

中文名称	D-泛酸
英文名称	D-Pantothenic acid
别名	本多生酸
CAS 号	79-83-4
化学名	（R）-N-（2,4-二羟基-3,3-二甲基-1-氧代丁基）-β-丙氨酸
化学式	$C_9H_{17}NO_5$
相对分子质量	219.23
结构式	
外观与性状	为无色或淡黄色黏性油状液体，易吸湿，不稳定。酸、碱、热均可加速其分解。其难溶于苯、三氯甲烷，微溶于乙醚、戊醇，易溶于水、乙酸乙酯、二氧六环和冰醋酸。由于泛酸具有很强的吸湿性，难以结晶，所以通常制成钙盐和钠盐。
用途	D-泛酸在体内转变成辅酶 A（CoA）或酰基载体蛋白（ACP）参与脂肪酸代谢反应。常用于饲料添加剂、医药和食品添加剂。
海关归类思路	该商品是维生素，属于品目 29.36 项下的天然或合成再制的维生素原和维生素。其为子目 2936.24 项下具体列名的商品。
税则号列	2936.2400

中文名称	美他多辛
英文名称	Metadoxil
别名	维生素 B_6 焦谷氨酸盐
CAS 号	74536-44-0
化学名	吡多醇 L-2 吡咯烷酮-5-羧酸盐
化学式	$C_8H_{11}NO_3 \cdot C_5H_7NO_3$
相对分子质量	298.3
结构式	
外观与性状	灰白色粉末。
用途	美他多辛对酒精性肝病有积极作用。本品可使肝脏 ATP 浓度及细胞内氨基酸转运增加。它能使色氨基酸吡咯酶不被乙酸抑制。本品对急、慢性酒精中毒也有效，特别是它能加速血浆及尿中乙酸及乙醛的清除。用于急性和慢性酒精中毒，以及酒精性肝病。
海关归类思路	该商品是维生素衍生物，属于品目 29.36 项下的主要用作维生素的衍生物。其为非混合的维生素 B_6 的衍生物，属于子目 2936.25 项下的维生素 B_6 及其衍生物。
税则号列	2936.2500

中文名称	维生素 C
英文名称	Vitamin C
别名	抗坏血酸
CAS 号	50-81-7
化学名	2,3,5,6-四羟基-2-己烯-4-内酯
化学式	$C_6H_8O_6$
相对分子质量	176.12
结构式	
外观与性状	白色结晶或结晶性粉末，无臭，味酸。易溶于水，稍溶于乙醇，不溶于乙醚、三氯甲烷、苯、石油醚、油类、脂肪。水溶液显酸性反应，水溶液不稳定，在空气中能很快氧化成脱氢抗坏血酸，有柠檬酸的酸味。其是较强的还原剂，贮存久后渐变成不同程度的淡黄色。
用途	用于食品中作抗氧化剂和食品营养强化剂。用于防治坏血病，也用于各种急慢性传染性疾病及紫癜等作辅助作用。
海关归类思路	该商品是维生素，属于品目 29.36 项下的天然或合成再制的维生素原和维生素。其为子目 2936.27 项下具体列名的产品。
税则号列	2936.2700

中文名称	维生素 D$_3$
英文名称	Vitamin D$_3$
别名	胆固化醇、胆钙化醇
CAS 号	67-97-0
化学名	9,10-开环胆甾-5,7,10（19）-三烯-3β-醇
化学式	C$_{27}$H$_{44}$O
相对分子质量	384.64
结构式	
外观与性状	白色柱状结晶或结晶性粉末，无臭无味。极易溶于三氯甲烷，易溶于乙醇、乙醚、环己烷和丙酮，微溶于植物油，不溶于水。耐热性好，但对光不稳定，在空气中易氧化。
用途	维生素 D$_3$ 能保持钙和磷的代谢正常，能促进机体对钙和磷的吸收，用于食品营养强化剂，以及治疗佝偻病及骨质软化病。
海关归类思路	该商品是维生素，属于品目 29.36 项下的天然或合成再制的维生素原和维生素。其为非混合的维生素 D$_3$，属于子目 2936.2 项下的非混合的维生素及其衍生物。其在子目 2936.2 项下未具体列名，应归入兜底税号 2936.2900。
税则号列	2936.2900

中文名称	重组人胰岛素
英文名称	Insulin human（biosynthesis）
别名	甘精胰岛素
CAS 号	11061-68-0
化学名	重组人胰岛素
化学式	$C_{257}H_{383}N_{65}O_{77}S_6$
相对分子质量	5807.6（5800 Da）
结构式	H—Gly—Ile—Val—Glu—Gln—Cys—Cys—Thr—Ser—Ile—Cys Ser—Leu—Tyr—Gln—Leu—Glu—Asn—Tyr—Cys—Asn—OH H—Phe—Val—Asn—Gln—His—Leu—Cys—Gly—Ser—His—Leu Val—Glu—Ala—Leu—Tyr—Leu—Val—Cys—Gly—Glu—Arg Gly—Phe—Phe—Tyr—Thr—Pro—Lys—Thr—OH
外观与性状	白色或类白色的结晶性粉末。在水、乙醇和乙醚中几乎不溶，在稀盐酸和稀氢氧化钠溶液中易溶。
用途	甘精胰岛素是一种胰岛素类似物，其在胰岛素的双链上分别取代了一个甘氨酸，增加了两个精氨酸，因此，被称为甘精胰岛素。这几个基团的增加，使这个药物的溶液在酸性的条件下澄清，而当皮下注射入人体时，人体的偏中性环境导致甘精胰岛素形成细小的沉淀，从而使药物缓慢释放，类似于人体的胰岛素生理分泌，能够平稳有效地起到 24 小时控糖的作用。
海关归类思路	该商品是激素，属于品目 29.37 项下的天然或合成再制的激素及其衍生物。其为多肽激素，属于子目 2937.1 项下的多肽激素、蛋白激素、糖蛋白激素及其衍生物和结构类似物。其为税号 2937.1210 项下具体列名的产品。
税则号列	2937.1210

中文名称	泼尼松龙
英文名称	Prednisolone
别名	强的松龙、脱氢皮醇、氢化泼尼松
CAS 号	50-24-8
化学名	11β,17α,21-三羟基孕甾-1,4-二烯-3,20-二酮
化学式	$C_{21}H_{28}O_5$
相对分子质量	360.44
结构式	
外观与性状	白色或类白色的结晶性粉末，无臭，味微苦，有引湿性。在甲醇或乙醇中溶解，在丙酮或二氧六环中略溶，在三氯甲烷中微溶，在水中极微溶解。
用途	泼尼松龙属于肾上腺糖皮质激素及促皮质激素用药，为中效糖皮质激素，适用于类风湿性关节炎、风湿热、红斑狼疮、皮肌炎、多发性骨髓瘤等，还可用于制取氢化泼尼松醋酸酯。
海关归类思路	该商品是激素，属于品目 29.37 项下的天然或合成再制的激素及其衍生物。其为甾族激素，属于子目 2937.2 项下的甾族激素及其衍生物及结构类似物。其为子目 2937.21 项下具体列名的产品。
税则号列	2937.2100

中文名称	达那唑
英文名称	Danazol
别名	炔睾醇、炔烃雌烯异恶唑、安宫唑、丹那唑
CAS 号	17230-88-5
化学名	17α-孕甾-2,4-二烯-20-炔并 [2,3-d] 异恶唑-17β-醇
化学式	$C_{22}H_{27}NO_2$
相对分子质量	337.46
结构式	
外观与性状	白色固体，密度 1.21g/cm³。
用途	达那唑是一种甾体杂环化合物，为雄激素 17α-乙炔睾酮的衍生物。它是一种雄激素抑制药，无雌激素和孕激素作用，具有抗促性腺激素作用和轻度雄激素作用，用于治疗子宫内膜异位症、纤维性乳腺炎、男性乳房发育、乳腺痛、痛经、腹痛等，还用于治疗性早熟、原发性血小板减少性紫癜、血友病和 Christmas 病、遗传性血管性水肿、系统性红斑狼疮等。
海关归类思路	该商品是激素，属于品目 29.37 项下的天然或合成再制的激素及其衍生物。其为甾族激素，属于子目 2937.2 项下的甾族激素及其衍生物及结构类似物。其在子目 2937.2 项下没有具体列名，归入兜底子目 2937.2900。
税则号列	2937.2900

中文名称	环戊丙酸诺龙
英文名称	Nandrolone cypionate
别名	诺龙环戊丙酸酯
CAS 号	601-63-8
化学名	环戊丙酸诺龙
化学式	$C_{26}H_{38}O_3$
相对分子质量	398.58
结构式	
外观与性状	白色粉末。
用途	用于制药，是一种医药中间体。
海关归类思路	该商品是激素，属于品目 29.37 项下的天然或合成再制的激素及其衍生物。其为甾体激素原料中间体，属于子目 2937.2 项下甾体激素的衍生物。
税则号列	2937.2900

中文名称	前列腺素 E2
英文名称	Prostaglandin E2
别名	地诺前列酮、PGE2
CAS 号	363-24-6
化学名	（Z）-7-［（1R,2R,3R）-3-羟基-2-［（E,3S）-3-羟基辛-1-烯基］-5-氧代环戊基］庚-5-烯酸
化学式	$C_{20}H_{32}O_5$
相对分子质量	352.47
结构式	
外观与性状	为白色至类白色固体。易溶于三氯甲烷、乙酸乙酯、甲醇、无水乙醇等有机溶剂，微溶于水。
用途	本品为子宫兴奋药，用于妊娠催产、中期妊娠引产和治疗性流产、术前宫颈扩张。
海关归类思路	该商品是激素，属于品目 29.37 项下的天然或合成再制的激素及其衍生物。其为前列腺素，属于子目 2937.5 项下的前列腺素、血栓烷和白细胞三烯及其衍生物和结构类似物。
税则号列	2937.5000

中文名称	地奥司明
英文名称	Diosmin
别名	地奥斯明、地奥明、爱脉朗
CAS 号	520-27-4
化学名	7-［［6-氧-（6-脱氧-α-L-甘露糖）-β-D-吡喃葡萄糖］氧基］-5-羟基-2-（3-羟基-4-甲氧基苯）-4H-L-苯骈吡喃-4-酮
化学式	$C_{28}H_{32}O_{15}$
相对分子质量	608.54
结构式	
外观与性状	溶于二甲基亚砜和强碱性溶液，不溶于水、甲醇或乙醇，在 0.1mol/L 氢氧化钠中极微溶解。
用途	地奥司明是一种治疗痔疮急性发作有关的各种症状的药物，也可用于治疗与静脉淋巴功能不全相关的各种症状（腿部沉重、疼痛、晨起酸胀不适）。
海关归类思路	该商品是苷，属于品目 29.38 项下的天然或合成再制的苷（配糖物）及其盐、醚、酯和其他衍生物。其在品目 29.38 项下没有具体列名，归入兜底税号 2938.9090。
税则号列	2938.9090

中文名称	甘草次酸
英文名称	18alpha-Glycyrrhetinic acid
别名	18-ALFA-甘草次酸、18A-甘草次酸
CAS 号	1449-05-4
化学名	18α-甘草次酸
化学式	$C_{30}H_{46}O_4$
相对分子质量	470.68
结构式	
外观与性状	白色结晶性粉末。
用途	用作甜味剂、甜味改良剂、调味剂、香味增强剂等，也可用作消炎药，具有抗炎、抗过敏、抑制细菌繁殖等作用。
海关归类思路	该商品是苷，属于品目 29.38 项下的天然或合成再制的苷（配糖物）及其盐、醚、酯和其他衍生物。其在品目 29.38 项下没有具体列名，归入兜底税号 2938.9090。
税则号列	2938.9090

中文名称	甘草酸
英文名称	Glycyrrhizic acid
别名	甘草酸苷、甘草皂苷、甘草甜素
CAS 号	1405-86-3
化学名	甘草酸
化学式	$C_{42}H_{62}O_{16}$
相对分子质量	822.93
结构式	
外观与性状	纯品甘草酸为结晶性粉末，味极甜，甜度为蔗糖的 200~250 倍，易溶于热水，不溶于醚，难溶于丙二醇、乙醇。对热、碱和盐稳定。
用途	甘草酸具有特殊的甜味，一般可与砂糖、葡萄糖、糖稀等天然糖类并用或与糖精、甘氨酸、丙二醇等适当配合，方可获得较为可口的甜味。甘草酸具有肾上腺皮质激素样作用，能抑制毛细血管通透性，减轻过敏性休克的症状，在临床中被广泛用于治疗各种急慢性肝炎、支气管炎和艾滋病。还具有抗癌防癌、作干扰素诱生剂及细胞免疫调节剂等功能。
海关归类思路	该商品是苷，属于品目 29.38 项下的天然或合成再制的苷（配糖物）及其盐、醚、酯和其他衍生物。其在品目 29.38 项下没有具体列名，归入兜底税号 2938.9090。
税则号列	2938.9090

中文名称	吗啡
英文名称	Morphine
别名	无
CAS 号	57-27-2
化学名	吗啡
化学式	$C_{17}H_{19}NO_3$
相对分子质量	285.34
结构式	
外观与性状	无色结晶或白色结晶性粉末，无臭，遇光易变质。难溶于水，易溶于三氯甲烷及热乙醇中。
用途	用作生产镇痛剂。
海关归类思路	该商品是生物碱衍生物，属于品目 29.39 项下的天然或合成再制的生物碱及其盐、醚、酯和其他衍生物。其为直接从鸦片中提取的生物碱，属于子目 2939.11 项下的鸦片碱。
税则号列	2939.1100

中文名称	可待因
英文名称	Codeine
别名	甲基吗啡、甲吗啡、吗啡甲基醚
CAS 号	76-57-3
化学名	17-甲基-3-甲氧基-4,5α-环氧-7,8-二去氢吗啡喃-6α-醇
化学式	$C_{18}H_{21}NO_3$
相对分子质量	299.364
结构式	
外观与性状	常用其磷酸盐，为白色细微的针状结晶性粉末。无臭，有风化性，水溶液显酸性反应。在水中易溶，在乙醇中微溶，在三氯甲烷或乙醚中极微溶解。
用途	可待因是一种鸦片类药物，适用于各种原因引起的剧烈干咳和刺激性咳嗽，尤适用于伴有胸痛的剧烈干咳。由于可待因能抑制呼吸道腺体分泌和纤毛运动，故对有少量痰液的剧烈咳嗽，应与祛痰药并用。可用于中等程度疼痛的镇痛，以及局部麻醉或全身麻醉时的辅助用药，具有镇静作用。
海关归类思路	该商品是生物碱衍生物，属于品目 29.39 项下的天然或合成再制的生物碱及其盐、醚、酯和其他衍生物。其为鸦片碱衍生物，属于子目 2939.11 项下的鸦片碱及其衍生物以及它们的盐。
税则号列	2939.1100

中文名称	硫酸长春新碱
英文名称	Vincristine sulfate
别名	硫酸长春醛碱、硫酸醛基长春碱
CAS 号	2068-78-2
化学名	硫酸长春新碱
化学式	$C_{46}H_{58}N_4O_{14}S$
相对分子质量	923.04
结构式	
外观与性状	白色或类白色的结晶性粉末，无臭，有引湿性，遇光或热易变黄。在水中易溶，在甲醇或三氯甲烷中溶解，在乙醇中微溶。
用途	天然植物抗肿瘤药，用于治疗急性白血病、恶性淋巴瘤、小细胞肺癌及乳腺癌。
海关归类思路	该商品是生物碱的盐，属于品目 29.39 项下的天然或合成再制的生物碱及其盐、醚、酯和其他衍生物。其为植物碱的盐，属于子目 2939.7 项下的其他植物来源的生物碱及其衍生物以及它们的盐。其在子目 2939.7 项下没有具体列名，归入兜底税号 2939.7990。
税则号列	2939.7990

中文名称	硫酸阿托品
英文名称	Atropine sulfate
别名	阿托品硫酸盐、DL-莨菪碱、硫酸颠茄碱
CAS 号	55-48-1
化学名	(8-甲基-8-氮杂双环 [3.2.1] 辛-3-基) 3-羟基-2-苯基-丙酸酯硫酸盐
化学式	$2C_{17}H_{23}NO_3 \cdot H_2SO_4$
相对分子质量	676.82
结构式	
外观与性状	无色结晶或白色结晶性粉末。其 1g 晶体能溶于 0.4mL 水、2.5mL 沸醇、5mL 醇、2.5mL 甘油、420mL 三氯甲烷、3000mL 乙醚。无臭，有风化性，遇光易变质。味极苦，剧毒。
用途	抗胆碱药，能解除平滑肌痉挛、抑制腺体分泌，用于胃肠道绞痛、胆绞痛、散瞳、角膜炎、有机磷农药中毒、感染性休克等综合征的治疗。
海关归类思路	该商品是生物碱的盐，属于品目 29.39 项下的天然或合成再制的生物碱及其盐、醚、酯和其他衍生物。其为植物碱的盐，属于子目 2939.7 项下的其他植物来源的生物碱及其衍生物以及它们的盐。其在子目 2939.7 项下没有具体列名，归入兜底税号 2939.7990。
税则号列	2939.7990

中文名称	阿莫西林
英文名称	Amoxicillin trihydrate
别名	阿莫西林三水物、三水阿莫西林、羟氨苄青霉素三水物
CAS 号	61336-70-7
化学名	6-［2-氨基-2-（4-羟基苯基）乙酰氨基］-3,3-二甲基-7-氧代-4-硫杂-1-氮杂双环［3.2.0］庚烷-2-甲酸三水物
化学式	$C_{16}H_{25}N_3O_8S$
相对分子质量	419.45
结构式	
外观与性状	白色结晶性粉末。熔点195℃（分解）。溶解度（mg/mL）：水4.0，甲醇7.5，无水乙醇3.4。味微苦。
用途	属于半合成广谱青霉素，抗菌谱、作用及应用均与氨苄西林相同。
海关归类思路	该商品是抗菌素，属于品目29.41项下的抗菌素。其为青霉素的衍生物，属于子目2941.10项下的青霉素和具有青霉烷酸结构的青霉素衍生物及其盐。其为税号2941.1092项下具体列名的产品。
税则号列	2941.1092

中文名称	6-氨基青霉烷酸
英文名称	6-Aminopenicillanic acid
别名	阿莫西林杂质 A、舒巴坦钠杂质 B
CAS 号	551-16-6
化学名	6-氨基-3,3-二甲基-7-氧代-4-硫杂-1-氮杂二环［3.2.0］庚烷-2-羧酸
化学式	$C_8H_{12}N_2O_3S$
相对分子质量	216.26
结构式	
外观与性状	白色或微黄色结晶性粉末。熔点 208～209℃（分解）。微溶于水，不溶于乙酸丁酯、乙醇或丙酮。遇碱分解，对酸较稳定。
用途	抑菌能力小，可引入不同的侧链而获得各种不同药效的青霉素。用作生产半合成青霉素类抗生素氨苄钠和阿莫西林的重要中间体。
海关归类思路	该商品是抗菌素，属于品目 29.41 项下的抗菌素。其为具有青霉烷酸结构的衍生物，属于子目 2941.10 项下的青霉素和具有青霉烷酸结构的青霉素衍生物及其盐。其为税号 2941.1093 项下具体列名的产品。
税则号列	2941.1093

263

中文名称	氯唑西林钠
英文名称	Cloxacillin sodium
别名	邻氯青霉素、氯西林钠、氯洒西林
CAS 号	642-78-4
化学名	（6R）-3,3-二甲基-6-［5-甲基-3-（2-氯苯基）-4-异恶唑甲酰氨基］-7-氧代-4-硫杂-1-氮杂双环［3.2.0］庚烷-2-甲酸钠盐
化学式	$C_{19}H_{17}ClN_3O_5S \cdot Na$
相对分子质量	457.87
结构式	
外观与性状	为白色粉末或结晶性粉末，微臭，味苦，有引湿性。本品在水中易溶，在乙醇中溶解，在醋酸乙酯中几乎不溶。
用途	氯唑西林钠为半合成青霉素，具有耐酸、耐青霉素酶的特点，通过抑制细菌细胞壁合成而发挥杀菌作用。对革兰阳性球菌和奈瑟菌有抗菌活性，对葡萄球菌属包括金黄色葡萄球菌和凝固酶阴性葡萄球菌产酶株的抗菌活性较苯唑西林强，但对青霉素敏感葡萄球菌和各种链球菌的抗菌作用较青霉素弱，对甲氧西林耐药葡萄球菌无效。
海关归类思路	该商品是抗菌素，属于品目 29.41 项下的抗菌素。其为青霉素的衍生物，属于子目 2941.10 项下的青霉素和具有青霉烷酸结构的青霉素衍生物及其盐。其为税号 2941.1096 项下具体列名的产品。
税则号列	2941.1096

中文名称	多西环素—水物
英文名称	Doxycycline monohydrate
别名	强力霉素一水物、多西环素一水合物
CAS 号	17086-28-1
化学名	6-甲基-4-(二甲氨基)-3,5,10,12,12a-五羟基-1,11-二氧代-1,4,4a,5,5a,6,11,12a-八氢-2-并四苯甲酰胺
化学式	$C_{22}H_{26}N_2O_9$
相对分子质量	462.45
结构式	
外观与性状	常用其盐酸盐，为淡黄色或黄色结晶性粉末，有臭味，味苦。在水中或甲醇中易溶，在乙醇或丙酮中微溶，在三氯甲烷中不溶。
用途	主要用于治疗敏感菌引起的呼吸道、泌尿道及胆道感染。抗菌谱与四环素、土霉素基本相同，体内、外抗菌力均较四环素强。主要用于敏感的革兰阳性菌和革兰阴性菌所致的上呼吸道感染、扁桃体炎、胆道感染、淋巴结炎、蜂窝织炎、老年慢性支气管炎等，也用于治疗斑疹伤寒、恙虫病、支原体肺炎等，亦可用于治疗霍乱、预防恶性疟疾和钩端螺旋体感染。
海关归类思路	该商品是抗菌素，属于品目 29.41 项下的抗菌素。其为四环素的衍生物，属于子目 2941.30 项下的四环素及其衍生物以及它们的盐。其为税号 2941.3020 项下具体列名的产品。
税则号列	2941.3020

265

中文名称	罗红霉素
英文名称	Roxithromycin
别名	罗力得
CAS 号	80214-83-1
化学名	9-［O-［（2-甲氧基乙氧基）-甲基］肟基］红霉素
化学式	$C_{41}H_{76}N_2O_{15}$
相对分子质量	837.05
结构式	
外观与性状	白色结晶性粉末，无臭，味苦。易溶于乙醇或丙酮，较易溶于甲醇或乙醚，几乎不溶于水。
用途	大环内酯类抗生素，为红霉素的衍生物，抗菌谱和红霉素相似，但作用比红霉素强6倍，生物利用率高。用于呼吸道感染，如肺炎、急性支气管炎、慢性支气管炎急性感染、非典型肺炎，以及泌尿生殖系统感染、皮肤及软组织感染等，均有良好的治疗效果和耐受性，不良反应比红霉素小。
海关归类思路	该商品是抗菌素，属于品目 29.41 项下的抗菌素。其为红霉素的衍生物，属于子目 2941.50 项下的红霉素及其衍生物以及它们的盐。
税则号列	2941.5000

中文名称	硫酸庆大霉素
英文名称	Gentamicin
别名	庆大霉素、正泰霉素
CAS 号	1403-66-3
化学名	庆大霉素
化学式	$C_{60}H_{123}N_{15}O_{21}$
相对分子质量	1390.71
结构式	
外观与性状	透明琥珀色液体，能溶于水。
用途	主要用于大肠埃希菌、痢疾志贺菌、克雷伯肺炎杆菌、变形杆菌、铜绿假单胞菌等革兰阴性菌引起的系统或局部感染。
海关归类思路	该商品是抗菌素，属于品目 29.41 项下的抗菌素。其在品目 29.41 项下没有具体列名，归入兜底子目 2941.90。
税则号列	2941.9010

中文名称	头孢氨苄
英文名称	Cephalexin
别名	先锋霉素Ⅳ、苯甘孢霉素、苯甘头孢菌素、头孢菌素Ⅳ、头孢力新、头孢立新
CAS 号	15686-71-2
化学名	（6R,7R）-3-甲基-7-［（R）-2-氨基-2-苯乙酰氨基］-8-氧-5-硫杂-1-双环［4.2.0］辛-2-烯-2-甲酸
化学式	$C_{16}H_{17}N_3O_4S$
相对分子质量	347.39
结构式	
外观与性状	白色结晶固体，带有苦味道，微臭。该品在水中微溶，在乙醇、三氯甲烷或乙醚中不溶。
用途	头孢氨苄是一种半合成的第一代口服头孢霉素类抗生素药物，其抑菌机理是通过抑制细菌细胞壁的合成，使细胞内容物膨胀至细胞自溶，从而达到杀菌作用。头孢氨苄是广谱抗生素，对革兰氏阳性菌及革兰氏阴性菌均具有抗菌作用，主要用于敏感菌所导致的呼吸道感染、泌尿道感染、妇产科感染、皮肤及软组织感染、淋病等。
海关归类思路	该商品是抗菌素，属于品目 29.41 项下的抗菌素。其在品目 29.41 项下没有具体列名，归入兜底子目 2941.90。其为头孢菌素的衍生物，属于子目 2941.905 项下的头孢菌素及其衍生物以及它们的盐。其为税号 2941.9052 项下具体列名的产品。
税则号列	2941.9052

中文名称	头孢唑啉钠
英文名称	Cefazolin sodium salt
别名	唑啉头孢菌素钠
CAS 号	27164-46-1
化学名	(6R,7R) -3- ［［（5-甲基-1,3,4-噻二唑-2-基）硫］甲基］-7- ［（1H-四唑-1-基）乙酰氨基］-8-氧代-5-硫杂-1-氮杂双环［4.2.0］辛-2-烯-2-甲酸钠盐
化学式	$C_{14}H_{13}N_8NaO_4S_3$
相对分子质量	476.49
结构式	
外观与性状	为白色或类白色粉末或结晶性粉末，无臭，味微苦，易引湿。本品在水中易溶，在甲醇中微溶，在乙醇、丙酮或苯中几乎不溶。
用途	为第一代头孢菌素，抗菌谱广。作用机制为与细菌细胞膜上的青霉素结合蛋白结合，使转肽酶酰化，细菌生长受抑制，以至溶解死亡。对革兰阳性菌和革兰阴性菌均有抗菌作用，常用于敏感菌所致的呼吸系统、泌尿生殖系统、皮肤软组织、骨和关节、胆道等感染，也可用于心内膜炎、败血症、咽和耳部感染。
海关归类思路	该商品是抗菌素，属于品目 29.41 项下的抗菌素。其在品目 29.41 项下没有具体列名，归入兜底子目 2941.90。其为头孢菌素的衍生物，属于子目 2941.905 项下的头孢菌素及其衍生物以及它们的盐。其为税号 2941.9053 项下具体列名的产品。
税则号列	2941.9053

中文名称	头孢曲松钠
英文名称	Ceftriaxone sodium
别名	头孢三嗪
CAS 号	104376-79-6
化学名	(6R,7R)-3-[[(1,2,5,6-四氢-2-甲基-5,6-二氧代-1,2,4-三嗪-3-基)硫代]甲基]-7-[[(2-氨基-4-噻唑基)甲氧亚氨基乙酰基]氨基]-8-氧代-5-硫杂-1-氮杂双环[4.2.0]辛-2-烯-2-羧酸钠
化学式	$C_{18}H_{16}N_8Na_2O_7S_3 \cdot 31/2H_2O$
相对分子质量	598.54
结构式	
外观与性状	白色、类白色或淡黄色结晶，无臭或微有特异性臭。易溶于水，略溶于甲醇，极微溶于乙醇。1%水溶液 pH 为 6~8。本品水溶液因浓度不同而呈黄色至琥珀色。
用途	头孢曲松钠抗菌谱与头孢噻肟钠相仿，对大肠杆菌、肺炎杆菌、吲哚阳性变形杆菌、流感杆菌、沙雷杆菌、脑膜炎球菌、淋球菌有强大作用；肺炎球菌、链球菌及金黄色葡萄球菌对本品中度敏感；对铜绿假单胞菌有一定作用；肠球菌、耐甲氧西林葡萄球菌和多数脆弱拟杆菌对本品耐药。用于敏感菌所致的肺炎、支气管炎、腹膜炎、胸膜炎，以及皮肤和软组织、尿路、胆道、骨及关节、五官、创面等部位的感染，还用于败血症和脑膜炎。
海关归类思路	该商品是抗菌素，属于品目 29.41 项下的抗菌素。其在品目 29.41 项下没有具体列名，归入兜底子目 2941.90。其为头孢菌素的衍生物，属于子目 2941.905 项下的头孢菌素及其衍生物以及它们的盐。其为税号 2941.9055 项下具体列名的产品。
税则号列	2941.9055

中文名称	头孢哌酮钠
英文名称	Cefoperazone
别名	
CAS 号	62893-20-3
化学名	7-［［（4-乙基 -2，3-二氧代-1-哌嗪基）甲酰氨基］（4-羟基苯基）乙酰氨基］-3-［（1-甲基-1H-四唑 -5-基）硫甲基］-8-氧代-5-硫-1-氮杂双环［4.2.0］辛-2-烯-2-甲酸钠盐
化学式	$C_{25}H_{26}N_9NaO_8S_2$
相对分子质量	667.65
结构式	
外观与性状	白色或类白色结晶性粉末，无臭，有引湿性。易溶于水，在甲醇中略溶，在乙醇中极微溶解，在丙酮、三氯甲烷、乙醚、乙酯和正己烷中完全不溶。
用途	头孢哌酮钠为第三代头孢菌素，对大肠埃希菌、克雷白菌属、变形杆菌属、伤寒沙门菌、志贺菌属、枸橼酸杆菌属等肠杆菌科细菌和铜绿假单胞菌有良好的抗菌作用，对产气肠杆菌、阴沟肠杆菌、鼠伤寒杆菌和不动杆菌属等的作用较差。流感嗜血杆菌、淋病奈瑟菌和脑膜炎奈瑟菌对本品高度敏感。本品对各组链球菌、肺炎球菌亦有良好作用，对葡萄球菌（甲氧西林敏感株）仅具有中度作用，肠球菌属对本品耐药。头孢哌酮对多数革兰阳性厌氧菌和某些革兰阴性厌氧菌有良好作用，脆弱拟杆菌对本品耐药。本品用于各种敏感菌所致的呼吸道、泌尿道、腹膜、胸膜、皮肤和软组织、骨和关节、五官等部位的感染，还可用于败血症和脑膜炎等。
海关归类思路	该商品是抗菌素，属于品目 29.41 项下的抗菌素。其在品目 29.41 项下没有具体列名，归入兜底子目 2941.90。其为头孢菌素的衍生物，属于子目 2941.905 项下的头孢菌素及其衍生物以及它们的盐。其为税号 2941.9056 项下具体列名的产品。
税则号列	2941.9056

中文名称	吗替麦考酚酯
英文名称	Mycophenolate mofetil
别名	霉酚酸吗啉乙酯、霉酚酸酯
CAS 号	128794-94-5
化学名	2-（4-吗啉代乙基）-（4E）-6-（1,3-二氢-4-羟基-6-甲氧基-7-甲基-3-氧代-5-异苯并呋喃基）-4-甲基-4-己酸酯
化学式	$C_{23}H_{31}NO_7$
相对分子质量	433.49
结构式	
外观与性状	为白色至米白色结晶性粉末，易溶于丙酮，溶于甲醇，微溶于乙醇，在水中的溶解度为43mg/L。
用途	主要用于预防同种异体的器官排斥反应，以肾移植为主，也适用于心脏、肝脏移植尤其是移植后的难治性排异反应，可以与环孢素和皮质类固醇同时应用。也可应用于类风湿性关节炎、全身性红斑狼疮、原发性肾小球肾炎、牛皮癣等自身免疫性疾病。
海关归类思路	该商品是抗菌素，属于品目29.41项下的抗菌素。其在品目29.41项下没有具体列名，归入兜底税号2941.9090。
税则号列	2941.9090

中文名称	盐酸柔红霉素
英文名称	Daunorubicin hydrochloride
别名	盐酸佐柔比星
CAS 号	23541-50-6
化学名	（8S-cis）-8-乙酰基-10-［（3-氨基-2,3,6-三去氧-a-L-来苏己吡喃基）-氧］-7,8,9,10-四氢-6,8,11-三羟基-1-甲氧基-5,12-并四苯二酮盐酸盐
化学式	$C_{34}H_{35}N_3O_{10} \cdot HCl$
相对分子质量	563.98
结构式	
外观与性状	为橙红色结晶性粉末。
用途	盐酸柔红霉素为周期非特异性抗肿瘤药，用于急性粒细胞白血病和急性淋巴细胞白血病等。
海关归类思路	该商品是抗菌素，属于品目 29.41 项下的抗菌素。其在品目 29.41 项下没有具体列名，归入兜底税号 2941.9090。
税则号列	2941.9090

中文名称	三氟化硼甲醚络合物
英文名称	Boron trifluoride dimethyl etherate
别名	三氟化硼二甲醚
CAS 号	353-42-4
化学名	三氟化硼-二甲醚络合物
化学式	$C_2H_6BF_3O$
相对分子质量	113.87
结构式	
外观与性状	为发烟液体。
用途	三氟化硼-二甲醚络合物用于硼-10 同位素的分离，还可用作医药合成中间体，如制备二氟草酸硼酸锂。
海关归类思路	该商品为有机—无机络合物，在第二十九章项下其他品目中没有列名，属于品目 29.42 的其他有机化合物。
税则号列	2942.0000

第四章
化学品归类决定选摘

为保障海关对进出口商品归类的执法统一性及海关执法的有效性，方便进出口货物的收发人、经营单位或其代理人正确确定其申报进出口货物的商品归类，提高通关效率，根据《中华人民共和国海关进出口货物商品归类管理规定》（海关总署令第158号）的有关规定，海关总署可以依据有关法律、行政法规规定，对进出口货物作出具有普遍约束力的商品归类决定。商品归类决定由海关总署对外公布。

为便于在实际业务中切实执行已公告的商品归类决定，本书将现已发布（截至2020年10月）的商品归类决定的公告中涉及《税则》第二十八章和第二十九章的归类决定进行了汇总。

归类决定编号由英文字母、年份和顺序号组成，其中：英文字母"J"代表海关总署根据协调制度商品归类技术委员会作出的商品归类决定；英文字母"W"代表海关总署根据世界海关组织归类意见作出的商品归类决定；英文字母"Z"代表海关总署作出的商品归类决定。例如，商品归类决定编号J2017—002，表示海关总署2017年发布的协调制度商品归类技术委员会作出的第002号商品归类决定；商品归类决定编号W2014—0499，表示海关总署2014年发布的、根据世界海关组织归类意见作出的第0499号商品归类决定；商品归类决定编号Z2013—0012，表示海关总署2013年发布的第0012号商品归类决定。

为便于检索，本章分两部分：

第一部分为归类决定税则号列索引，以商品归类税号为编排顺序；第二部分为具有效力的商品归类决定内容。

本书以归类决定公告当年的《税则》为依据。如《税则》修改，相关归类决定也相应调整。

第一节
商品归类决定税则号列索引

商品归类决定税则号列索引见表4-1。

表4-1　商品归类决定税则号列索引

税则号列	商品名称	归类决定编号
2811.22	微硅粉	W2020—9
2825.30	高比例五氧化二钒产品	W2014—049
2831.10	乙醛次硫酸钠	W2014—050
2833.11	散粒状白色粉末	W2018—18
2833.2500	初级硫酸铜	Z2006—0107
2833.2990	湿石粉	Z2006—0108
2835.2510	正磷酸氢钙（饲料级）	Z2009—092
2840.1900	天然硼砂	Z2006—0109
2841.90	二氧化锂钴	W2014—354
2842.10	合成硅铝酸钠	W2005—127
2842.10	合成硅铝酸钠	W2005—201
2842.10	合成硅铝酸钠	W2014—051
2843.1000	纳米银液体	Z2006—0110

表4-1 续1

税则号列	商品名称	归类决定编号
2843.1000	纳米银粉末	Z2006—0111
2846.9019	荧光体	Z2010—0007
2846.9048	碳酸稀土	Z2006—0112
2846.9090	钒酸钇	Z2006—0113
2846.9090	稀土化合物	Z2008—121
2846.9090	掺钕钒酸钇	Z2013—0007
2850.0000	硅烷	Z2006—0114
2850.0000	立方氮化硼	Z2009—093
2901.10	饱和无环烃单独异构体	W2014—052
2901.10	饱和无环烃异构体的混合物	W2014—053
2901.23 至 2901.29	单烯或多烯无环烃的单独异构体	W2014—054
2901.23 至 2901.29	单烯或多烯无环烃立体异构体的混合物	W2014—055
2901.23 至 2901.29	单烯或多烯无环烃其他异构体的混合物	W2014—056
2902.1900	柠檬萜（苎烯）	Z2006—0115
29.05	钛酸丁酯	W2005—128
2905.49	甘油酯	W2005—129
2907.1990	抗氧剂BHT	Z2006—0117
2907.2300	回用双酚A	Z2006—1196
2908.99	锑二（磺基邻苯二酚钠）	W2014—057
2909.6000	有机过氧化物混合物	J2017—0002
2911.00	过氧缩酮	W2018—19
2914.6900	辅酶Q10	Z2013—0008
2914.7000	2,4-二氯-5-氟苯乙酮	Z2013—0009
2915.9000	2-乙基己酸	Z2006—0118
2915.9000	原甲酸三乙酯	Z2010—0008
2916.2090	3,5,7-三氟金刚烷甲酸（$C_{11}H_{13}O_2F_3$）	Z2013—0010
2918.19	12-羟基硬脂酸	W2005—130
2918.3000	洛索洛芬钠	Z2006—0119
2918.3000	L-盂基乙醛酸酯	Z2009—006
2920.9090	乙基氯化物	Z2007—0011
2921.19	N-甲基氨基乙磺酸钠盐	W2014—058
2921.49	舍曲林	W2014—059
2921.5190	异丙基苯基对苯二胺	Z2013—0011
2922.19	甲氯芬酯、2-二甲胺基乙基对氯苯氧基乙酸酯	W2005—131
2922.19	那莫西瑞	W2005—132

表4-1 续2

税则号列	商品名称	归类决定编号
2922.19	硝酸氨基乙基酯	W2005—133
2922.4999	仲丁威	Z2006—0120
2922.4999	依那普利氢化物	Z2013—0012
2922.5000	橡胶促进剂	Z2008—122
2922.5090	α-（N-甲基-N-苄基）-氨基-3-羟基苯乙酮盐酸盐	Z2013—0013
2922.5090	L-苏氨酸	Z2013—0014
29.24	阿斯巴甜、天（门）冬氨酰苯丙氨酸甲酯	W2005—134
2924.19	二甲脲水溶液	W2014—060
2924.1990	雷米普利中间体	Z2013—0015
2924.29	二氟苯祖隆、N-（4-氯苯氨基羰基）-2,6-二氟苯甲酰胺	W2005—135
2929.90	那福塔洛佛	W2005—136
2930.90	地虫磷	W2014—061
2930.9090	艾丽美	Z2006—0121
2930.9090	防灰雾剂（4-甲基-硫代苯磺酸钾盐）	Z2013—0016
2931.0000	三丁基铝	Z2006—0122
2931.9090	三（三甲基硅烷）硼酸酯	Z2013—0017
2932.2090	L-丙交酯	Z2013—0018
2932.2090	青蒿素	Z2013—0019
2932.29	莫克塞代克丁	W2005—137
2932.29	伊维菌素	W2014—062
2932.99	紫杉醇	W2014—063
2932.99	拉罗他赛/拉欧紫杉醇	W2014—064
2932.9910	呋喃酚	Z2006—0123
2932.9990	氨基葡萄糖硫酸盐	Z2006—0124
2932.9990	无水多西他赛	Z2008—0013
2932.9990	碳酸丙烯酯	Z2010—0009
2933.39	溴西泮	W2014—065
2933.39	伊米帕锰	W2014—066
2933.3990	米格列醇	Z2013—0020
2933.40	卜透凡诺	W2005—138
2933.59	恩诺沙星	W2014—067
2933.59	阿格列汀	W2014—068
2933.5990	三乙烯二胺	Z2009—149
2933.69	三甲基醇三聚氰胺水溶液	W2014—069
2933.6990	N,N′-二亚硝基五亚甲四胺	Z2006—0125

表4-1 续3

税则号列	商品名称	归类决定编号
2933.79	左匹克隆	W2014—070
2933.7900	己内酰胺封闭的双-异氰酸酯	Z2006—1197
2933.7900	美罗培南双环母核	Z2013—0021
2933.9900	丙夫劳门	Z2006—0126
2934.10	麦络西坎	W2005—139
2934.20	伊普塞匹隆	W2005—140
2934.99	前阿德福韦	W2008—017
2934.99	α绒促卵泡激素	W2014—071
2934.99	非格司亭	W2014—072
2934.99	司莫紫杉醇	W2014—073
2934.99	培米诺近	W2014—074
2934.99	韦利莫根	W2014—075
2934.9990	还原型辅酶试剂	Z2013—0022
2935.00	西地那非	W2014—076
2936.21	含维生素 A 制剂	W2005—141
2936.23	粉状制剂	W2020—81
2936.28	含维生素 E 制剂	W2005—142
2936.28	粉状制剂	W2020—82
2936.28	粉状制剂	W2020—83
2936.29	艾地骨化醇	W2014—077
2936.29	粉状制剂	W2020—84
2936.90	含维生素 A 和维生素 D_3 的混合制剂	W2005—143
2936.90	两种维生素衍生物的混合物	W2014—078
2936.9000	维生素预混剂 VP10984	Z2006—1198
2937.29	普拉睾酮	W2014—079
2937.29	替勃龙	W2014—080
2937.29	洛那立生	W2014—081
2937.2900	双烯醇酮醋酸酯	Z2006—0128
2937.99	八爪鱼胺	W2005—144
2938.9000	三七总皂苷	Z2007—0012
2939.40	乙基麻黄碱、伊塔菲汀	W2005—145
2939.59	米达茶碱	W2014—082
2939.99	德莫替康	W2014—083
2939.99	莫瑞替康	W2014—084
2939.99	可司替康	W2014—085

表4-1 续4

税则号列	商品名称	归类决定编号
2939.9990	三尖杉宁碱	Z2006—0129
29.40	格利凡诺（三苄糖醚）	W2005—146
29.40	氯醛糖	W2005—147
29.40	克洛本诺塞德	W2005—148
29.40	乳糖醇	W2005—149
2940.00	应用静脉补铁药物	W2014—086
2940.0000	麦芽糖醇	Z2006—0130
2940.0000	抗坏血酸2-葡糖苷	Z2008—0014
2941.90	坦螺旋霉素	W2014—087
2941.90	阿螺旋霉素	W2014—088
2941.9090	吗替麦考酚酯	Z2007—0013

注："归类决定编号"说明：

"归类决定编号"由英文字母、年份和顺序号组成，其中：英文字母"J"代表海关总署根据协调制度商品归类技术委员会归类意见作出的商品归类决定；英文字母"W"代表海关总署根据世界海关组织归类意见作出的商品归类决定；英文字母"Z"代表海关总署作出的商品归类决定。

第二节
商品归类决定正文

商品归类决定正文见表4-2。

表 4-2　商品归类决定正文

归类决定编号	发布日期	商品税则号列	商品名称	英文名称	其他名称
W2020—9（自 2020 年 10 月 1 日起执行）	2020 年 9 月 15 日（见海关总署公告 2020 年第 108 号）	2811.22	微硅粉	Silica fume	
W2014—049（自 2015 年 1 月 1 日起执行）	2014 年 12 月 22 日（见海关总署公告 2014 年第 93 号）	2825.30	高比例五氧化二矾产品	Products with a high content of vanadium pentoxide	
W2014—050（自 2015 年 1 月 1 日起执行）	2014 年 12 月 22 日（见海关总署公告 2014 年第 93 号）	2831.10	乙醛次硫酸钠	Sodium acetaldehyde sulphoxylate	
W2018—18（自 2018 年 12 月 1 日起执行）	2018 年 11 月 2 日（见海关总署公告 2018 年第 159 号）	2833.11	散粒状白色粉末	Free flowing white powder	

商品描述	归类决定
含有颗粒极小的无定形二氧化硅（按重量计不少于80%），是生产硅或铁硅合金时的副产品。主要杂质包括碳、二氧化硅、碳化硅和碱金属氧化物。产品通常含有90%以上的二氧化硅。根据生产参数的变化，二氧化硅含量可能更低。按重量计，杂质的总量不应超过20%。	
商业上称为"熔融氧化钒"，通过对钒钾铀精矿与碳酸钠及氯化钠进行焙烘产生矾酸钠，然后用水浸滤，用硫酸沉淀五氧化二矾，再经过滤、熔融制成。其成分如下： 例一： 五氧化二矾　　　约98% 脉石：二氧化硅　0.13% 磷　　　　　　　0.015% 砷　　　　　　　0.04% 其他：氯化钠及钒酸钠 例二： 五氧化二矾　　　约98% 脉石：二氧化硅　0.38% 磷　　　　　　　0.06% 砷　　　　　　　0.06% 其他：氯化钠及钒酸钠	
含8%～10%的亚硫酸钠及4%～7%的硫酸钠，不论是否用氨处理。	
散粒状白色粉末，按重量计含有超过98.5%的无水硫酸钠。在露天环境下，由于自然脱水而形成的芒硝（十水硫酸钠）和无水芒硝（无水硫酸钠）的混合物，经收集后送到工厂，经过熔融（除水）、离心过滤、干燥等工序，制得该产品。又见归类意见2530.90/2。	归类依据：归类总规则一及六。

归类决定编号	发布日期	商品税则号列	商品名称	英文名称	其他名称
Z2006—0107	2006 年 11 月 22 日	2833.2500	初级硫酸铜		
Z2006—0108	2006 年 11 月 22 日	2833.2990	湿石粉		
Z2009—092	2009 年 6 月 12 日	2835.2510	正磷酸氢钙（饲料级）		

表4-2 续1

商品描述	归类决定
该商品采用从廉价铜原料（铜矿或杂铜）先生成氧化铜作为原料，加入浓硫酸，由于浓硫酸与水混合而自然产生热量，达到90～100℃，所有氧化铜转变为硫酸铜，其外观为蓝色结晶状。其申报的硫酸铜含量为92%。 该商品经海关化验鉴定为主要含硫酸铜，并可检测出氨基硫酸铜和氨基氯化铜的晶体，为化肥级硫酸铜。	"初级硫酸铜"是一种以廉价铜（铜矿或杂铜）为原料，通过生成氧化铜、加入浓硫酸（溶解反应温度90～100℃）、冷却结晶、离心机脱水而制得的五水硫酸铜。产品外观为蓝色结晶状，硫酸铜含量约93%、水含量2%～4%。经海关化验鉴定为主要含硫酸铜，并可检测出氨基硫酸铜和氨基氯化铜的晶体，为化肥级硫酸铜。 该商品的生产工艺为生产硫酸铜的工艺，产品的主要成分为硫酸铜，其所含有的氨盐仅是其制造过程中直接产生的物质，而非为使产品改变一般用途而专门加入的某些物质，因此不视为混合物，不能归入税则号列3824.9090。由于所含杂质符合《税则注释》第二十八章总注释中关于"已有化学定义的元素及化合物"中杂质的解释，因此，"初级硫酸铜"应归入税则号列2833.2500。 所谓"符合单独已有化学定义的化合物"，是指化学上所定义的纯净的化合物。即： 1. 符合"化学计量比"的化合物。每一种该类化合物都有固定不变的组成，对于无机化合物可用相应的分子式来表示，对于有机化合物可用相应的结构式来表示。 2. 晶格间有间隙或插入物的固体化合物（称为"似化学计量化合物"）。根据其理论公式几乎（但不完全）符合化学计量比。
发电厂为解决发电机组燃烧煤炭排放的烟气中SO_2对环境的污染，采用325目石灰石粉（$CaCO_3$）为吸收剂，通过烟气脱硫装置，吸收发电机组燃烧煤炭后产生的二氧化硫，经吸硫后的石灰石粉转化而成。其主要成分为$CaSO_4 \cdot 2H_2O$，用于制作水泥。经海关化验鉴定，样品为生石膏。	"湿石粉"经海关化验鉴定为生石膏，其为石灰石粉（$CaCO_3$）吸收发电机组产生的二氧化硫而得。主要成分为$CaSO_4 \cdot 2H_2O$，用于制作水泥。此种来源的石膏实为通过工业方法得到，而不是通过天然矿物得到。品目28.33在《税则注释》中的排他条款中规定，"本品目不包括天然硫酸钙（25.20）"。根据此条款，该商品应归入税则号列2833.2990。
外观为白色粉末，主要成分为含98%的磷酸氢钙、镁的磷酸盐1%、氟0.16%。生产过程为：用硫酸和磷矿反应制得湿法磷酸，之后通过净化处理去除湿法磷酸中的氟化物、磷酸盐等杂质，净化后的磷酸与由石灰经化灰、过筛除渣、蒸煮、过筛除渣、配浆后得到的石灰乳反应生成磷酸氢钙，经结晶沉淀、过滤、干燥后得到该商品。该商品用作饲料添加剂。	"正磷酸氢钙（饲料级）"为含氟少于0.2%的正磷酸氢钙，属于《税则注释》中品目28.35的产品范畴，根据归类总规则一及六，该商品应归入税则号列2835.2510。

归类决定编号	发布日期	商品税则号列	商品名称	英文名称	其他名称
Z2006—0109	2006 年 11 月 22 日	2840.1900	天然硼砂	Borax（refined）	
W2014—354（自 2015 年 1 月 1 日起执行）	2014 年 12 月 22 日（见海关总署公告 2014 年第 93 号）	2841.90	二氧化锂钴	Lithium cobalt dioxide（LiCoO$_2$）	
W2005—127	2005 年 12 月 23 日	2842.10（可归入税号：28.42/38.23）（38.24，HS1996）	合成硅铝酸钠	Synthetic sodium aluminosilicates	
W2005—201	2005 年 12 月 23 日	3824.90（＊）（2842.10，HS2002）（可归入税号：28.42/38.23）（38.24，HS1996）	合成硅铝酸钠	Synthetic sodium aluminosilicates	
W2014—051（自 2015 年 1 月 1 日起执行）	2014 年 12 月 22 日（见海关总署公告 2014 年第 93 号）	2842.10	合成硅铝酸钠	Synthetic sodium aluminosilicates	Zeolites, Zeolex

表4-2 续2

商品描述	归类决定
白色沙粒状，用25kg纸袋包装，型号 NEOBOR BX 5 MOL TECH GRN（REFINED）。 海关化验鉴定结果为五水四硼酸钠，属于精制硼砂。 货主称其所进口的含五个结晶水的硼砂系由天然十水硼砂经选矿、洗矿、煅烧后得到的天然硼砂。	"天然硼砂"为白色沙粒状，型号 NEOBOR BX 5 MOL TECH GRN（REFINED），海关化验鉴定结果为五水四硼酸钠，属于精制硼砂。根据介绍，其生产加工流程为：天然硼砂原矿经破碎—用水与溶剂的混合蒸汽进行洗涤（溶剂萃取杂质，冷凝水供随后选矿用）—将溶剂分离—用液力选矿并按不同的粒径段排出悬浮料液—晶体分离器（冷却后负压渗析去水以分离出天然硼砂晶体）—喷雾洗涤器（用水与溶剂进行洗涤）—脱水器—低温加热—制取十水硼砂—催化中温加热—制取五水硼砂。 从该商品的整个加工过程来看，其中蒸汽洗涤和在晶体分离器中冷却渗析去水分离出硼砂结晶，就有一个溶解再结晶的过程，属于溶液结晶法的过程，这种加工方法已超出《税则》第二十五章章注一所允许的加工范围。 根据《税则》归类总规则一及第二十五章章注一的规定，"天然硼砂"应归入税则号列 2840.1900。
黑色粉末状，一般用于锂离子电池的正电极。	
由一种类型分子组成，可用元素的定量比（钠、铝及硅）定义，并能用确定的结构图表示，具有重复单元晶胞的晶格。 （归类意见 2842.10/1）又见 205、206 及 207 号。（档案 2305）	委员会同意该产品是一种单独的已有化学定义的化合物，因此根据归类总规则一，将其归入税目 28.42。 文件号：39.600G/4 + L/27、39.547、39.400D/1、39.130A/2、38.863。 1995 年 HSC 第十五次会议。
无定形或结晶态，具有不规则结构，钠、铝及硅的元素比不定，且其化学组成不能用元素定量比定义。 （归类意见 3824.90/5）又见 130、206 及 207 号。（档案 2305）	委员会同意该非化学计量的组成和不规则晶体结构应属于税目 38.23（子目 3823.90）（HS1996 版新子目 3824.90）。根据归类总规则一。 （＊）：在 HS1996 版，税目 38.23 转到新的税目 38.24。HS2002 版的税目 28.42 已修订，包括无论是否有化学定义的硅铝酸盐。 文件号：39.600G/4 + L/27、39.547、39.400D/1、39.130A/2、38.863。 1995 年 HSC 第十五次会议。
非晶型或晶型，无规则结构，钠、铝及硅元素的比数不定，且其化学组成不能用元素的定量比定义。 Zeolites：晶型，已经浸提或离子交换，不再存在重复单元，故无化学定量组成。 Zeolex：非晶型无化学定量组成。	

归类决定编号	发布日期	商品税则号列	商品名称	英文名称	其他名称
Z2006—0110	2006 年 11 月 22 日	2843. 1000	纳米银液体		
Z2006—0111	2006 年 11 月 22 日	2843. 1000	纳米银粉末		

表4-2 续3

商品描述	归类决定
外观为无色透明液体，有醇的气味，经海关化验，样品成分包括水、银、乙二醇等，银含量2%。送检样品鉴定为多种成分的混合物。该纳米银液体具有抗菌、杀菌、防霉、防臭、消毒等功能，可添加于涂料中。 1. 纳米银技术是一种利用银的纳米技术。若把银裁断为10亿分之一米的大小，则会出现原来银所不具有的抗菌、杀菌、除去细菌性气味、防止静电、屏蔽电子波等新特性。 2. 纳米银液体主要成分是纳米银离子，当微量的银离子到达微生物细胞膜时，因后者带负电荷，依靠库伦引力，使两者牢固吸附，银离子穿透细胞壁进入细胞内，并与巯基（—SH）反应，使蛋白质凝固，破坏细胞合成酶的活性，细胞丧失分裂增殖能力而死亡。银离子还能破坏微生物电子传输系统、呼吸系统和物质传输系统。当菌体失去活性后，银离子又会从菌体中游离出来，重复进行杀菌活动，因此该行为是无机抗菌，完全不同于有机杀菌。 3. 纳米银以离子状态存在时，是不能单独存在的。当它从 Ag_2O 被还原为 Ag^+ 离子时，需要载体将它包裹住。而纳米银液体中的 EG（乙二醇）就是包裹的载体。当纳米银应用到产品时，通过搅拌和溶解，载体就失去了意义。 4. 纳米银液体具有抗菌、除臭作用，还具有抗静电、释放远红外线的特性，可应用于涂料、塑料、纺织、服装、建材和保健品等行业。	根据上述资料及海关化验鉴定结果，"纳米银液体"外观为无色透明液体，成分为水、银、乙二醇等，银含量2%，其中的 EG（乙二醇）是包裹的载体。该纳米银胶质通过化学还原法制成，粒径4~7nm，具有抗菌、杀菌、防霉、防臭、消毒等功能，可添加于涂料中。 经查找相关资料，胶态金属包括金属溶胶，其特点是粒径小、比表面积大，金属溶胶可以通过在溶液中将金属盐还原制得。从其生产方法看，该商品属于胶态银。根据《税则》归类总规则一，"纳米银液体"应归入税则号列2843.1000。
外观为白色粉末，经海关化验鉴定，样品成分包括二氧化硅、氧化锌、银、氧化银、含钠及磷的化合物等，银含量大于5%，小于10%。送检样品鉴定为多种成分的混合物，可添加于涂料中。 1. 纳米银技术是一种利用银的纳米技术。若把银裁断为10亿分之一米的大小，则会出现原来银所不具有的抗菌、杀菌、除去细菌性气味、防止静电、屏蔽电子波等新特性。 2. 纳米银粉末主要成分是纳米银离子，当微量的银离子到达微生物细胞膜时，因后者带负电荷，依靠库伦引力，使两者牢固吸附，银离子穿透细胞壁进入细胞内，并与巯基（—SH）反应，使蛋白质凝固，破坏细胞合成酶的活性，细胞丧失分裂增殖能力而死亡。银离子还能破坏微生物电子传输系统、呼吸系统和物质传输系统。当菌体失去活性后，银离子又会从菌体中游离出来，重复进行杀菌活动，因此该行为是无机抗菌，完全不同于有机杀菌。 3. 纳米银以离子状态存在时，是不能单独存在的。当它从 Ag_2O 被还原为 Ag^+ 离子时，需要载体将它包裹住。而纳米银粉末中的 ZnO、SiO_2 等是包裹的载体。当纳米银应用到产品时，通过搅拌和溶解，载体就失去了意义。	根据上述资料及海关化验鉴定结果，"纳米银粉末"外观为白色粉末，成分为二氧化硅、氧化锌、银、氧化银、含钠及磷的化合物等，银含量大于5%、小于10%，其中二氧化硅（SiO_2）、氧化锌等是包裹载体。该纳米银胶质通过化学还原法制成，粒径4~7nm，具有抗菌、除臭作用，还具有抗静电、释放远红外线的特性，可应用于涂料、塑料、纺织、服装、建材和保健品等行业。 经查找相关资料，纳米抗菌材料通常与载体（沸石、活性炭、不溶性磷酸盐类、硅胶及树脂类等）配合，目的是使抗菌金属离子均匀分布、稳定保留在产品上，并且缓慢释放以延长抗菌效果。从其生产方法看，该商品形成了胶态贵金属粉末。根据《税则》归类总规则一，"纳米银粉末"应归入税则号列2843.1000。

归类决定编号	发布日期	商品税则号列	商品名称	英文名称	其他名称
Z2010—0007	2010 年 2 月 28 日	2846.9019	荧光体	Lamp phosphor	
Z2006—0112	2006 年 11 月 22 日	2846.9048	碳酸稀土	Re carbonate	
Z2006—0113	2006 年 11 月 22 日	2846.9090	钒酸钇（YVO4）		
Z2008—121	2008 年 11 月 24 日	2846.9090	稀土化合物		混合粉（磷酸镁铈）
Z2013—0007（自 2013 年 6 月 1 日起执行）	2013 年 5 月 17 日（见海关总署公告 2013 年第 26 号）	2846.9090	掺钕钒酸钇		
Z2006—0114	2006 年 11 月 22 日	2850.0000	硅烷	Silane	
Z2009—093	2009 年 6 月 12 日	2850.0000	立方氮化硼	Cubic boron nitride	

表4-2　续4

商品描述	归类决定
白色粉末，由氧化钇与氧化铕经过混合、烧制等工艺后制得的具有发光性能的产品，用作灯的发光材料。	该"荧光体"由氧化钇与氧化铕组成，属于稀土金属氧化物的混合物。根据归类总规则一、六以及《税则注释》第六类注释及品目32.06的排他条款，"荧光体"应归入税则号列2846.9019。
一种由稀土永磁体（毛坯）经机械加工所得的金属屑经磨粉、焙烧、酸浸、碳铵沉淀等工艺制得，为潮湿的白色固体粉末。 成分含量：碳酸稀土64.47%、铁<0.01%、钴0.03%、钠0.67%、氯0.53%，其余为结晶水。主要用于生产制造永磁材料用的稀土金属。	该商品属于稀土金属的无机化合物，符合《税则注释》品目28.46中规定的商品范畴。根据归类总规则一，"碳酸稀土"应归入税则号列2846.9048。
钒酸钇（YVO4）是一种正单轴双折射晶体。其单晶棒一般直径为22~35mm，长度为35~55mm。YVO4具有较大的双折射值，透明区宽，接近玻璃的硬度，不潮解，加工镀膜容易。YVO4是一种理想的光学偏振器材料，可以用于光通讯技术中，如光隔离器、波分变器、格蓝偏振器等。 加工方法：用传统的提拉法，在单晶炉中生成。	根据上述介绍，该钒酸钇双折射晶体符合《税则注释》第二十八章注释一（一）的规定，应按税目28.46的条文将此商品归入税则号列2846.9090。
该商品是将原料 $3MgCO_3 \cdot Mg(OH)_2 \cdot 3H_2O$、$Al_2O_3$、$Tb_4O_7$、$CeO_2$ 按比例在高温条件下煅烧得到的一种含有铈和铽的铝酸盐复合氧化物，主要用于制造荧光粉。	该商品属于一种稀土化合物，根据《税则注释》品目32.06的排他条款"本品目不包括品目28.43至28.46及28.52所述的货品……"，该商品不属于品目32.06的商品范畴。根据归类总规则一及六，该商品归入税则号列2846.9090。
该商品为掺钕钒酸钇（0.15%Nd：YVO4）的晶体毛坯，每个重45.9g，规格为23.10mm×30.40mm×19.60mm。生产分两个步骤： 1. 原料合成：将偏钒酸铵、硝酸、氧化钕、氧化钇溶于纯净水中，通过液相合成法形成掺钕钒酸钇固体沉淀，离心沉淀后，高温烧结形成固体原料； 2. 提拉法生长晶体：用中频感应电流，加热单晶炉中的坩埚熔化原料，利用YVO4晶体籽晶，控制合适的温场，逐步降温使晶体在籽晶处生长，并最终生长成完整晶体。该商品经简单切割、抛光等工艺后，可直接应用到激光系统中。	根据《税则注释》对品目28.46的解释，该品目包括稀土金属相同阴离子的盐的混合物，该商品属于品目28.46的商品范围。根据归类总规则一，该商品应归入税则号列2846.9090。
商品状态为液化气，用钢瓶装。分子式为 $SiH_4 \cdot N_2$，成分为 SiH_4 10%，N_2 90%，其中 N_2 为溶剂，起稀释、稳定作用。 用途：主要用于生产镀膜玻璃，增强玻璃的反射功能。硅烷是一种特制气体，最早用于镀线路板，现借用到玻璃行业，喷在玻璃表面产生反射，似镀上一层薄膜。	根据描述，氮气仅起稀释和稳定作用，故按硅烷归入税则号列2850.0000。
商品为一种细度在几十微米至几毫米的粉末，它是以六方氮化硼为原料，在静态高温高压条件下合成，分子式为BN，密度 $3.48g/m^3$，硬度46GPa，耐热度1300℃。主要用作磨削用的砂轮、做切割用的聚合立方氮化硼（PCBN）、研磨等。	该商品进口时呈粉末状，根据归类总规则一及六，应归入税则号列2850.0000。

归类决定编号	发布日期	商品税则号列	商品名称	英文名称	其他名称
W2014—052 （自 2015 年 1 月 1 日起执行）	2014 年 12 月 22 日 （见海关总署公告 2014 年第 93 号）	2901.10	饱和无环烃单独异 构体	Separate isomers of satu- rated acyclic hydrocar- bons	
W2014—053 （自 2015 年 1 月 1 日起执行）	2014 年 12 月 22 日 （见海关总署公告 2014 年第 93 号）	2901.10	饱和无环烃异构体 的混合物	Mixtures of isomers of sat- urated acyclic hydrocar- bons	
W2014—054 （自 2015 年 1 月 1 日起执行）	2014 年 12 月 22 日 （见海关总署公告 2014 年第 93 号）	2901.23 至 2901.29	单烯或多烯无环烃 的单独异构体	Separate isomers of mono- ethylenic or polyethylenic acyclic hydrocarbons	
W2014—055 （自 2015 年 1 月 1 日起执行）	2014 年 12 月 22 日 （见海关总署公告 2014 年第 93 号）	2901.23 至 2901.29	单烯或多烯无环烃 立体异构体的混合 物	Mixtures of stereoisomers of monoethylenic or poly- ethylenic acyclic hydro- carbons	
W2014—056 （自 2015 年 1 月 1 日起执行）	2014 年 12 月 22 日 （见海关总署公告 2014 年第 93 号）	2901.23 至 2901.29	单烯或多烯无环烃 其他异构体的混合 物	Mixtures of other isomers of monoethylenic or poly- ethylenic acyclic hydro- carbons	
Z2006—0115	2006 年 11 月 22 日	2902.1900	柠檬萜（苎烯）	D-Linmonene	
W2005—128	2005 年 12 月 23 日	29.05（可归入税号： 29.05/29.20)	钛酸丁酯	Butyl titanate; tetrabu- toxytitanium	

表4-2　续5

商品描述	归类决定
单独异构体纯度不低于95%。	
一种异构体含量不低于95%。	
单独异构体纯度不低于90%。	
一种烃的立体异构体含量至少达到90%。	
一种异构体含量不低于90%。	
无色透明液体，有浓郁香味。经海关化验鉴定，其主要成分为柠檬烯、α-蒎烯、β-月桂烯、芳樟醇、小茴香醇等。根据进出口商所提供的资料，该柠檬萜是从冷冻浓缩的甜橙汁液生产加工提取而得到的。其中的芐烯含量为96.83%，月桂烯1.76%，蒎烯0.42%，水芹烯0.25%，平均含醛量为0.32%。	"柠檬萜（芐烯）"为无色透明液体，有浓郁香味。经海关化验鉴定，其主要成分为柠檬烯、α-蒎烯、β-月桂烯、芳樟醇、小茴香醇等。该商品中芐烯含量>93%，平均含醛量为0.32%。该商品是从果皮的冷榨油中回收而得的。其生产过程为：将柑橘类水果的果皮加石灰水后通过压榨机得到糖浆混合液，经沸热蒸发器超真空蒸馏后得到两部分产物——糖浆、水及萜烯混合物，糖浆回收利用，水及萜烯混合物被收集到油水分离器中，进行离心搅拌、静止分离得到柑橘萜烯。 我国的食品用香料分类（GB/T 14156—1993《食品用香料分类与编码》）中，甜橙油及甜橙油萜烯均属于允许使用的食品用天然香料，但并没有对橙油及芐烯制定相关国家标准或行业标准。 从该商品的生产工艺来看，其属于从精油中分离出来的有化学定义的萜烯化合物。根据归类总规则一，"柠檬萜（芐烯）"应归入税则号列2902.1900。
	委员会同意"金属酸"不被"无机酸"这种表达所涵盖，因此该商品不应该作为一种无机酸酯归入税目29.20，而应该作为一种烃氧基金属归入税目29.05。 归类依据：归类总规则一。 2002版HS的法律条文和相关注释已作了相应修改。 文件号：38.760D、38.530A/10、38.327。 1994年HSC第十三次会议。

归类决定编号	发布日期	商品税则号列	商品名称	英文名称	其他名称
W2005—129	2005 年 12 月 23 日	2905.49（可归入税号：2905.49/2905.50）	甘油酯	Glycerol esters	
Z2006—0117	2006 年 11 月 22 日	2907.1990	抗氧剂 BHT		防老剂
Z2006—1196	2007 年 12 月 5 日	2907.2300	回用双酚 A		
W2014—057（自 2015 年 1 月 1 日起执行）	2014 年 12 月 22 日（见海关总署公告 2014 年第 93 号）	2908.99	锑二（磺基邻苯二酚钠）	Antimony（Ⅲ）bis（disodium sulphocatechol）	
J2017—0002（自 2017 年 10 月 1 日起执行）	2017 年 9 月 30 日	2909.6000	有机过氧化物混合物		
W2018—19（自 2018 年 12 月 1 日起执行）	2018 年 11 月 2 日（见海关总署公告 2018 年第 159 号）	2911.00	过氧缩酮	Peroxyketals	
Z2013—0008（自 2013 年 6 月 1 日起执行）	2013 年 5 月 17 日（见海关总署公告 2013 年第 26 号）	2914.6900	辅酶 Q10		泛醌 10
Z2013—0009（自 2013 年 6 月 1 日起执行）	2013 年 5 月 17 日（见海关总署公告 2013 年第 26 号）	2914.7000	2,4-二氯-5-氟苯乙酮	2,4-Dichloro-5-fluoro acetophenone	

表4-2 续6

商品描述	归类决定
由税目 29.04 的无机官能酸化合物和子目 2905.45 的甘油反应形成，如甘油基苯磺酸酯。 （归类意见 2905.49/1）（档案 2601）	因为税目 29.05 项下没有"酯"专门的子目，但有一个兜底子目"其他"在相关的子目级别中。委员会决定税目 29.04 项下的无机酸的甘油酯应归入子目 2905.49。 归类依据：归类总规则一及六，以及第二十九章子目注释一。 文件号：40.600G/3+L/13、40.260IJ/8、40.073、40.195。 1996 年 HSC 第十七次会议。
化学名称为 2,6-二叔丁基对甲苯酚，外观为白色晶体，熔点为 69~70℃，经一系列处理而得。	根据第二十九章章注一（一）及第三十八章章注一（一），此商品应归入税则号列 2907.1990。
是在生产聚碳酸酯（塑料粒子）的过程中未反应的双酚 A 粉末，被进行了充分的冲洗、筛分及沉淀分离，所得产品中聚碳酸酯的含量小于 1%，去除水分后的双酚 A 含量可达 99% 以上，经海关化验鉴定，其结果为双酚 A，可在生产低级建筑用胶时掺和使用。	根据归类总规则一，该商品应归入税则号列 2907.2300。
该混合物中有效成分为有机过氧化物，同时含有含量约 50% 的硅油和含量约 10% 的二氧化硅。该商品用作硅橡胶的交联剂，通过与硅橡胶混合后高温加热，使硅橡胶制品成型。 纯有机过氧化物属于危险化学品，添加硅油和二氧化硅进行稀释，可有效提升此商品的安全性，降低其危险级别，便于运输和保存。 选择二氧化硅和硅油作为过氧化物的稳定剂，是考虑到硅橡胶生产中所需原料中含有二氧化硅和硅油，因此用它们作稳定剂在后续工艺中不需要进行除杂，并且其作为交联剂的使用量极小，不会影响硅橡胶的投料比例。	根据归类总规则一及六，该商品应归入税则号列 2909.6000。
	归类依据：归类总规则一（第二十九章注释三）。
为黄色至橙色粉末，是一种广泛分布于生物体中的脂溶性有机醌类化合物。 分子式：$C_{59}H_{90}O_4$。 结构式： H_3CO ... CH_3 ... CH_3 ... $(CH_2-CH=C-CH_2)_{10}H$ ... H_3CO	该商品属于类维生素，应按分子结构进行归类。根据归类总规则一及六，该商品应归入税则号列 2914.6900。
白色结晶体。分子式 $C_8H_5Cl_2FO$，相对分子质量 207.03，CAS 号 704-10-9。以 2,4-二氯氟苯和乙酰氯等为原料合成而得，可用于合成环丙沙星。	该商品为芳香酮的卤化衍生物，根据归类总规则一及六，应归入税则号列 2914.7000。

归类决定编号	发布日期	商品税则号列	商品名称	英文名称	其他名称
Z2006—0118	2006 年 11 月 22 日	2915. 9000	2-乙基己酸	2-Ethylhexanoic acid	异辛酸
Z2010—0008	2010 年 2 月 28 日	2915. 9000	原甲酸三乙酯	Triethoxymethane	三乙氧基甲烷
Z2013—0010 （自 2013 年 6 月 1 日起执行）	2013 年 5 月 17 日 （见海关总署公告 2013 年第 26 号）	2916. 2090	3,5,7-三氟金刚烷甲酸 （$C_{11}H_{13}O_2F_3$）	3, 5, 7-Trifluoroadamantane-1-carboxylic acid	
W2005—130	2005 年 12 月 23 日	2918. 19 （可归入税号：2918. 19/3823. 19）（15. 19，HS1992）	12-羟基硬脂酸	12-Hydroxystearic acid	
Z2006—0119	2006 年 11 月 22 日	2918. 3000	洛索洛芬钠	Loxoprofen sodium	
Z2009—006	2009 年 1 月 20 日	2918. 3000	L-孟基乙醛酸酯	L-menthyl glyoxylate hydrate, 95pct min	

表4-2 续7

商品描述	归类决定
性状：无色液体，微有气味，能溶于醚和热水，微溶于醇。 用途：有机合成熔剂。	根据归类总规则一，该商品属于饱和一元羧酸，应归入税则号列 2915.9000。
无色透明液体，有刺激气味，CAS 号 122-51-0；与乙醇、乙醚混溶，微溶于水，遇水会分解；主要作为医药中间体。 结构式：CH（OCH₂CH₃）₃。	根据第二十九章注释五（一）的规定及参照第二十九章第七分章总注释，该商品应归入税则号列 2915.9000。
白色粉末，CAS 号 214557-89-8，分子式 $C_{11}H_{13}O_2F_3$，相对分子质量 234。 化学成分：3,5,7-三氟金刚烷甲酸含量98%以上。 用途：抗肿瘤新药中间体。	该商品属于含有氟取代基的金刚烷甲酸，结构式上有甲酸基团，根据归类总规则一及六，应归入税则号列 2916.2090。
纯度不低于 90%。 （归类意见 2918.19/1）（档案 2042）又见 199 号。	委员会认为 12-羟基硬脂酸既不是天然产生的脂肪酸，也不是蓖麻油皂化的直接产物。委员会注意到，因为归入税目 15.19（1996 版 HS 税目 38.23）的硬脂酸通常是氢化不饱和脂肪酸，且由于其由氢化蓖麻油或者更明确的蓖麻油酸制得，并不改变产品基本结构，因此，氢化产生的 12-羟基硬脂酸不应排除于税目 15.19 之外。故当 12-羟基硬脂酸的纯度低于 90% 时，是税目 15.19 项下的一种工业脂肪酸，否则，其应归入税目 29.18。 归类依据：归类总规则一。 文件号：39.600G/1+L/24、39.400D/1、39.116。 1995 年 HSC 第十五次会议。
又称环氧洛芬钠，化学名为二水合 2-［4-（2-羰基环戊亚甲基）苯丙酸］钠，是一种芳基丙酸类抗炎药，属于非甾类抗炎药，其抗炎作用机制是通过抑制环氧化酶来阻止前列腺素的合成。 根据《药物化学》所述，前列腺素是公认的产生炎症的介质，而前列腺素可经环氧化酶作用生成花生四烯酸，多数解热镇痛药（如阿司匹林）及非甾类抗炎药的作用机制均是通过抑制环氧化酶来阻断前列腺素的生成。	参考《化工百科全书》，前列腺素（简称 PG）通常是花生四烯酸（简称 AA）为生物合成前体、经酶或非酶转化生成的、以前列腺烷酸为骨架的内源性生理活性物质。由 AA 转化为 PG 的必要步骤是在不饱和脂链上加氧，其加氧途径可分为脂加氧酶和环加氧酶两大类。PG 从多方面参与机体的炎症反应，抑制 PG 合成能达到抗炎、镇痛的效果。PG 环加氧酶抑制剂有酚类化合物（如麝香草酚）、非甾类抗炎药（如阿司匹林）以及 PG 类似物等。 税目 29.37 包括释放激素或刺激激素的因子、激素抑制剂及激素抗体等激素类物质。 该商品与多数解热镇痛药（如阿司匹林）及非甾类抗炎药的作用机制均是通过抑制环氧化酶来阻断前列腺素的生成。非甾类抗炎药并不属于《税则》税目 29.37 中所指的范围［例如，阿司匹林（邻乙酰水杨酸）归入税则号列 2918.2200］，且从现有的资料中并无证据显示产品属于激素类物质。根据归类总规则一，"洛索洛芬钠"应归入税则号列 2918.3000。
是薄荷脑与乙醛酸发生酯化反应的产物，外观为白色或类白色粉末，纯度 ≥95%，分子式 $C_{12}H_{22}O_4$，相对分子质量 230，是一种新一代核苷类抗病毒药品拉米呋定的化学中间体。	根据归类总规则一［《税则》第二十九章章注五（一）］及六，该商品应归入税则号列 2918.3000。

归类决定编号	发布日期	商品税则号列	商品名称	英文名称	其他名称
Z2007—0011	2007 年 12 月 5 日	2920.9090	乙基氯化物	Diethyl thiophosphoryl chloride	二乙基硫代磷酰氯
W2014—058（自 2015 年 1 月 1 日起执行）	2014 年 12 月 22 日（见海关总署公告 2014 年第 93 号）	2921.19	N-甲基氨基乙磺酸钠盐	N-methyltaurine, sodium salt, aqueous slurry	
W2014—059（自 2015 年 1 月 1 日起执行）	2014 年 12 月 22 日（见海关总署公告 2014 年第 93 号）	2921.49	舍曲林	Sertraline	
Z2013—0011（自 2013 年 6 月 1 日起执行）	2013 年 5 月 17 日（见海关总署公告 2013 年第 26 号）	2921.5190	异丙基苯基对苯二胺		
W2005—131	2005 年 12 月 23 日	2922.19（可归入税号：2922.19/2922.50）	甲氯芬酯、2-二甲胺基乙基对氯苯氧基乙酸酯	Meclofenoxate （INN）；2-dimethyla-minoethyl p-chlorophenoxyacetate	
W2005—132	2005 年 12 月 23 日	2922.19（可归入税号：2922.19/2922.50）	那莫西瑞	Namoxyrate （INN）	
W2005—133	2005 年 12 月 23 日	2922.19（可归入税号：2922.19/2922.50）	硝酸氨基乙基酯	Aminoethyl nitrate	

表4-2 续8

商品描述	归类决定
化学名称为 O,O-二乙基硫代磷酰氯，分子式为 $C_4H_{10}ClO_2PS$。纯品为无色透明液体，有特殊的酯气味，比重 1.191（25/4℃），沸点 71.5～72℃（931Pa），折射率 1.4684（25℃），熔点低于−75℃，工业品微带黄色。不溶于水，易溶于苯、乙醚、脂肪等多数有机溶剂。该商品用作有机磷农药和医药中间体，在三甲胺催化下与对硝基酚钠可以合成对硫磷。	根据归类总规则一，该商品应归入税则号列 2920.9090。
浆液形态。	
某种 INN 产品。	
分子式 $C_{15}H_{18}N_2$，相对分子质量 226.3，CAS 号 101-72-4。 N-异丙基-N′-苯基对苯二胺含量≥95%，杂质成分为 5%。 生产工艺：4-氨基-二苯胺与丙酮缩合、加氢后精制而得。主要作为橡胶添加剂，能改善橡胶的性能，对橡胶有优良的防护作用，延长橡胶的使用年限。	该商品为对苯二胺的氨基的氢原子被烃基取代的衍生物，根据归类总规则一及六，应归入税则号列 2921.5190。
一种氨基醇（2-二甲胺基乙醇）的酯，仅含一种含氧基（醇基）。 （归类意见 2922.19/1）（档案 2432）	委员会指出甲氯芬酯是一种 2-二甲胺基乙醇的酯，仅含一种含氧基（醇基）。第二种含氧基（醚基）来源于酸（4-氯代苯氧乙酸）。委员会同意该产品应该归入子目 2922.19。 归类依据：归类总规则一。 文件号：39.600IJ/10 + L/9、39.301、38.760F/5 + L10、38.270E/6、38.254、38.484。 1993 年 HSC 第十二次会议。
	委员会同意该产品是含一个含氧基的氨基化合物，应该归入子目 2922.19。 归类依据：归类总规则一。 文件号：38.760D、38.339、38.100D+Q。 1994 年 HSC 第十三次会议。
	因为子目 2922.1 条文中 "氨基醇，它们的醚和酯……" 没有对于有机酸酯或无机酸酯的限制，委员会同意硝酸氨基乙基酯作为一种无机酸的氨基醇酯应该归入子目 2922.19。 归类依据：归类总规则一及六。 文件号：41.100D/4、40.940。 1997 年 HSC 第十九次会议。

归类决定编号	发布日期	商品税则号列	商品名称	英文名称	其他名称
Z2006—0120	2006 年 11 月 22 日	2922.4999	仲丁威		
Z2013—0012（自 2013 年 6 月 1 日起执行）	2013 年 5 月 17 日（见海关总署公告 2013 年第 26 号）	2922.4999	依那普利氢化物		N-〔1-（S）-乙氧羰基-3-苯丙基〕-L-丙氨酸
Z2008—122	2008 年 11 月 24 日	2922.5000	橡胶促进剂		
Z2013—0013（自 2013 年 6 月 1 日起执行）	2013 年 5 月 17 日（见海关总署公告 2013 年第 26 号）	2922.5090	α-（N-甲基-N-苄基）-氨基-3-羟基苯乙酮盐酸盐	BAH	
Z2013—0014（自 2013 年 6 月 1 日起执行）	2013 年 5 月 17 日（见海关总署公告 2013 年第 26 号）	2922.5090	L-苏氨酸		
W2005—134	2005 年 12 月 23 日	29.24（可归入税号：29.21/29.24）	阿斯巴甜、天（门）冬氨酰苯丙氨酸甲酯	Aspartame	
W2014—060（自 2015 年 1 月 1 日起执行）	2014 年 12 月 22 日（见海关总署公告 2014 年第 93 号）	2924.19	二甲脲水溶液	Dimethylol urea in aqueous solution	
Z2013—0015（自 2013 年 6 月 1 日起执行）	2013 年 5 月 17 日（见海关总署公告 2013 年第 26 号）	2924.1990	雷米普利中间体		N-乙酰基-3-氯丙氨酸甲酯

表4-2　续9

商品描述	归类决定
通用名称为仲丁威，化学名称为2-仲丁基苯基-N-甲基氨基甲酸酯。仲丁威具有强烈的触杀作用，还有一定的胃毒、熏蒸和杀卵作用。可防治水稻、茶叶、甘蔗、小麦、南瓜、紫茄的叶蝉、飞虱、蚜虫及象鼻虫等害虫，还可防治棉花的棉铃虫和棉蚜虫以及蚊蝇等卫生害虫，可制成乳剂、微颗粒剂等。该商品以100kg铁桶装状态出口，仲丁威含量大于（或等于）97%，其余为水分、游离酚、甲基异氰酸酯、二乙胺和溶剂苯等，可加水作喷雾使用或拌沙土作杀虫剂使用。	商品为2-仲丁基苯基-N-甲基氨基甲酸酯，所含少量杂质为生产时未转化的原料，并非使商品适于某特殊用途而故意添加或残留，为单独的已有化学定义的产品。该商品以100kg铁桶装状态出口，为非零售包装，根据《税则注释》第三十八章章注一（一）2的规定，不应归入税目38.08项下。根据归类总规则一，该商品应归入税则号列2922.4999。
化学名称 N-［1-（S）-乙氧羰基-3-苯丙基］-L-丙氨酸，分子式 $C_{15}H_{21}NO_4$。理化性质为白色粉末，稍有气味，成分含量大于98%。主要用于合成抗高血压药马来酸依那普利。包装为25kg纸板桶，常温阴凉处保存。	该商品为氨基酸的酯，根据归类总规则一及六，应归入税则号列2922.4999。
浅黄色透明黏稠液体，经海关化验鉴定，其成分为四缩水甘油基二氨基二苯基甲烷。产品用于加速固化剂和环氧树脂化学反应的速度。	从该商品的化学结构式来看，该商品是含氧基氨基化合物。根据归类总规则一，该商品应归入税则号列2922.5000。
白色或类白色粉末，含量99%以上。可用作医药中间体。 结构式： 	根据归类总规则一及六，该商品应归入税则号列2922.5090。
白色结晶或结晶性粉末，无臭，味稍甜，含量为99%以上，分子式 $C_4H_9NO_3$。苏氨酸是维持机体生长发育的必需氨基酸，在机体内能促进磷脂合成和脂肪酸氧化，具有抗脂肪肝的作用，主要用于医药、化学试剂、食品强化剂、饲料添加剂等方面。	从该商品的结构式分析，其含有羟基和羧基两个含氧基及一个氨基，根据归类总规则一及六，应归入税则号列2922.5090。
作为甜味剂的食品添加剂。（档案2703）	委员会同意肽链是一种氮代氨基化合物官能团，因此，该产品被归入税目29.24。 归类依据：归类总规则一及六。 文件号：42.750G/17、42.442。 1998年HSC第二十二次会议。
不论是否由于产品离解含甲醛，用于纺织物整理，未添加香料。	
化学名称为 N-乙酰基-3-氯丙氨酸甲酯，分子式 $C_6H_{10}ClNO_3$，成分含量>98%。外观为白色结晶性粉末，包装为25kg纸板桶。主要用于合成抗高血压药雷米普利。	该商品为无环酰胺的衍生物，根据归类总规则一及六，应归入税则号列2924.1990。

归类决定编号	发布日期	商品税则号列	商品名称	英文名称	其他名称
W2005—135	2005 年 12 月 23 日	2924.29（可归入税号：2924.21/2924.29）	二氟苯祖隆、N-（4-氯苯氨基羰基）-2,6-二氟苯甲酰胺	Diflubenzuron；N-（（4-chlorophenyl） amino） carbonyl）-2,6- difluoro- benzamide	
W2005—136	2005 年 12 月 23 日	2929.90（可归入税号：29.25/29.29）	那福塔洛佛	Naftalofos （INN）	
W2014—061（自 2015 年 1 月 1 日起执行）	2014 年 12 月 22 日（见海关总署公告 2014 年第 93 号）	2930.90	地虫磷	Fonofos	
Z2006—0121	2006 年 11 月 22 日	2930.9090	艾丽美		
Z2013—0016（自 2013 年 6 月 1 日起执行）	2013 年 5 月 17 日（见海关总署公告 2013 年第 26 号）	2930.9090	防灰雾剂（4-甲基-硫代苯磺酸钾盐）	Tss antifoggant stabilizer	
Z2006—0122	2006 年 11 月 22 日	2931.0000	三丁基铝		
Z2013—0017（自 2013 年 6 月 1 日起执行）	2013 年 5 月 17 日（见海关总署公告 2013 年第 26 号）	2931.9090	三（三甲基硅烷）硼酸酯		
Z2013—0018（自 2013 年 6 月 1 日起执行）	2013 年 5 月 17 日（见海关总署公告 2013 年第 26 号）	2932.2090	L-丙交酯	L-Lactide	
Z2013—0019（自 2013 年 6 月 1 日起执行）	2013 年 5 月 17 日（见海关总署公告 2013 年第 26 号）	2932.2090	青蒿素	Artemisinin	
W2005—137	2005 年 12 月 23 日	2932.29（可归入税号：29.32/29.41）	莫克塞代克丁	Moxidectin （INN）	

表4-2 续10

商品描述	归类决定
环状酰脲，一般用于制造杀虫剂。 （归类意见 2924.29/1）（档案 2524）	因为此化合物属于一种不同于酰脲或其衍生物的化合物，委员会决定将其归入子目 2924.29 而不归入子目 2924.21。 归类依据：归类总规则一及六。 文件号：39.600G/5+L/35、39.400D/1、39.118。 1995 年 HSC 第十五次会议。
	参照税目 29.29 注释的解释"四"，委员会同意该产品是一种无机酸的有机取代的酰亚胺衍生物。 归类依据：归类总规则一。 文件号：38.760D、38.339、38.100D+Q。 1994 年 HSC 第十三次会议。
酱色液体，250g/桶，作饲料添加剂用。 该商品经海关化验鉴定为羟基蛋氨酸的水溶液，成分为羟基蛋氨酸、水分（含量14%）。经查询有关资料，羟基蛋氨酸是深褐色黏液，含水量12%。羟基蛋氨酸是以单体、二聚体和三聚体组成的平衡混合物，其含量分别为65%、20%和3%，主要是以羟基和羧基间的酯化作用而聚合。	根据介绍，该商品为羟基蛋氨酸的水溶液。 该商品为羟基蛋氨酸的平衡混合物，根据《税则注释》第二十九章章注一（四），含水分不影响其归类，应按单一成分归入税则号列 2930.9090。
白色固体，成分为100%的4-甲基-硫代苯磺酸钾盐，用作彩色数码相纸生产的照相补加剂。	从该商品的结构式分析，其苯环上磺酸基的一个氧被硫取代，不属于税目 29.04 的磺化或复合衍生物。根据归类总规则一及六，该商品应按有机硫化合物归入税则号列 2930.9090。
一般为无色液体，与空气接触则迅速氧化至自燃。与水发生强烈反应，生成 Al（OH）$_3$ 和 RH。	根据介绍，该商品为无色液体，与空气接触则迅速氧化至自燃。与水发生强烈反应，生成 Al（OH）$_3$ 和 RH。 根据归类总规则一，该商品属于有机铝化合物，应归入税则号列 2931.0000。
各成分含量为：三（三甲基硅烷）硼酸酯99.9%、杂质硼酸 0.09%、杂质硼酸酯 0.01%。分子式为 [（CH$_3$）$_3$SiO]$_3$B。该商品为六甲基二硅氮烷和硼酸通过加热反应脱除氨气制成，用作锂电池电解液添加剂。	该商品含有硅原子与有机基碳原子直接相连的碳硅键，根据归类总规则一及六、第二十九章章注六的规定，应按其他有机—无机化合物归入税则号列 2931.9090。
白色晶体，分子式 C$_6$H$_8$O$_4$，L-丙交酯含量 99.9%以上，其他为水等杂质。其由 L-乳酸脱水制得。	该商品为由两分子羟基酸脱水而成的双内酯，根据归类总规则一及六，应归入税则号列 2932.2090。
白色粉末，味苦，青蒿素含量99%以上，25kg/桶。其从中药黄花蒿提取有效成分并精制而得，为抗疟药，可直接使用，也可转化成青蒿琥酯等。	该商品为抗疟原料药，根据归类总规则一及六，应按仅含氧杂原子的杂环化合物（内酯）归入税则号列 2932.2090。
	委员会同意该商品不是税目 29.41 的抗菌素，应作为内酯归入 2932.29。 归类依据：归类总规则一。 文件号：38.760D、38.339、38.100D+Q。 1994 年 HSC 第十三次会议。

归类决定编号	发布日期	商品税则号列	商品名称	英文名称	其他名称
W2014—062（自 2015 年 1 月 1 日起执行）	2014 年 12 月 22 日（见海关总署公告 2014 年第 93 号）	2932.29	伊维菌素	Ivermectine	
W2014—063（自 2015 年 1 月 1 日起执行）	2014 年 12 月 22 日（见海关总署公告 2014 年第 93 号）	2932.99	紫杉醇	Paclitaxel（INN）	
W2014—064（自 2015 年 1 月 1 日起执行）	2014 年 12 月 22 日（见海关总署公告 2014 年第 93 号）	2932.99	拉罗他赛/拉欧紫杉醇	Larotaxel（INN）	
Z2006—0123	2006 年 11 月 22 日	2932.9910	呋喃酚	7-Hydroxy	2,3-dihydro-2,2-dime-ethyl-7-hydroxy-benzofu-ran
Z2006—0124	2006 年 11 月 22 日	2932.9990	氨基葡萄糖硫酸盐	Glucosamine sulphaet · 2KCL	
Z2008—0013	2008 年 10 月 28 日	2932.9990	无水多西他赛	Docetaxel anhydrous	
Z2010—0009	2010 年 2 月 28 日	2932.9990	碳酸丙烯酯		
W2014—065（自 2015 年 1 月 1 日起执行）	2014 年 12 月 22 日（见海关总署公告 2014 年第 93 号）	2933.39	溴西泮	Bromazepam	

商品描述	归类决定
某种 INN 产品。	
某种 INN 产品。	
某种 INN 产品。	
外观：浅黄色液体。 重量：245kg/桶。 含量：7-Hydroxy 98.7%。 成分：经海关化验鉴定为 2,3-二氢-2,2-二甲基-7 羟基-苯并呋喃。	呋喃酚即 2,3-二氢-2,2-二甲基-7 羟基-苯并呋喃，7 羟基-苯并呋喃是其不规范的简化名称。根据税目 29.32 的条文，将其归入税则号列 2932.9910。
经海关化验鉴定，该商品主要成分为氨基葡萄糖盐类物质，存在硫酸根和氯化物。	氨基葡萄糖硫酸盐为白色粉末，海关化验鉴定该商品为氨基葡萄糖的盐类，随附文字资料说明该商品为氨基葡萄糖的硫酸复盐，与海关化验鉴定吻合。因此，可确定该商品为"D-氨基葡萄糖硫酸盐（钾型）（D-Glucosamine Sulphate·2KCl）"。 根据《税则注释》第二十九章章注五（三）1 的规定，"有机化合物的无机盐……应归入相应的有机化合物的税号"，因此该商品应按氨基葡萄糖归入税则号列 2932.9990。
为抗肿瘤原料药，分子式 $C_{43}H_{53}NO_{14}$，纯度>98%。	从该商品结构式看，其属于仅含氧杂原子的杂环化合物，但不是紫杉醇。根据归类总规则一，该商品应归入税则号列 2932.9990。
又名碳酸丙二醇酯，化学名称为 4-甲基-1,3-二氧戊环-2-酮或 4-甲基-2-氧代-1,3-二氧戊杂环戊烷。常温下为略带芳香的液体，纯净时为无色透明状，其密度为 1.198g/cm³，凝固点为−49.2℃。该商品一定条件下可以水解，能与苯酚等含活泼氢的物质起反应，加热到 200℃ 以上可以分解。 其生产工艺为：环氧丙烷＋二氧化碳（高温高压、催化剂）—碳酸丙烯酯粗品—精制成品。 该商品用途广泛，主要用于合成氨、炼油、生产合成碳酸二甲酯（DMC）中间体、生产锂电池的电解液、增塑剂、纺丝溶剂、水溶性染料及颜料的分散剂等。	该商品为仅含氧杂原子的杂环化合物，根据归类总规则一、六及《税则注释》第二十九章章注三，应归入税则号列 2932.9990。

归类决定编号	发布日期	商品税则号列	商品名称	英文名称	其他名称
W2014—066（自 2015 年 1 月 1 日起执行）	2014 年 12 月 22 日（见海关总署公告 2014 年第 93 号）	2933.39	伊米帕锰	Imisopasem manganese	
Z2013—0020（自 2013 年 6 月 1 日起执行）	2013 年 5 月 17 日（见海关总署公告 2013 年第 26 号）	2933.3990	米格列醇	Miglitol	
W2005—138	2005 年 12 月 23 日	2933.40（2933.49，HS2002）（可归入税号：29.33/29.39）	卜透凡诺	Butophanol（INN）	
W2014—067（自 2015 年 1 月 1 日起执行）	2014 年 12 月 22 日（见海关总署公告 2014 年第 93 号）	2933.59	恩诺沙星	Enrofloxacin	
W2014—068（自 2015 年 1 月 1 日起执行）	2014 年 12 月 22 日（见海关总署公告 2014 年第 93 号）	2933.59	阿格列汀	Alogliptin（INN）	
Z2009—149	2009 年 8 月 31 日	2933.5990	三乙烯二胺	Triethylene diamine	
W2014—069（自 2015 年 1 月 1 日起执行）	2014 年 12 月 22 日（见海关总署公告 2014 年第 93 号）	2933.69	三甲基醇三聚氰胺水溶液	Trimethylol melamine in aqueous solution	
Z2006—0125	2006 年 11 月 22 日	2933.6990	N,N'-二亚硝基五亚甲基四胺	3,7-Dinitroso-1,3,5,7-tetraazobicyio-nonane	
W2014—070（自 2015 年 1 月 1 日起执行）	2014 年 12 月 22 日（见海关总署公告 2014 年第 93 号）	2933.79	左匹克隆	Zopiclone	
Z2006—1197	2007 年 12 月 5 日	2933.7900	己内酰胺封闭的双-异氰酸酯		黏合剂（申报品名）

表4-2 续12

商品描述	归类决定
某种 INN 产品。	
为白色粉末，化学名称为 2R-（2α，3β，4α，5β）-1-（2-羟乙基）-2-羟甲基-3,4,5-哌啶三醇，含量 99% 以上。结构式： H、O、N、O、H、H、O、O、H、H、O	该商品结构中含有哌啶三醇（氢化吡啶环），根据归类总规则一及六，应归入税则号列 2933.3990。
	委员会同意该商品不是税目 29.41 的抗菌素，应归入子目 2933.40。 归类依据：归类总规则一。 文件号：38.760D、38.339、38.100D+Q。 1994 年 HSC 第十三次会议。
某种 INN 产品。	
一种白色粉末状结晶，熔点 158℃，主要用作聚氨酯泡沫硬化剂、环氧树脂固化剂、丙烯腈聚合催化剂、乙烯聚合催化剂、环氧化物催化剂等。	从化学结构式分析，该商品属于仅含哌嗪环的杂环化合物，根据归类总规则一及六，应归入税则号列 2933.5990。
不论是否由于产品离解含甲醛，用于纺织物整理，未添加香料。	
纯品外观与性状：浅黄色粉末，无臭味。 主要用途：用于橡胶、聚氯乙烯等塑料发生微孔及制造微孔塑料。	根据介绍，该商品为纯品，外观为浅黄色粉末，别称"发泡剂 H"，分子式为 $C_5H_{10}N_6O_2$，无臭味。主要用作发泡剂，用于橡胶、聚氯乙烯等塑料。从该商品的结构式来看，其中的两个氮原子之间是以单键键合，不符合《税则注释》关于子目 29.27 "两个氮原子之间以双键键合"的规定。根据归类总规则一，该商品应归入税则号列 2933.6990。
品牌：EMS；型号：IL-6；含己内酰胺封闭的双-异氰酸酯 50%、水 50%。该商品进口后加热到约 150℃，可进一步和水、烃基化合物反应成聚氨酯树脂，以作为黏合剂使用。	根据归类总规则一，该商品应归入税则号列 2933.7900。

归类决定编号	发布日期	商品税则号列	商品名称	英文名称	其他名称
Z2013—0021（自 2013 年 6 月 1 日起执行）	2013 年 5 月 17 日（见海关总署公告 2013 年第 26 号）	2933.7900	美罗培南双环母核		
Z2006—0126	2006 年 11 月 22 日	2933.9900	丙夫劳门	Buflomedil	化学名称：2,4,6-三甲氧基-1-丁酮盐酸盐
W2005—139	2005 年 12 月 23 日	2934.10（可归入税号：2934.10/2934.90）	麦络西坎	Meloxicam（INN）	
W2005—140	2005 年 12 月 23 日	2934.20（可归入税号：2934.20/2934.90）	伊普塞匹隆	Ipsapirone（INN）	
W2008—017	2008 年 7 月 3 日	2934.99	前阿德福韦	Pradefovir（INN）	
W2014—071（自 2015 年 1 月 1 日起执行）	2014 年 12 月 22 日（见海关总署公告 2014 年第 93 号）	2934.99	α绒促卵泡激素	Corifollitropin alfa	

表4-2 续13

商品描述	归类决定
为白色或类白色粉末，化学性质稳定，无毒无害。是一种不具备抗生素活性的抗生素医药中间体。 商品的主要成分：美罗培南双环母核≥98%，水分≤2%。 分子式 $C_{29}H_{27}N_2O_{10}P$。 分子结构式： ![structure]	该商品属于没有抗生素活性的中间体，依据《税则注释》品目29.41的排他条款，该商品不属于品目29.41的商品范畴。根据归类总规则一及六，该商品应按内酰胺类杂环化合物归入税则号列2933.7900。
为用于生产心脑血管药物的中间体（粗品）。分子式 $C_{17}H_{25}NO_4 \cdot HCL$。	根据提供的资料，该商品的分子式为 $C_{17}H_{25}NO_4 \cdot HCl$，化学名称为4-（1-吡咯基）-1-（2,4,6-三甲氧基苯基）-1-丁酮，是用于生产心脑血管药物的中间体。根据归类总规则一，该商品应归入税则号列2933.9900。
	因为"麦络西坎"也是其他磺内酰胺，没有税目29.35的磺胺的功能特征，委员会同意仍将它归入税目29.34相关子目。同时，委员会决定将该争议产品作为一个结构中含有非稠合噻唑环的化合物归入子目2934.10，而不归入子目2934.90。 归类依据：归类总规则一。 文件号：NC0160H/16、NC0066、NC0150。 1999年HSC第二十四次会议。
	该商品含有两个氮杂环和一个糖精（苯甲酰亚胺）类型的环酰亚胺环。委员会认为税目29.33条文的限制排除了根据第二十九章章注三将此产品归入税目29.33，因此将其归入税目29.34。关于子目级别，因为苯噻唑和苯异噻唑都可分别被前缀数字"1,3"和"1,2"描述在条款"苯噻唑"下，委员会决定苯异噻唑可作为苯噻唑化合物的一种归入子目2934.20。 归类依据：归类总规则一。 文件号：38.760D、38.339、38.100D+Q。 1994年HSC第十三次会议。
化学名称为（（2R,4S）-2-[［2-（6-氨基-9H-嘌呤-9-）乙氧基］甲基]-4-（3-氯苯基）-1,3,2λ^5二氧磷杂-2-氧基），是一种膦酸二羟基醇的环酯，结构中含有稠合嘧啶环（嘌呤）。	根据归类总规则一（第二十九章章注七）和六，该商品应归入税目2934.99。 文件号：NC1178E1c/O/13、NC1178E1c/G/3。协调制度归类意见汇编（第二版）增补第9号（NG0132E1a）。 WCO协调制度委员会第39次会议通过。

归类决定编号	发布日期	商品税则号列	商品名称	英文名称	其他名称
W2014—072（自2015年1月1日起执行）	2014年12月22日（见海关总署公告2014年第93号）	2934.99	非格司亭	Filgrastim	
W2014—073（自2015年1月1日起执行）	2014年12月22日（见海关总署公告2014年第93号）	2934.99	司莫紫杉醇	Simotaxel（INN）	
W2014—074（自2015年1月1日起执行）	2014年12月22日（见海关总署公告2014年第93号）	2934.99	培米诺近	Beperminogene perplasmid	
W2014—075（自2015年1月1日起执行）	2014年12月22日（见海关总署公告2014年第93号）	2934.99	韦利莫根	Velimogene aliplasmid	
Z2013—0022（自2013年6月1日起执行）	2013年5月17日（见海关总署公告2013年第26号）	2934.9990	还原型辅酶试剂		
W2014—076（自2015年1月1日起执行）	2014年12月22日（见海关总署公告2014年第93号）	2935.00	西地那非	Sildenafil citrate	
W2005—141	2005年12月23日	2936.21（可归入税号：23.09/29.36）	含维生素A制剂	Preparations consisting of vitamin A	

表4-2 续14

商品描述	归类决定
某种 INN 产品。	
某种 INN 产品。	
某种 INN 产品。	
商品规格：100g/瓶。 成分：β-烟酰胺腺嘌呤二核苷酸，含量99%，水分1%，白色粉末。 生产流程：酵母经沸水提取，醋酸铅酸化沉淀制得粗品，经甲酸型阳离子交换树脂处理精制而得。 用途：兑成水剂后作为天门冬氨酸氨基转移酶试剂盒、丙氨酸氨基转移酶试剂盒、尿素检测试剂盒和乳酸脱氢酶试剂盒的组成试剂，分别用于人体血清中天门冬氨酸氨基转移酶、丙氨酸氨基转移酶、尿素和乳酸脱氢酶的检测。	该商品为 β-烟酰胺腺嘌呤二核苷酸，用于配制检测试剂，根据归类总规则一及六，应归入税则号列 2934.9990。
按重量计含维生素 A 15%~17%，为保存或运输需要加入了抗氧化剂或其他添加剂形成稳定基质。 （归类意见 2936.21/1）又见 119、145 及 146 号。（档案 2494）	会议指出委员会已经将类似产品（分散在抗氧化剂中的维生素 A 和维生素 D_3）归入税目 29.36，因为它的基质可以被视为一种第二十九章章注一（六）所指的稳定剂。随后委员会通过了注释修订以阐明被稳定的维生素包括在税目 29.36 范围内。 会议还指出，添加剂的加入并未使之成为专门的动物饲料制品。因为基于同样添加剂的类似维生素 A 和维生素 E 制剂也用于食品和药物行业。 委员会决定确定这些产品的归类，不是根据它们的最终用途，而是根据它们的基本特征，将其作为维生素归入税目 29.36。 归类依据：归类总规则一及第二十九章章注一（六）。 委员会第二十次会议接受了有关注释对税目 23.09 的说明的修正草案。 文件号：41.600E/4 + IJ7、41.164、41.100D/1、40.796、40.870A/1。 1997 年 HSC 第十九次会议。

归类决定编号	发布日期	商品税则号列	商品名称	英文名称	其他名称
W2020—81 （自 2020 年 10 月 1 日起执行）	2020 年 9 月 15 日（见海关总署公告 2020 年第 108 号）	2936. 23	粉状制剂	Preparation in powder form	
W2005—142	2005 年 12 月 23 日	2936. 28（可归入税号：23. 09/29. 36）	含维生素 E 制剂	Preparation consisting of vitamin E	
W2020—82 （自 2020 年 10 月 1 日起执行）	2020 年 9 月 15 日（见海关总署公告 2020 年第 108 号）	2936. 28	粉状制剂	Preparation in powder form	
W2020—83 （自 2020 年 10 月 1 日起执行）	2020 年 9 月 15 日（见海关总署公告 2020 年第 108 号）	2936. 28	粉状制剂	Preparation in powder form	
W2014—077 （自 2015 年 1 月 1 日起执行）	2014 年 12 月 22 日（见海关总署公告 2014 年第 93 号）	2936. 29	艾地骨化醇	Eldecalcitol	
W2020—84 （自 2020 年 10 月 1 日起执行）	2020 年 9 月 15 日（见海关总署公告 2020 年第 108 号）	2936. 29	粉状制剂	Preparation in powder form	

表4-2　续15

商品描述	归类决定
粉状制剂，含有80%维生素B₂（核黄素），精细分散在糊精基质中。该商品用于预混料和复合饲料中，为动物提供营养。	
按重量计约含维生素E 50%，为保存或运输需要加入了添加剂或非晶形硅石吸附剂形成稳定基质。 （归类意见2936.28/1）（档案2494）又见119、144及146号。	会议指出委员会已经将类似产品（分散在抗氧化剂中的维生素A和维生素D₃）归入税目29.36，因为它的基质可以被视为一种第二十九章章注一（六）所指的稳定剂。随后委员会通过了注释修订以阐明被稳定的维生素包括在税目29.36范围内。 会议还指出，添加剂的加入并未使之成为专门的动物饲料制品。因为基于同样添加剂的类似维生素A和维生素E制剂也用于食品和药物行业。 委员会决定确定这些产品的归类，不是根据它们的最终用途，而是根据它们的基本特征，将其作为维生素归入税目29.36。 归类依据：归类总规则一及第二十九章章注一（六）。 委员会第二十次会议接受了有关注释对税目23.09的说明的修正草案。 文件号：41.600E/4 + IJ7、41.164、41.100D/1、40.796、40.870A/1。 1997年HSC第十九次会议。
粉状制剂，含有50%DL-α-生育酚醋酸酯，吸附在二氧化硅上。该商品用于预混料和复合饲料中为动物提供营养。	
粉状制剂，含有50%的DL-α-生育酚醋酸酯，精细分散在改性食用淀粉和麦芽糊精基质中，其中含有1%二氧化硅作为流动剂。该商品用于代乳品和液体饲料中为动物提供营养，以及其他对稳定性要求较高的产品，例如，pH>10的预混料和罐装宠物食品。	
某种INN产品。	
粉状制剂，含有80%的叶酸，精细分散在糊精基质中。该商品用于预混料和复合饲料中为动物提供营养。	

归类决定编号	发布日期	商品税则号列	商品名称	英文名称	其他名称
W2005—143	2005 年 12 月 23 日	2936.90（可归入税号：23.09/29.36）	含维生素 A 和维生素 D_3 的混合制剂	Preparations consisting of a mixture of vitamin A and D_3	
W2014—078（自 2015 年 1 月 1 日起执行）	2014 年 12 月 22 日（见海关总署公告 2014 年第 93 号）	2936.90	两种维生素衍生物的混合物	Mixture of two vitamin derivatives	
Z2006—1198	2007 年 12 月 5 日	2936.9000	维生素预混剂 VP10984		
W2014—079（自 2015 年 1 月 1 日起执行）	2014 年 12 月 22 日（见海关总署公告 2014 年第 93 号）	2937.29	普拉睾酮	Prasterone	
W2014—080（自 2015 年 1 月 1 日起执行）	2014 年 12 月 22 日（见海关总署公告 2014 年第 93 号）	2937.29	替勃龙	Tibolone	
W2014—081（自 2015 年 1 月 1 日起执行）	2014 年 12 月 22 日（见海关总署公告 2014 年第 93 号）	2937.29	洛那立生	Lonaprisan	

表4-2 续16

商品描述	归类决定
按重量计含维生素 A 和维生素 D_3 15%～17%，为保藏或运输需要加入了抗氧化剂形成稳定基质。 （归类意见 2936.90/1）又见 119、144 及 145 号。（档案 2211+2494）	因为基质可以被视为一种第二十九章章注一（六）所指的稳定剂，委员会在第七次会议上同意将该商品归入税目 29.36。在第十九次会议上指出，委员会已经将上述产品（分散在抗氧化剂中的维生素 A 和维生素 D_3）归入税目 29.36。随后委员会通过了注释修订以阐明被稳定的维生素包括在税目 29.36 范围内。 会议还指出，添加剂的加入并未使之成为专门的动物饲料制品。因为基于同样添加剂的类似维生素 A 和维生素 E 制剂也用于食品和药物行业。 委员会决定确定这些产品的归类，不是根据它们的最终用途，而是根据它们的基本特征，将其作为维生素归入税目 29.36。 归类依据：归类总规则一及第二十九章章注一（六）。 委员会第二十次会议接受了有关注释对税目 23.09 的说明的修正草案。 文件号：41.600E/4 + IJ7、41.164、41.100D/1、40.796、40.870A/1、36.600D、36.450A/8、36.336、36.372、36.300G/8、36.078。 1991 年 HSC 第七次会议、1997 年 HSC 第十九次会议。
由 D-泛醇乙醚和右旋泛醇以 1：9 的比例组成。混合物是由化学合成获得的，由 3-氨基-1-丙醇和 3-乙氧基丙胺以预定的比率进行反应。	
粉末状，成分为维生素 A、维生素 B_1、维生素 B_2、维生素 B_6、维生素 B_{12}、维生素 D、维生素 E、维生素 C、烟酸，总维生素含量在 50% 以上，为保藏运输需要添加麦芽糖糊精，用作奶粉生产中所添加的营养成分。	该产品属于维生素的混合物，根据归类总规则一，应归入税则号列 2936.9000。
某种 INN 产品。	

归类决定编号	发布日期	商品税则号列	商品名称	英文名称	其他名称
Z2006—0128	2006 年 11 月 22 日	2937.2900	双烯醇酮醋酸酯	16-Dehydropregnenolone acetate	5，16-双烯-3-β-乙酰氧基-20-酮-醋酸酯
W2005—144	2005 年 12 月 23 日	2937.99（2937.90，HS2002）（可归入税号：2931.29/2937.99）	八爪鱼胺	Octopamine（INN）	
Z2007—0012	2007 年 12 月 5 日	2938.9000	三七总皂苷		
W2005—145	2005 年 12 月 23 日	2939.40（2939.49，HS1996）（可归入税号：2939.40/2939.90）	乙基麻黄碱、伊塔菲汀	Etafedrine（INN）	
W2014—082（自 2015 年 1 月 1 日起执行）	2014 年 12 月 22 日（见海关总署公告 2014 年第 93 号）	2939.59	米达茶碱	Midaxifylline	
W2014—083（自 2015 年 1 月 1 日起执行）	2014 年 12 月 22 日（见海关总署公告 2014 年第 93 号）	2939.99	德莫替康	Delimotecan	
W2014—084（自 2015 年 1 月 1 日起执行）	2014 年 12 月 22 日（见海关总署公告 2014 年第 93 号）	2939.99	莫瑞替康	Mureletecan（INN）	
W2014—085（自 2015 年 1 月 1 日起执行）	2014 年 12 月 22 日（见海关总署公告 2014 年第 93 号）	2939.99	可司替康	Cositecan（INN）	

表4-2　续17

商品描述	归类决定
熔点：165℃（按照《中国药典（95版）》附录熔点测定法）。 用途：制造众多雌性、雄性、孕激素等甾类激素的中间体，可制成可的松、黄体酮、睾丸素等。 原料：皂素。 成分：$C_{23}H_{32}O_3$。 加工方法：植物黄浆经过水解、提取、结晶制成皂素，再经离解开环、氧化水解、结晶、提取、晶制、烘干制成双烯醇酮醋酸酯。 出口货物状态：白色（或类似白色）的结晶性粉末，内包装为塑料袋，25kg/袋，外包装为纤维桶。	根据介绍及结构式分析，该商品是一种由植物黄浆经过水解、提取、结晶制成皂素，再经离解开环、氧化水解、结晶、提取、精制、烘干而得的外观为白色（或类似白色）的结晶性粉末。主要用在制造雌性、雄性、孕激素等甾类激素时可作为中间体，制成可的松、黄体酮、睾丸素等，纤维桶装，25kg/桶。从结构看，该商品具有甾体结构，此商品是主要用作激素中间体的甾族化合物。 根据归类总规则一及第二十九章章注八的规定，该商品应归入税则号列2937.2900。
	委员会同意该商品应归入子目2937.99，而不作为肾上腺皮质激素及其衍生物归入子目2937.29。 归类依据：归类总规则一。 文件号：38.760D、38.339、38.100D+Q。 1994年HSC第十三次会议。
淡黄色无定形粉末，味苦，微甘。成分含量：人参皂苷Rb1 45%、人参皂苷Rg1 40%、三七皂苷R1 15%。规格：10kg/箱。是三七原料粗粉经多次乙醇回流提取、层析，再经多次水溶液提取后，经过滤、浓缩等工艺制得。该商品为原料药，主治功能为活血祛瘀、通脉活络，具有抑制血小板聚集和增加心脑血流量的作用，用于心脑血管疾病。	该商品属于各种苷的天然混合物，根据归类总规则一，应归入税则号列2938.9000。
	委员会同意将该商品归入子目2939.40（2939.49 HS1996），因为此化合物类似甲基麻黄碱，税目29.39的注释中其作为"麻黄碱类"已例举。 归类依据：归类总规则一。税目29.39的注释已经插入了阐明乙基麻黄碱的新内容。 文件号：38.760D、38.339、38.100D+Q。 1994年HSC第十三次会议。
某种INN产品。	
某种INN产品。	
某种INN产品。	

归类决定编号	发布日期	商品税则号列	商品名称	英文名称	其他名称
Z2006—0129	2006 年 11 月 22 日	2939.9990	三尖杉宁碱	Cephalomannine	
W2005—146	2005 年 12 月 23 日	29.40（可归入税号：29.32/29.40）	格利凡诺（三苄糖醚）	Glyvenol（Tribenoside）	
W2005—147	2005 年 12 月 23 日	29.40（可归入税号：29.32/29.40）	氯醛糖	Chloralose	
W2005—148	2005 年 12 月 23 日	29.40（可归入税号：29.32/29.40）	克洛本诺塞德	Clobenoside	
W2005—149	2005 年 12 月 23 日	29.40（可归入税号：29.32/29.40）	乳糖醇	Lactitol（INN）	
W2014—086（自 2015 年 1 月 1 日起执行）	2014 年 12 月 22 日（见海关总署公告 2014 年第 93 号）	2940.00	应用静脉补铁药物	Ferric carboxymaltose	
Z2006—0130	2006 年 11 月 22 日	2940.0000	麦芽糖醇	Maltitol	
Z2008—0014	2008 年 10 月 28 日	2940.0000	抗坏血酸 2-葡糖苷	Ascorbic acid 2-glucoside	

表4-2 续18

商品描述	归类决定
白色粉末，分子式为 $C_{45}H_{53}NO_{14}$。其是在短叶紫杉树和其他紫杉物种的枝叶和树皮中发现的与其他紫杉烷类化合物共生的天然产物，可用于抗肿瘤。	三尖杉宁碱属于萜类生物碱，根据归类总规则一，应归入税则号列 2939.9990。
淡黄色黏稠液体，主要用作一种口服药物的材料治疗痔疮等。化学分子式是 $C_{29}H_{34}O_6$。化学名称为乙基-3,5,6-三苄氧基-D-呋喃葡萄糖。 （档案2312）	委员会同意该产品为糖醚（呋喃型葡萄糖的醚），应归入税目29.40，因为它具有糖的基本结构而且一些羟基已经醚化。 归类依据：归类总规则一。 税目29.40的注释已经修订，插入了阐明非天然糖化合物的新内容。 文件号：38.270E/7、38.255、38.406、38.481。 1993年HSC第十二次会议。
	委员会同意该产品为糖醚，应归入税目29.40。 归类依据：归类总规则一。 税目29.40的注释已经修订，插入了阐明非天然糖化合物的新内容。 文件号：38.270E/7、38.255、38.406、38.481。 1993年HSC第十二次会议。
	委员会同意该产品为糖醚，应归入税目29.40。 归类依据：归类总规则一。 税目29.40的注释已经修订，插入了阐明非天然糖化合物的新内容。 文件号：38.270E/7、38.255、38.406、38.481。 1993年HSC第十二次会议。
	委员会同意该产品为糖醚，应归入税目29.40。 归类依据：归类总规则一。 税目29.40的注释已经修订，插入了阐明乳糖醇的新内容。 文件号：39.600D/1、39.480A/3、39.436、39.442、39.443、39.607。 1995年HSC第十六次会议。
某种INN产品。	
由麦芽糖经氢化反应制成，型号 MALTITOL MALTISORB P200。成分：麦芽糖醇99.5%，水分0.2%，还原糖0.1%，灰分0.1%，重金属≤0.001%，铅≤0.5×10^{-4}%，氯离子≤1×10^{-4}%，硫酸根离子≤0.01%。该商品是用于生产无糖食品中的甜味添加剂。	《税则注释》对品目29.40的解释中有乳糖醇的具体列名，而麦芽糖醇与乳糖醇属于立体异构体，根据第二十九章章注三，该商品应归入税则号列2940.0000。
无味的白色、米色结晶性粉末。该商品由液态淀粉浆液与维生素C混合后经酶反应精制结晶而得，其相对分子质量为338.27。抗坏血酸2-葡糖苷在氧、热和金属离子存在时具有更优异的稳定性，抗氧化性好，不易变色，通常用作护肤品的原料。	从该商品分子结构看，该商品属于糖醚，符合《税则注释》第二十九章总注释三的规定，根据归类总规则一，该商品应归入税则号列2940.0000。

归类决定编号	发布日期	商品税则号列	商品名称	英文名称	其他名称
W2014—087（自 2015 年 1 月 1 日起执行）	2014 年 12 月 22 日（见海关总署公告 2014 年第 93 号）	2941.90	坦螺旋霉素	Tanespimycin	
W2014—088	2014 年 12 月 22 日（见海关总署公告 2014 年第 93 号）	2941.90	阿螺旋霉素	Alvespimycin	
Z2007—0013	2007 年 12 月 5 日	2941.9090	吗替麦考酚酯	Mycophenolate Mofetil, MMF	骁悉

表4-2 续19

商品描述	归类决定
某种 INN 产品。	
是霉酚酸（Mycophenolic Acid，MPA）的 2-乙基酯类衍生物，是由几种青霉素发酵而得的产品。作为一种免疫抑制剂用于预防同种肾移植患者排斥反应及治疗难治性排斥反应，其药理作用是在体内经脱酯形成 MPA。MPA 是次黄嘌呤单核苷酸脱氢酶（IMPDH）抑制剂，可抑制鸟嘌呤核苷酸的起始合成途径，使鸟嘌呤核苷酸耗竭，进而阻断 DNA 的合成。	该商品具有抗菌性能，根据归类总规则一，应作为抗菌素归入税则号列 2941.9090。

化学品归类
索引

化学品归类索引

中文名称	税则号列	页码
3-苯氧基苄醇	2909.4910	146
3-甲酚	2907.1211	140
3-甲基苯胺	2921.4300	186
3-羟基丁醛	2912.4910	151
4,4′-二氨基二苯甲烷	2921.5900	190
4-（1-甲氧基-1-甲基乙基）-1-甲基-环己烯	2909.2000	144
4-（甲氨基）安替比林	2933.1100	217
4-甲基-2-戊酮	2914.1300	155
4-氯苯酚	2908.1910	144
4-正壬基酚	2907.1310	141
5′-尿苷酸二钠	2934.9990	242
50%D,L-赖氨酸水溶液	2922.4110	195
6-氨基青霉烷酸	2941.1093	263
7-氨基-4-羟基-2-萘磺酸（J酸）	2922.2100	194
94%溴氰虫酰胺原药	2933.3990	223
95%三环唑原药	2934.9990	242
95%莠去津原药	2933.6990	232
DL-樟脑	2914.2910	156
D-蛋氨酸	2930.4000	207
D-对羟基苯甘氨酸	2922.5010	196
D-泛酸	2936.2400	250
L-胱氨酸	2930.9010	208
L-苏氨酸	2922.5090	197
N,N-二乙基乙醇胺	2922.1922	193
S-氰戊菊酯	2926.9090	204
α-蒎烯	2902.1910	115
α-松油醇	2906.1910	138
阿卡波糖	2932.9990	217
阿莫西林	2941.1092	262
阿托伐他汀钙三水物	2933.9900	237
安乃近镁	2933.1920	218
氨	2814.1000	63
奥沙利铂有关物质 D	2843.9000	106
百草枯	2933.3990	223
百菌清	2926.9090	205
薄荷醇	2906.1100	136

中文名称	税则号列	页码
氟化铝	2826.1210	73
氟化钠	2826.1920	74
氟化氢铵	2826.1910	74
氟化钇	2846.9036	109
辅酶 Q10	2914.6200	158
甘草次酸	2938.9090	257
甘草酸	2938.9090	258
甘露醇	2905.4300	134
甘油	2905.4500	135
高铼酸钾	2841.9000	103
谷氨酸钠	2922.4220	196
钴酸锂	2841.9000	102
硅胶	2811.2210	61
硅酸锆	2839.9000	98
硅酸钠	2839.1910	97
癸二酸	2917.1310	174
过硫酸铵	2833.4000	88
过氧化钡	2816.4000	64
核黄素磷酸钠	2936.2300	250
红磷	2804.7090	55
胡椒醛	2932.9300	213
环丙沙星	2933.5920	226
环己烷	2902.1100	114
环戊丙酸诺龙	2937.2900	255
环氧乙烷	2910.1000	147
磺胺甲恶唑	2935.9000	248
肌醇	2906.1320	138
己二酸	2917.1200	173
己内酰胺	2933.7100	234
季戊四醇	2905.4200	134
季戊四醇四油酸酯	2916.1500	169
甲苯	2902.3000	117
甲苯二异氰酸酯	2929.1010	206
甲醇	2905.1100	127
甲基丙烯酸	2916.1300	167
甲基丙烯酸甲酯	2916.1400	168

中文名称	税则号列	页码
甲基毒死蜱	2933.3990	224
甲基二乙醇胺	2922.1700	192
甲基环己醇	2906.1200	137
甲基硫菌灵	2930.9090	209
甲霜灵	2924.2990	201
甲酸	2915.1100	159
甲酸环己酯	2915.1300	160
甲酸亚铊	2915.1200	159
间苯二磺酸	2904.1000	125
间苯二甲腈	2926.9090	203
间苯二甲酸	2917.3910	178
间苯氧基苯甲醛	2912.4990	152
间二甲苯	2902.4200	118
碱式硫酸铜	2833.2500	85
酒石酸	2918.1200	179
酒石酸锑钾	2918.1300	180
可待因	2939.1100	259
锂	2805.1910	56
连二亚硫酸钙	2831.1020	82
连二亚硫酸钠	2831.1010	81
邻苯二胺	2921.5110	189
邻苯二酚	2907.2910	143
邻苯二甲酸二壬酯	2917.3300	176
邻苯二甲酸酐	2917.3500	177
邻苯二酸二异辛酯	2917.3200	175
邻二甲苯	2902.4100	117
邻甲氧基苯胺	2922.2910	195
邻硝基甲苯	2904.2020	126
磷酸钙	2835.2600	90
磷酸氢二钾	2835.2400	90
磷酸氢二钠	2835.2200	89
磷酸三丁酯	2919.9000	183
磷酸三钠	2835.2910	91
磷酸铁锂	2842.9040	104
铃兰醛	2912.2910	150
硫氰酸铵	2842.9019	103